海洋经济蓝皮书：
中国海洋经济分析报告
（2024）

Blue Book of China's Marine Economy (2024)

中国海洋大学　国家海洋信息中心课题组 / 编著

中国海洋大学出版社
·青岛·

图书在版编目（CIP）数据

中国海洋经济分析报告. 2024 / 中国海洋大学，国家海洋信息中心课题组编著. --青岛：中国海洋大学出版社，2024. 11. --（海洋经济蓝皮书）. --ISBN 978-7-5670-4055-7

Ⅰ. P74

中国国家版本馆CIP数据核字第 2024LH6543 号

出版发行　中国海洋大学出版社
社　　址　青岛市香港东路23号　　邮政编码　266071
网　　址　http://pub.ouc.edu.cn
出 版 人　刘文菁
责任编辑　张　华　　电　　话　0532-85902342
电子信箱　zhanghua@ouc-press.com
订购电话　0532-82032573（传真）
印　　制　青岛国彩印刷股份有限公司
版　　次　2024 年 11 月第 1 版
印　　次　2024 年 11 月第 1 次印刷
成品尺寸　170 mm × 235 mm
印　　张　18.5
字　　数　278 千
定　　价　198.00 元

《海洋经济蓝皮书：中国海洋经济分析报告（2024）》

编委会

前言
Preface

2023年，面对复杂严峻的国际环境和艰巨繁重的国内改革发展稳定任务，我国海洋经济复苏强劲，量质齐升。《2023年中国海洋经济统计公报》显示，2023年全国海洋生产总值为99097亿元，较上年增长6.0%，比国民经济增速高0.8个百分点，呈现强劲复苏态势。其中，海洋第一、二、三产业增加值分别为4622亿元、35506亿元和58968亿元，“三、二、一”的产业结构日益稳定。海洋生产总值占国内生产总值的比重达7.9%，较上年增加0.1个百分点，海洋经济拉动国民经济增长0.4个百分点，有效助力国民经济回升向好。2023年，在宏观经济回升向好、支持政策显效发力的背景下，我国海洋传统产业加速转型、海洋新型产业活力迸发、海洋对外贸易竞争优势凸显、海洋科技创新显著增强、海洋资源开发与环境保护统筹兼顾，海洋经济在高质量发展轨道上稳健前行。

2024年是中华人民共和国成立75周年，是实现“十四五”规划目标任务的关键一年。2024年7月，二十届三中全会《决定》明确指出“完善促进海洋经济发展体制机制”。站在这一重要历史节点上，面对纷繁复杂的国际国内形势与新一轮科技革命和产业变革，进一步推动海洋经济高质量发展、打造现代海洋经济发展高地，对于加快建设中国式海洋强国具有重要意义。为了更好地把握海洋经济发展态势，研判海洋经济高质量发展中的重大问题，中国海洋大学和国家海洋信息中心联合组建课题组，依托海洋经济发展研究中心，编写了《海洋经济蓝皮书：中国海洋经济分析报告（2024）》。本书延续了上一年度的框架结构，分为四篇，各篇既具有独立性，又可合并成完整的框架体系。其中，第一篇为“总报告”，分析了2023年中国海洋经济发展形势；第二篇为“产业篇”，总结了2023年我国海洋渔业、海洋油气业、海洋药物和生物制品业、海洋电力业、海水淡化与综合利用业、船舶与海工装备制造业、海洋交通运输业、海洋旅游业的发展情况；第三篇为“区域篇”，分析了北部海洋经济圈、东部海洋经济圈、南部海洋经济圈以及粤港澳大湾区的海洋经济发展形势；第四篇为“专题篇”，以推进落实党的二十大报告提出的“发展海洋经济，保护海洋生态环境，加快建设海洋强国”要求和二十届三中全会作出的“健全因地制宜发展新质生产力体制机制”重要精神为主旨，内容包括海洋新质生产力赋能海洋强国建设的基础、困境和路径选择、新质生产力推动现代海洋城市发展的思考、中国海洋产业链供应链延链补链强链发展路径与对策建议、风险叠加冲击下我国原油海运网络韧性提升路径研究、全球脱碳规制下中国航运业低碳发展实践路径、我国深海矿产资源开发产业培育与发展研究、国内外海洋产业关联研究综述与展望、南极磷虾资源开发与利用情况分析和海洋经济赋能“一带一路”绿色化数字化发展研究。

本书适用于高校、科研机构和政府部门等相关单位的经济管理人士和经济研究人员，以及关心海洋经济发展的广大读者。希望本书的出版能够为国家海洋管理部门的战略制定提供理论依据；为地方政府的海洋经济政策实施，提供具有指导性、操作性的建议；为科研工作者研究新时代背景下海洋经济研究的热点及难点问题提供参考。

本书在撰写过程中得到了澳门科技大学刘成昆教授、香港理工大学黎基雄教授的帮助，以及中国海洋大学出版社对本书出版给予的大力支持，在此表示感谢！本书几经修正，得以成稿，但书中难免有不足之处，恳请广大读者批评与指正，我们在今后的工作中将不断改进和完善，为我国海洋经济发展贡献绵薄之力。

本书编委会

2024年7月

目　录
CONTENTS

I　总报告

II　产业篇

III　区域篇

Ⅳ 专题篇

总报告

I

2023年中国海洋经济发展形势分析

2023年是全面贯彻党的二十大精神的开局之年，也是实施“十四五”规划承前启后的关键一年。面临外部不稳定与不确定性因素增多、世界经济复苏动能不足的大环境，以习近平同志为核心的党中央团结带领全党全国各族人民，攻坚克难、砥砺前行。在“稳中求进”的工作总基调下，我国宏观经济持续恢复、回升向好，海洋经济复苏强劲、量质齐升。回望这一年，是经济恢复发展的一年，也是为全面建设社会主义现代化国家奠定基础的重要一年。在宏观经济回升向好、支持政策显效发力的背景下，海洋传统产业加速转型、海洋新兴产业活力迸发、海洋对外贸易竞争优势凸显、海洋科技创新显著增强、海洋资源开发与环境保护统筹兼顾。可以预见，未来发展海洋经济将继续贯彻落实党的二十大和二十届一中、二中、三中全会精神指引，因地制宜培育海洋领域新质生产力，着力推进科技创新与新产业布局，坚定绿色发展方向，充分释放国际海洋经济合作潜力，全面推动海洋经济向更高层次的高质量发展迈进。

一、中国海洋经济发展的外部环境

2023年，面对错综复杂的国际环境和艰巨繁重的国内改革发展稳定任务，我国宏观经济复苏向好，高质量发展稳步推进，为海洋经济发展构筑了坚实的基础；同时，一揽子精准高效的配套政策相继出台，海洋经济支持政策持续发力显效，推进海洋强国建设迈向新阶段。

（一）宏观经济回升向好奠定海洋经济发展基调

2023 年，我国国民经济回升向好，持续推动高质量发展，各项经济指标维持在合理区间，展现出了稳健的增长态势。全年国内生产总值超 126 万亿元，较 2022 年增长 5.2%，高质量发展进程有序推进。从消费角度看，消费需求对经济增长的拉动作用明显提升，最终消费支出对经济增长的贡献率达 82.5%，比 2022 年提高 43.1 个百分点，消费对经济发展的基础性作用不断增强。从投资层面来看，全年全社会固定资产投资 50.97 万亿元，比 2022 年增长 2.8%；全国固定资产投资（不含农户）50.3 万亿元，比 2022 年增长 3.0%，对外非金融类直接投资额 9170 亿元，比 2022 年增长 16.7%，投资对经济发展的关键性作用持续发挥。从国际贸易看，我国全年进出口总额达 41.76 万亿元，货物进出口顺差上升至 5.79 万亿元，这充分彰显了我国产品在全球贸易竞争中的优势。放眼全球经济，2023 年，我国的经济增长速度高于全球 3% 左右的预计增速，在世界主要经济体中位居前列。国际金融论坛报告显示，2023 年中国经济对全球经济增长贡献率达 32%，是世界经济增长的最大引擎。综上，过去的一年我国经济顶住压力砥砺前行，总体保持回升向好态势，为海洋经济发展创造了稳定且富有活力的发展空间，奠定了良好的发展基调。

（二）支持政策发力显效筑牢海洋经济发展根基

2023 年，中央与各沿海省市在产业、财政、金融、对外贸易等方面发布了一系列涉海政策文件，对海洋经济发展作出了全方位、多领域的战略部署与规划，以此支撑海洋经济高质量发展。

从产业政策来看，颁布的诸多政策均着眼于海洋产业结构调整优化，以更好地满足高质量发展需求。2023 年 3 月，农业农村部发布《关于调整海洋伏季休渔制度的通告》（农业农村部通告〔2023〕1 号），优化了海洋渔业资源管理体系，贯彻落实习近平总书记关于“加强海洋生态文明建设”的指示，以此推动构筑人与自然协同发展的现代社会。12 月，工业和信息化部、国家发展改革委等五部委发布《船舶制造业绿色发展行动纲要（2024—2030 年）》（工信部联重装〔2023〕254 号），详细说明了未来船舶制造业发展路线，为实现海洋船舶工业绿色转型升级确定了明确的目标并制订了翔实的规划。同月，自然资源部办公厅与农业农村部办公厅联合发布《关于优化养殖用海管理的通知》（自然资办发〔2023〕55 号），对养殖用海科学规划与妥善处置作出了指示，反映出国家对保障海水养殖产品供给、维护养殖生产者合法权益、促进水产养殖业高质量发展的高度关注。

在财政政策方面，深远海养殖与海洋新兴产业等方面的扶持力度逐渐加大，着力推动构建海洋产业新发展格局。2023 年 6 月，农业农村部等发布了《关于加快推进深远海养殖发展的意见》（农渔发〔2023〕14 号），鼓励地方政府在海洋种业等领域加大投资，加大深海养殖的商业贷款补贴力度，重点推动深海养殖发展与海洋渔业现代化变革。9 月，国家发展改革委、水利部等发布《关于组织开展可再生能源发展试点示范的通知》（国能发新能〔2023〕66 号），强调各地政府应积极为示范项目提供资金支持与优质环境，为有效利用海洋资源，加速发展海洋可再生能源新技术、新模式、新业态提供了重要制度保障。同月，国务院办公厅印发《关于释放旅游消费潜力推动旅游业高质量发展的若干措施》（国办发〔2023〕36 号），指出应通过中央预算内投资等既有专项资金渠道，支持旅游基础设施建设，充分利用旅游业推动海洋经济发展。

在金融政策方面，一系列金融保险政策相继发布，切实满足海洋产业发展的融资与风险保障需求，为海洋经济注入“金融活水”。2023 年 4 月，银保监会办公厅发布《关于银行业保险业做好 2023 年全面推进乡村振兴重点工作的通知》（银保监办发〔2023〕35 号），要求各地方稳定加大包括海洋渔业在内的涉农信贷投入，为海洋渔业发展提供坚实的资金保障。6 月，中国人民银行联合国家金融监督管理总局等五部门出台《关于金融支持全面推进乡村振兴 加快建设农业强国的指导意见》（银发〔2023〕97 号），强调了优化海洋信贷资源的必要性，积极满足大规模、标准化的养殖渔场建设以及远洋渔业资源开发等方面的信贷需求，以此推动海洋渔业的高质量发展。12月，交通运输部、中国人民银行等五部门联合发布了《关于加快推进现代航运服务业高质量发展的指导意见》（交水发〔2023〕173号），强调积极发展多种航运融资方式，同时引导我国主要保险机构、再保险机构积极拓展航运保险业务等产品，加速建成功能完善、服务优质、开放融合、智慧低碳的现代航运服务体系。

从对外贸易政策看，我国海洋进出口贸易政策保持总体稳定，跨境贸易与国际经贸合作进一步加强。2022年12月，国务院关税税则委员会发布《关于〈2023年关税调整方案〉的公告》（税委会公告2022年第11号）和《关于发布〈中华人民共和国进出口税则（2023）〉的公告》（税委会公告2022年第12号），继续延续上年准则，涉海产品进出口关税与优惠利率基本不变。在此基础上，中国海关总署于2023年制定了多项与其他国家进出口贸易相关的支持性政策法规，旨在加强海洋对外贸易沟通协作，促进跨境贸易的便利化发展。此外，2023年7月，农业农村部发布《关于加强输欧和输日水产品合法性认证管理的通知》（农渔发〔2023〕20号），旨在确保合法合规的水产品加工和出口，从而完善我国水产品出口体系，提高水产品竞争力，树立负责任的渔业大国形象。

（三）国际局势变乱交织增加海洋经济发展不确定性

2023年，世界百年变局加速演进，国际秩序经历艰难重塑的曲折过程。一方面，国际局势依旧严峻且复杂多变，大国博弈、地缘政治冲突等不断冲击海洋领域安全。俄乌冲突的延宕和巴以冲突的爆发不仅直接影响了包括远洋海运等在内的众多海洋经济活动，还波及了全球经济发展。此外，多重风险复合叠加、加速突变，一些重要经济体面临政治极化、社会民粹化等问题，导致保护主义政策抬头，这都对海洋经济的稳定发展构成了威胁，增加了海洋经济发展的不确定性。另一方面，国际格局不断调整，在应对全球性挑战的同时，也催生了国际海洋经济发展合作的新局面。2023年9月，联合国“海洋十年”海洋与气候协作中心的国际启动大会圆满落幕，不仅推动了海洋科技创新与全球海洋治理之间的无缝对接，也为应对气候变化挑战提供了更加强有力的科技支撑；10月，第三届国际“一带一路”合作高峰论坛发布了《“一带一路”蓝色合作倡议》以及“一带一路”蓝色合作成果清单，为推动全球范围内形成高水平、深层次的海洋合作提供了强大动力；11月，2023年度全球海洋合作与治理论坛在海南三亚举行，深入探讨了如何维护全球海洋安全、守护海洋和平安宁、反对海洋霸权以及海洋资源合理利用等问题。

二、中国海洋经济发展特点

2023年，我国沿海地方和涉海部门认真贯彻落实党中央、国务院决策部署，海洋经济总体稳中有进、量增质升，海洋传统产业现代化进程加快，海洋新兴产业竞争优势凸显，海洋科技创新支撑力明显增强，海洋资源开发与环境保护统筹推进，海洋对外贸易活力充分彰显。

（一）海洋经济量质齐升

海洋经济延续较快发展势头，量质齐升态势明朗。从数量上看，海洋经济总量再上新台阶。2023年海洋生产总值达99097亿元，比2022年增长6%，占国内生产总值的7.9%，增速高于国民经济0.8个百分点。其中，海洋制造业比2022年增长7%，高于全国制造业增速2个百分点；海洋服务业增加值为58968亿元，占国内生产总值比重为4.7%，拉动国民经济增长0.3个百分点。海洋原油、天然气、海上风电发电量、海洋水产品产量同比增长分别达5.8%、9.1%、17%和3%。从质量上看，海洋经济在产业融合、绿色发展、国际影响力提升等方面均取得一定成效。“演艺＋海洋旅游”“博物馆＋海洋旅游”等海洋新业态、新模式成为发展趋势；海洋牧场“智能网箱＋生态筏架＋人工鱼礁”立体化养殖模式有助于进一步实现近海生态修复；第二届中国—欧盟“蓝色伙伴关系”和“2023年全球海洋院所领导人会议”等国际合作高峰论坛的召开增强了我国国际海洋话语影响力。

（二）海洋科技创新取得显著成效

我国坚持海洋科技创新引领海洋经济发展，海洋产业智能化、创新成果生成及转化取得重要突破。一是5G智慧海洋新业态提速发展。2023年，我国实现10个沿海省市重点区域、海岸沿线以及近海海域最远40千米内5G网络连续覆盖，显著提升航运安全水平；“5G+海洋牧场”“5G+海洋钻井平台”“5G智能船舶”等新业态融合发展，为海洋领域注入强大智慧动力。二是海洋科技创新破浪前行。在海洋工程装备制造领域，我国自主设计建造的亚洲首艘圆筒型“海上油气加工厂”——“海洋石油122”完成主体建造，有效推动我国更多深水油田高效开发；在海上风电领域，亚洲首制的两艘风电运维母船在江苏启东下水，填补了海上风电运维领域的空白；在海洋波浪能领域，我国首台自主研发的兆瓦级波浪能发电机组“南鲲”号成功海试，标志着我国兆瓦级波浪能发电技术正式进入工程应用阶段。在海水种业领域，17个经国家审定的海洋鱼类新品种在中国水产种业博览会上正式发布，成为水产养殖行业新生力量。三是海洋科技成果加快转化。2023年，国家海洋药物和生物制品产业联盟正式成立，创立“政产学研金”协同创新合作的新机制和新模式；金刚石薄膜电极式海洋盐度传感器项目相关成果已在国内10家机构得到应用，累计实现经济效益3000余万元，间接经济效益超亿元。

（三）海洋渔业现代化转型释放动能

我国锚定海洋渔业现代化建设目标，推动海洋渔业走向深远海，构建海洋渔业全产业链新格局。一方面，深远海养殖成为重点建设方向。在养殖规模上，截至2023年底，我国已建成2万余个重力网箱、40个桁架网箱和4艘养殖工船，深海养殖水体达498万立方米，海产品产量达39.3万吨。在养殖品种上，我国成功培育出“皇帝鲹”“金虎杂交斑”等深海养殖新品种。在养殖装备方面，“宁德1号”和“闽投霞浦1号”深海养殖平台顺利投放，可分别实现大黄鱼年产值超亿元及养殖水体达3万立方米的目标；新型数字智能化深海养殖平台“珠海琴”开工建设，数字智能化养殖实现新突破。另一方面，海洋渔业全产业链现代化水平稳步提升。在海洋渔业苗种培育方面，“海洋牧场岸基种苗繁育与种质资源保护基地”建立，提高了海洋牧场现代化水平；在冷链运输方面，国家相关部委规划文件和各级政府出台的冷链运输政策，扩大了冷链基础设施投资，助力相关渔业企业现代化水平加速提升；在海洋渔业精深加工方面，“罗非鱼预制菜加工品控关键技术研究与应用”“高品质烤鱼预制菜生产的关键技术研究及产业化示范”等新型技术取得突破。

（四）海洋战略性新兴产业表现活跃

海洋战略性新兴产业蓬勃发展，展现出强劲的创新和增长势头。一是海洋药物和生物制品研发应用取得新突破。2023 年，国际首个免疫抗肿瘤海洋多糖类药物 BG136 启动临床试验；具有防治肺纤维化功效的海洋药物 EZY-1 成功从实验室走向市场，并获得美国、欧盟等 10 多个国家和地区专利授权。二是海水淡化与综合利用业规模加速增长。截至 2023 年底，全国共有海水淡化工程 156 个，工程规模每日 252 万吨，相比 2022 年增加 17 万吨 / 日；全国海水冷却用水量 1853.79 亿吨，比 2022 年增加 83.32 亿吨，辽宁、山东、江苏、浙江、福建、广东年海水冷却用水量超百亿吨。三是海洋高端装备制造业再上新台阶。2023 年 3 月，我国成功研制国际首个适用于深海的表面增强拉曼散射插入式探针；9 月，我国自主研发设计的 2500 吨自航自升式风电安装平台“海峰 1001”正式交付；12 月，我国自主设计建造的亚洲首艘圆筒型浮式生产储卸油装置完成主体建造。四是深海矿业开发步入“快车道”。2023 年 12 月，国内首台深海多金属硫化物采矿试验车驶入海州湾连岛海域并成功采集到模拟矿石，实现了深海重载作业采矿车从研发走向工程化的重大突破。

（五）海洋对外贸易韧性与竞争力凸显

面对全球经济复苏乏力和地缘政治冲突等多重挑战，我国海洋对外贸易展现出较强的韧性和竞争力。一是海洋对外贸易平稳发展。2023 年，我国沿海港口外贸吞吐量达 49.6 亿吨，同比增长 9.6%；外贸海运量占全球海运量的 30.1%，较 2022 年增长 2.2 个百分点。超五成涉海企业前三季度营业收入实现同比增长，较上半年提高 5.9 个百分点。此外，我国在巩固传统市场基础上，通过“21 世纪海上丝绸之路”拓展与非洲、东盟等地区的海洋外贸合作，实现海洋产品出口新增长。二是海洋对外贸易出口产品新优势显现。2023 年，我国船舶业完工量、新接订单量、手持订单量市场份额均稳居全球首位，船舶出口至 191 个国家和地区，出口金额同比增长 35.4%；新能源汽车出口规模大幅增长，汽车运输船新接订单量占全球总量的 82.7%。三是沿海港口设施不断优化。全国首个海铁联运集装箱自动化码头——广西北部湾港钦州港区自动化集装箱码头正式启用，海铁联运一体化服务能力得到进一步提高。截至 2023 年 12 月，我国已建成 18 座自动化集装箱码头，在建包括改造的自动化集装箱码头 27 座，居世界首位。

（六）海洋资源开发与生态保护协同推进

我国坚持海洋资源开发与生态保护并重，以高水平保护支撑海洋经济高质量发展。在海洋资源开发方面，开发方式向循环利用型转变，深远海和极地资源开发不断深入。2023 年 3 月，我国第一座深远海浮式风电平台——“海油观澜号”进行海上安装和调试，标志着我国深远海风电关键技术取得重大进展，海上油气开发迈向“绿电时代”。同时，我国重视对“海上金矿”南极磷虾资源的投入与开发。截至 2023 年底，南极磷虾捕捞总量为 60 多万吨，占全球总量的 15%，居全球第二。在海洋生态保护方面，我国环境监督执法力度不断增强，海洋生态状况持续向好。全年海警执法检查海洋工程建设项目 3600 余个次，倾倒区和倾废项目 690 余个次，踏查海洋自然保护地 1300 余个次，查办非法倾废案件 95 起、涉嫌破坏公用通信设施案件 33 起。截至 2023 年底，全国共有涉海自然保护地 352 个，保护海域面积 9.33 万平方千米，10 处涉及海洋的国家级自然保护区生态环境状况等级评价中，有 5 处海洋生态状况被评为优良。

三、中国海洋经济发展面临的挑战

2023年，我国海洋强国建设稳步推进，海洋经济发展取得了一定的成效，但在深远海核心科技创新、海洋新业态发展、海洋领域安全问题等方面仍存在诸多困难，制约着我国海洋经济的高质量发展。

（一）深远海核心科技创新能力有待提升

一是深远海高能级创新平台建设层次不高。例如，我国深远海装备制造领域关键平台所属领域分散、多平台协作创新能力不强，国家级高端创新平台尤为欠缺。这导致我国在深海装备、深海勘探、海洋能源开发等领域的前瞻性理论支撑不足，高质量科技供给不畅。二是深海开发装备支撑技术发展略显滞后。我国深海设备产业化水平较低，在深海勘探、核心海洋装备制造等领域的技术与品牌优势较为薄弱。例如，温盐深仪（CTD）、多波束声纳、高精度传感器等相关设备已实现国产，但其应用比重不足两成，制约了我国深海装备发展的良性循环。三是产研脱节制约部分产业挺向深蓝。例如，我国海上风电产业中“政产学研”之间协同创新机制欠缺，基础研究力量薄弱，使得我国风电机组关键部件及原材料仍严重依赖进口，部分关键环节话语权薄弱，整体发展仍停留在近海海域。同时，产业链中的海洋防腐涂料、海缆制造工艺等核心组件和重要制造工艺发展滞后，导致海上风电向深远海挺进受阻。

（二）海洋新业态发展动力培育仍需加强

一是高层次复合型人才缺口掣肘海洋新业态发展。当前我国海洋人才培养质量较海洋事业高质量发展要求存在一定缺口，海洋新能源、新型海洋材料等战略性新兴产业所需的高层次人才数量较少，复合型海洋人才匮乏，导致在“海上风电+”等海洋新业态中的引领作用发挥不足，掣肘我国海洋经济新业态新模式发展。二是海洋新业态发展的政策与资金支持亟待增强。例如，我国现代化海洋牧场建设、风电养殖结合、“5G+ 海洋产业”等新兴领域的配套产业政策支持体系尚不健全，在政策扶持、产业发展规划等方面亟待优化调整，政策细化、落实和执行方面仍需加强。此外，金融机构对海洋新兴产业的支持力度有限，涉海企业融资难、融资贵问题依旧存在，资金供需失衡矛盾日益凸显。三是涉海前沿科技与传统海洋产业的融合度尚待提高。我国海洋产业转型升级进程不断加快，智慧海洋装备、海洋大数据等一批新产业、新业态发展提速。但是，涉海前沿科技与海洋渔业等传统海洋产业之间的技术关联度偏低，技术溢出效应和联动效应发挥不足，导致海洋新业态萌生受阻、产业融合发展受困。

（三）海洋领域安全问题日益突出

一是日本核污染水排海威胁我国海洋生态安全。2023 年 8 月 24 日，日本福岛第一核电站核污染水排放入海，放射性物质可能通过海洋生态链进入食物链，对我国海洋生态系统构成长期潜在威胁，严重影响我国海洋生态安全。二是海洋灾害与气候变化制约海洋经济可持续发展。我国沿海地区海洋自然灾害与生态灾害频发，造成了巨大损失。2023 年，风暴潮、海浪灾害等自然灾害造成直接经济损失近 25.1 亿元，近海海域发现赤潮 46 次，累计面积约 1500 平方千米。同时，全球变暖导致我国海平面长期处于高位，产生的长期累积效应造成沿海地区海岸带生态系统挤压和滩涂损失，加大风暴潮、滨海城市洪涝和咸潮入侵致灾程度。三是地缘冲突频发影响海运供应链稳定。例如，俄乌冲突加剧，导致黑海航线受阻；巴以冲突爆发加剧了红海地区的不稳定局势，阻塞了红海航线；地缘冲突使得全球商船航行周期延长、周转率下降和运输成本上升，导致我国海运供应链关键环节出现阻梗、断裂危机。

四、中国海洋经济发展趋势

海洋经济已成为推动国民经济再上新台阶的重要增长引擎。基于现阶段发展特征，未来海洋经济将继续迈向高质量发展新征程，积极推进现代海洋城市建设和海洋产业绿色转型，有效拓展海洋资源利用空间，不断探索海洋金融实践新模式，以中国智慧助力实现全球海洋治理新目标。

（一）海洋经济将迈向高质量发展新征程

海洋是高质量发展战略要地，海洋经济将逐步成为构建“双循环”新发展格局的重要保障，向海而兴、向海图强新篇章正徐徐展开。第一，海洋经济量质齐升是基础。随着海洋宏观政策效应持续显现，海洋领域消费和固定资产投资增势良好，对外贸易量稳质升，为实现更高质量的发展打下坚实的海洋产业基础。第二，创新驱动海洋经济发展新优势。一系列基础性、原创性、前瞻性海洋科技创新成果加速涌现，不断转化为海洋产业发展新优势，催生海洋产业发展新动能，推动海洋经济向创新引领型转变。第三，“双碳”目标助力构建海洋发展新格局。以“双碳”目标为指引，海洋资源开发方式不断转变，海洋产业绿色转型取得积极进展，绿色低碳、循环高效的海洋发展新格局正加速构建。

（二）新质生产力将赋能现代海洋城市建设

建设综合型、特色型的现代海洋城市是新时期海洋经济高质量发展的关键抓手和实施路径。立足海洋资源禀赋，新质生产力将从多维度赋能海洋城市建设，充分挖掘海洋潜力，提升海洋经济效益。第一，新质生产力以创新驱动海洋经济变革。创新是新质生产力的核心要素，海洋领域新质生产力将推动各类生产要素高效流向当前制约海洋产业高质量发展的痛点、难点，全面增强海洋城市科技创新策源能力，以科技创新引领产业跃升，激发更大的海洋城市发展潜能。第二，新质生产力护航海洋城市生态可持续。绿色是发展新质生产力的本质特征。智慧绿色港航、“风光渔”互补、新能源船舶等绿色海洋产业陆续取得实质性进展，将加快塑造海洋城市可持续发展新优势，构建人海和谐共生的蓝色家园。第三，新质生产力推进海洋特色文化建设。以新质生产力催生文化新业态，推动人工智能、5G、虚拟交互等新兴技术应用于海洋文化产业链上下游，新型海洋文旅地标不断发展，海洋动态壁纸、3D 海底世界模型等产品持续上新，进一步凸显了城市海洋文化特色。

（三）数字技术将推动海洋产业绿色低碳转型

数字技术是海洋经济绿色低碳发展的关键力量，在新发展理念引领下，“数字下海”将为海洋产业绿色转型提供强有力的动能支持。在海洋能源开发利用方面，数字孪生技术、自主巡检机器人、机器学习和云计算等数字化技术应用广度与深度将不断扩大，对提高海上风电与海上油气勘探的绿色智能化转型与经济效益提升具有重要意义。在海洋装备制造方面，以“数字化发展 + 智能化升级”为核心，传统海洋装备更新和技术改造工程加快实施，推动智能化控制系统、绿色环保技术在深水油气矿产资源开发装备、绿色智能船舶等领域的应用，将逐步实现海洋智能制造生态化发展。在海洋生态环境监测预警方面，数字技术广泛应用于海洋环境监测领域，通过卫星遥感、大数据监测、水下机器人和传感器等新型技术手段及时追踪、监测和识别海洋生态环境问题，数字化海洋生态保护与修复技术有望得到进一步发展。

（四）“蓝色粮仓”建设将拓展海洋资源利用空间

随着陆地资源供应日趋紧张、发展空间相对局限，积极建设“蓝色粮仓”，为新形势下夯实粮食安全根基、拓展海洋资源利用空间提供了新的思路。在地理空间拓展方面，现代海洋渔业全产业链不断延伸，海水养殖正逐步从近海向远洋拓展。深水网箱、养殖工船等深远海养殖方式加速推进，突破了传统养殖方式对海域和水深的限制，创造了更多鱼类生存空间拓展的可能。在技术空间拓展方面，深远海养殖设施装备不断创新，智慧渔业发展势头强劲。“海威 2 号”“宁德 1 号”等深远海智能化养殖平台陆续投入使用和一批新型海洋渔业装备持续攻关突破，将推动现代海洋牧场数字化、智能化升级迭代，实现海洋渔业向质量效益型转变。在经济空间拓展方面，持续探索更具经济价值的海水养殖规模化发展模式。目前现代化海洋牧场建设已初具规模，优质海产品供给量将继续稳步增长，经济效益也日渐显著，将逐步满足居民对高品质海产品“量”的需求和“质”的追求。

（五）涉海金融创新将助力海洋全产业链协同发展

聚焦海洋产业重点领域，涉海金融创新步伐不断加快，为助推海洋全产业链协同发展提供了持续、专业、精准、高效的支撑。第一，海洋特色投融资产品不断涌现。针对海洋产业发展融资需求，海域使用权、船舶等海洋特色资产抵押贷款模式陆续完善，将有效拓宽涉海企业的融资渠道。"渔业贷"等系列特色金融产品落地实施，将有效缓解近远海渔民、渔企的融资难题。第二，海洋保险机制持续探索创新。随着海上新能源开发、海洋牧场等新兴海洋产业项目对损害赔偿和风险管理的需求日渐增加，海水养殖浪高指数保险、海上风电项目建筑安装险、海洋碳汇指数保险等新型保险产品相继推广落地，为海洋全产业链协同发展保驾护航。第三，海洋金融专营机构陆续设立。聚焦海洋产业发展痛点、难点和涉海企业实际需求，浦发银行蓝色经济金融服务中心、中国建设银行深圳市分行海洋渔业支行等海洋金融专营机构陆续探索设立，积极布局涉海金融业务，将实现蓝色金融服务体系多元化、立体式发展。

（六）海洋命运共同体理念将推进全球海洋治理进程

海洋命运共同体理念从全球共同利益、全人类共同福祉出发，强调合作包容、共建和谐海洋，是对传统全球海洋治理观的延续与发展。当前国际局势错综复杂，政治博弈和战争冲突多点爆发，全球海洋治理面临的挑战与威胁持续加剧。在此背景下，践行海洋命运共同体理念，为解决全球海洋问题提供中国智慧和中国方案，具有重要而深远的现实意义。未来，我国将继续以海洋命运共同体理念为基础，坚持开放、融通、互利、共赢的合作观，增加同各方利益的汇合点，打造更多双赢、多赢、共赢的合作项目和平台，推动各国共享海洋资源、共谋海洋繁荣。依托"21 世纪海上丝绸之路"实践平台，积极加强与东南亚、环印度洋、欧洲、大洋洲、东北亚等方向的诸多沿线国家的海洋领域合作，在维护海洋和平安全、推动海洋文化繁荣、改善海洋生态环境、挖掘海洋经济潜力等领域不断贡献中国力量，推动全球海洋治理向着更加公正合理、和谐共赢的方向发展。

执笔人：赵 昕（中国海洋大学）

产业篇

Ⅱ

1
海洋渔业发展情况

一、产业发展基本情况

2023年，我国海洋渔业经历了极端天气、日本核污染水排放等一系列不确定外部因素干扰，但总体仍呈现稳步向好发展态势，全年实现增加值4618亿元，比2022年增长3.2%。全年海水产品产量达3585万吨，同比增长3.6%；海水养殖面积221.5万公顷，同比增长6.8%。其中，海水养殖产量2396万吨，同比增长5.3%；海洋捕捞产量957万吨，同比增长0.7%；远洋渔业产量232万吨，同比下降0.3%。海洋渔业产业结构持续优化，养殖捕捞比从2016年的58∶42提升到2023年的67∶33（图2-1-1）。“蓝色粮仓”建设稳步推进，深远海水产品供给能力不断提升，产业多元融合发展加快推进，科技创新与发展平台积极构建，金融支持力度不断加大，国际交流与合作进一步深入。国家和沿海地方积极出台各项政策举措，助推海洋渔业加紧向高质量方向发展。

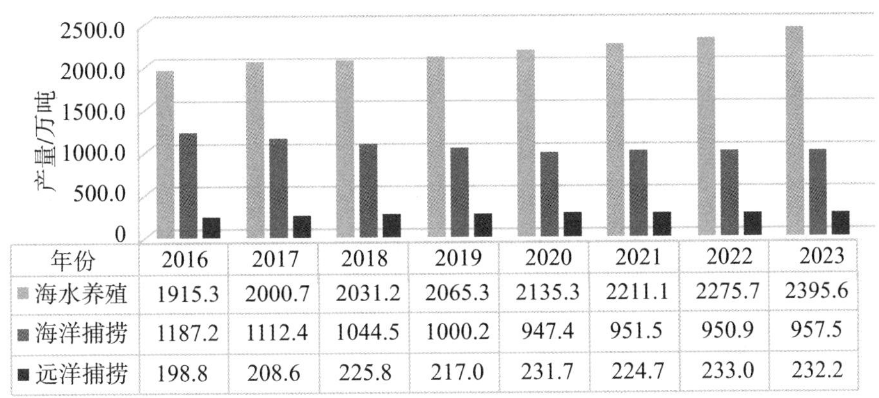

年份	2016	2017	2018	2019	2020	2021	2022	2023
海水养殖	1915.3	2000.7	2031.2	2065.3	2135.3	2211.1	2275.7	2395.6
海洋捕捞	1187.2	1112.4	1044.5	1000.2	947.4	951.5	950.9	957.5
远洋捕捞	198.8	208.6	225.8	217.0	231.7	224.7	233.0	232.2

图 2-1-1　2016—2023 年我国海洋渔业产量情况

（数据来源：2016—2022 年数据来源于《2023 年中国渔业统计年鉴》，2023 年数据来源于《2023 年全国渔业经济统计公报》）

二、产业发展主要特征

“蓝色粮仓”加快建设，成效初步显现。装备平台建设取得新进展，全国首座入级中国船级社（CCS）半潜式全框架深海养殖平台“宁德 1 号”、全国首台“广东造”自升式桁架类网箱、“普盛海洋牧场 3 号”以及“经海 005 号”“海威 2 号”等深远海养殖平台纷纷下水投产。全球首创水体自然交换型养殖工船“九洲一号”、全球首例全悬浮定深高抗台风养殖平台“海塔一号”、国内首台配备可自主升降折叠网箱的新型数字智能化深海养殖平台“珠海琴”开工建造；全球首批 15 万吨级智慧渔业大型养殖工船“国信 2-1 号”“国信 2-2 号”签约建造。全国首艘获批准建的养殖运输船“经海 1 号”活鱼养殖渔船顺利交付，填补了国内深远海海上收鱼全自动、智能化的空白；首批信息化、智能化新材料远洋渔船“玻璃钢金枪鱼延绳钓渔船”顺利交付两艘。深远海养殖喜获丰收，“国信 1 号”收捕高品质大黄鱼超千吨，产值突破 1 亿元。“深蓝 1 号”成功收获大西洋鲑 3000 尾左右；“德海一号”智能化养殖平台 2023 年首批渔获约 10 万斤金鲳鱼；“明渔一号”首次成功收获金鲳鱼 9000 余斤及石斑鱼、金头鲷等试验鱼种。

产业融合加快推进，探索海洋渔业发展新模式。2023 年，山东设立全国首个“蓝色粮仓”海上经济开发区，积极推进一二三产业深度融合发展。渔旅融合发展取得新突破，两栖钻井平台“胜利二号”退役改造的海洋渔旅综合平台顺利通过专家安全论证会，填补了环渤海地区海上休闲文化旅游驿站空白。全国首个三产深度融合海洋牧场综合体示范项目“耕海 1 号”开业运营，构建形成“蓝色粮仓＋蓝色文旅”发展新模式。风渔融合发展加快推进，全国首个布置于台风无掩护海域的桩基桁架式“风渔融合”型海洋牧场、国内首个规模最大的具备综合科研实验功能的“风渔融合”项目的“中广核汕尾风渔融合项目”开工建设。全球首个漂浮式“风光渔”融合项目“国能共享号”顺利完成主体工程，开创了海上漂浮式风机与渔业养殖融合发展新模式，助力海洋经济融合发展模式向深海挺进。

科创平台积极搭建，助力产业发展优化升级。水产种业创新平台助力种业自主可控。“海洋牧场岸基种苗繁育与种质资源保护基地”、海水养殖生物育种与可持续产出全国重点实验室应用牵引基地正式揭牌，支撑和保障我国海水养殖核心种源自主可控，做强现代化海洋牧场种业“芯片”。国家级海洋渔业生物种质资源库建设项目顺利通过国家验收，成为实现水产种业振兴和海洋渔业高质量发展的重要平台。沿海各地海洋牧场和深远海养殖平台加快建设，山东省智慧海洋牧场重点实验室（筹）、深远海养殖与加工海南省工程研究中心（筹）、广东省首个深远海鲍鱼养殖平台、深圳大鹏湾国家级海洋牧场产业示范基地揭牌成立。全国首个集生态监测、资源评估、生产管控、运营管理、指挥调度等功能于一体的省级现代化海洋牧场综合管理平台投入运行，助力海洋牧场数字化管控水平的提升。海洋特色预制菜加快发展，中国水产流通与加工协会预制菜产业分会成立，威海、大连分别被授予“中国海洋预制菜之都”“中国海鲜预制菜之都”称号。

金融助力海洋渔业高质量发展的能力不断提升。2023 年，农业农村部渔政保障中心与中国渔业互保协会签署战略合作框架协议，共同打造渔业安全发展平台。国务院批准成立中国渔业互助保险社，在海南省三亚市签发首张承保深海网箱养殖金鲳鱼的保单，并成功完成海南首单海洋渔业保单授信业务，还与中国远洋渔业协会签署战略合作协议，为海洋渔业健康安全的发展提供保障。太平洋保险在海南落地全国首单“养殖工船”鱼养殖保险，中国人保青岛市分公司开发了“国信 1 号”大黄鱼保险。全国首家平安智慧海洋研究中心在广东阳江成立、中国建设银行深圳市分行海洋渔业支行正式揭牌，为现代海洋渔业稳健发展注入金融活水。中国银行海南省分行创新推出的“水产养殖贷·石斑鱼”专属金融服务方案在海南成功落地。中国农业银行广东省分行正式发布“服务海洋牧场十条措施”和“海洋牧场发展贷”系列产品，全面保障海洋牧场高质量发展融资需求。

国家和沿海地方部署多项政策举措，优化海洋渔业发展软环境。农业农村部等相关部委先后出台《关于加快推进深远海养殖发展的意见》《关于优化养殖用海管理的通知》等政策举措，引导和支持深远海养殖发展，优化管理养殖用海空间，推动海洋渔业高质量发展。沿海地方积极出台政策、措施及方案等，着力推进海洋渔业资源养护，强化资源要素保障，加快渔业转型升级，布局做强远洋渔业。广东出台《海洋渔业资源养护补贴政策实施方案》《关于加强海洋资源要素保障促进现代化海洋牧场高质量发展的通知》《关于加快海洋渔业转型升级 促进现代化海洋牧场高质量发展的若干措施》等，着力推进现代化海洋牧场高质量发展。江苏、浙江、福建、海南等分别印发了《江苏省加快推进海洋渔业发展若干措施》《舟山远洋渔业高质量发展三年攻坚行动方案（2023—2025 年）》《福建海洋捕捞渔民减船转产项目 2023—2024 年实施方案》《加快渔业转型升级 促进海南渔业高质量发展三年行动方案（2023—2025 年）》等，强化政策引导与支持。

国际交流与合作取得新突破。2023 年，中国 – 太平洋岛国农渔业部长会议发布了“南京共识”和“共同行动计划”，明确完善渔业合作机制，加强可持续的渔业捕捞合作，深化渔业科技交流和合作，鼓励渔业领域投资合作。我国正式接受世贸组织《渔业补贴协定》议定书，协定明确三点主要规则：禁止补贴非法、未报告和无管制（IUU）捕捞活动、禁止补贴涉及过度捕捞鱼类种群的捕捞活动、禁止补贴在无管制的公海区域所进行的捕捞活动。这将有效落实联合国可持续发展目标的相关要求，重振各方对多边贸易体制的信心。马耳他与中国签署协议，直接对华出口养殖蓝鳍金枪鱼。中印尼热带海洋生物可持续利用研究与发展中心正式揭牌，促进两国渔业贸易合作上一新台阶。

三、面临的问题

气候灾害频发加大海水养殖生产风险。2023 年，干热天气、洪涝灾害等极端天气出现，导致养殖水体环境发生突变，海水养殖病害发生频率有所升高，如山东荣成出现海带苗病烂情况，其中海水网箱发病率 2.4%，较 2022 年同期提高了 2.1 个百分点。“杜苏芮”“苏拉”等台风频繁，沿海多地海水养殖遭受重创，抗台风能力较差的深海养殖网箱受到不同程度的损坏，海水养殖风险保障能力有待提升。

日本核污染水排海带来的潜在隐患不容小觑。2023 年 8 月以来，日本实施了三次核污染水排放活动。核污染水的进一步扩散，对我国海洋渔业生产和消费造成的风险与压力持续增加。虽然我国相关主管部门及时出台了一些应对措施以保护海洋渔业健康发展，但长期来看，日本核污染水对海洋生态系统、海洋生物资源的稳定性和安全性都将造成极大的威胁，不仅影响海水养殖生产效益，也将影响海鲜消费市场信心，对海洋渔业产业发展前景的影响不容忽视。

四、发展展望

2023 年，习近平在广东考察时指出，中国是一个有着 14 亿多人口的大国，解决好吃饭问题、保障粮食安全，要树立大食物观，既向陆地要食物，也向海洋要食物，耕海牧渔，建设海上牧场、“蓝色粮仓”。海洋渔业成为建设海洋强国、落实粮食安全战略的重要内容。2024 年，我国海洋渔业将继续有序推进资源总量管理和限额捕捞制度，加快国家级海洋牧场示范区建设，积极推进深远海养殖和水产种业发展，推动海洋渔业向信息化、智能化、现代化转型升级。

执笔人：胡　洁（国家海洋信息中心）

2 海洋油气业发展情况

一、产业发展基本情况

2023 年，我国海洋油气企业坚持增储上产，大力推动海洋油气勘探开发力度，产量保持强劲增长。我国海上已建成渤海 3000 万吨级、南海东部 2000 万吨级两个大型油气生产基地，渤南、陆丰、流花、恩平等油气田群成为海上油气产量增长点。2024 年，海洋油气产量预计会持续增长。

二、产业发展主要特征

（一）海洋油气实现增储上产

2023 年，我国海洋油气产量实现增产，海洋油、气产量分别比 2022 年同比增长 5.8% 和 9.1%（图 2-2-1）。海洋石油仍是中国石油增产主力，增产量已连续 5 年占全国增产量的 60% 以上。渤海和南海东部仍是海洋石油上产的主要区域。海洋天然气产量约占全国天然气产量增量的 15%（图 2-2-2）。

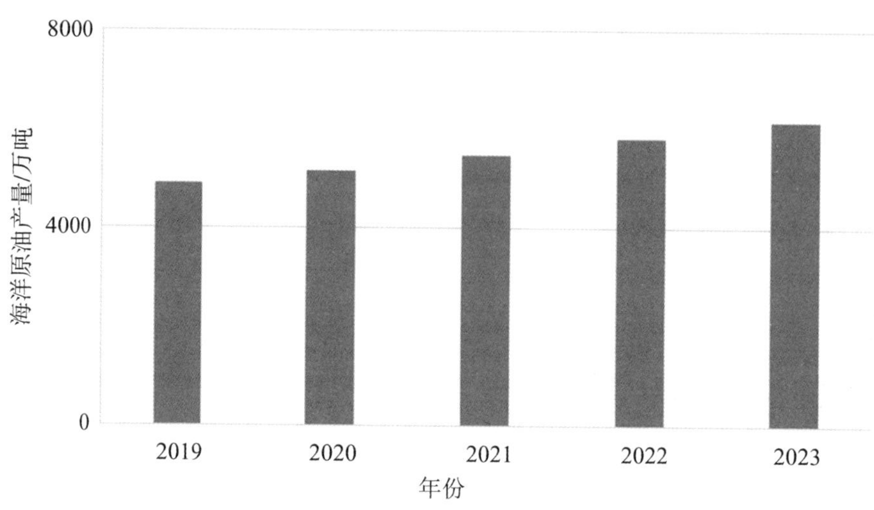

图 2-2-1　2019—2023 年我国海洋原油产量

（数据来源：2019 年数据来源于《中国海洋经济统计年鉴 2020》，2020 年数据根据《2020 年中国海洋经济统计公报》整理，2021—2023 年数据根据中国海油集团、中国石油化工集团、中国石油天然气集团数据整理）

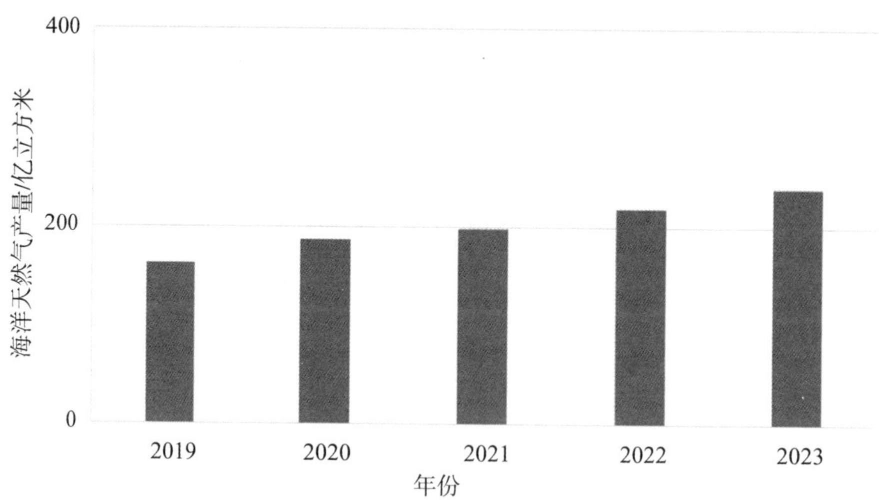

图 2-2-2　2019—2023 年我国海洋天然气产量

（数据来源：2019 年数据来源于《中国海洋经济统计年鉴 2020》，2020 年数据根据《2020 年中国海洋经济统计公报》整理，2021—2023 年数据根据中国海油集团、中国石油化工集团、中国石油天然气集团数据整理）

（二）海洋油气勘探开发再获新突破

2023 年，我国海上油气勘探开发工作持续发力，通过创新成盆成凹机制、油气成藏模式认识，在渤海海域、南海深水领域再获亿吨级油气勘探新发现，开辟深水、深层、隐蔽油气藏、盆缘凹陷等勘探新领域，支撑国家能源安全、海洋强国建设能力进一步增强。渤海南部发现全球最大太古界变质岩渤中 26–6 油田，渤海湾负向潜山钻获最高日产油气 325 吨、33 万立方米，累计探明和控制地质储量超 2 亿吨油当量。渤海浅层秦皇岛 27–3 油田明下段测试喜获高产，探明石油地质储量超过 1 亿吨。南海东部深水获亿吨级油气发现，珠江口盆地开平南油田钻获日产超千吨高产油流井，累计探明地质储量超 1 亿吨油当量。渤海油田成功探获渤中 26–6 亿吨级油田，连续 5 年实现亿吨级新发现。

（三）海洋油气项目持续推进

2023 年，重点海洋油气项目取得新进展，一批油气项目投产。渤海首个大型整装千亿立方米渤中 19–6 凝析气田Ⅰ期开发项目顺利投产，气田累计探明天然气地质储量超 2000 亿立方米、凝析油地质储量超 2 亿立方米。渤海亿吨级油田群垦利 6–1 油田群全面投产，日产原油突破 8000 吨，全年贡献原油增量 245 万吨。渤海首个开展二次调整的“双高油田”项目——渤中 28–2 南油田二次调整项目顺利投产，是探索老油田稳产增产的重要实践，预计 2024 年将实现日产原油 7600 桶高峰产量。南海东部油田恩平 18–6 平台投产，是恩平油田新建项目投产的最后一座平台，该油田群全面达产后将成为我国南海日产量最高的油田群。位于我国南海东部海域的陆丰 12–3 油田投产，是我国南海近十年开发的最大的对外合作油田（中韩）。陆丰 8–1 平台投入使用，搭载我国首套完全自主知识产权海上平台燃气轮机，成为我国开发油气资源又一“国之重器”。我国自主设计建造的第二艘海上移动式自安装井口平台——“海洋石油 165”平台在南海北部湾海域涠洲 5–7 油田区域就位，助力南海西部油田增储上产。国内最大原油生产基地渤海油田全年原油产量超 3400 万吨，天然气产量超 35 亿立方米，创历史最高水平，为保障国家能源安全提供了有力支撑。海洋原油大幅上产成为关键增量，2023 年同比增产 336 万吨，占全国原油增量比例超 70%。

三、发展趋势

（一）油价仍将维持中高区间，上游油气开采板块维持高景气

2023 年四季度以来，油价受中东局势扰动、沙特持续自愿减产、美联储加息渐入尾声等因素影响，维持中高区间。随着全球经济的不断修复，需求仍然维持小幅增长，整体供需仍然维持紧平衡。考虑到 OPEC（石油输出国组织）的财政平衡成本，预计 2024 年油价仍将维持中高区间，上游油气开采板块维持高景气。

（二）主要海洋油气企业将延续增储上产政策

中国海油经营策略显示，2024 年中国海油将坚持增储上产，油气产量保持强劲增长。2024 年，中国海油的净产量（包括公司享有的按权益法核算的被投资实体的权益）目标为 700 ~ 720 百万桶油当量，其中中国约占 69%、海外约占 31%。

执笔人：黄　超（国家海洋信息中心）

3 海洋药物和生物制品业发展情况

一、产业发展基本情况

2023 年，受新冠疫情防控转段后的产品市场需求减弱、上年基数较高等因素影响，海洋药物和生物制品业发展总体平稳、小幅微调，全年实现增加值 739 亿元，比 2022 年下降 0.4%。海洋新药研发和生物制品生产取得突破性进展，免疫抗肿瘤海洋多糖类药物“注射用 BG136”正式启动临床试验，海洋生物医药器械再添新产品，海洋寡糖实现规模化生产。一批科技创新与发展平台搭建形成，助推海洋药物和生物制品研发成果转化和产业化发展。

二、产业发展主要特征

“蓝色药库”研发与应用取得实质性进展。海洋药物研发进程加快推进，“注射用 BG136”已完成临床试验方案的设计完善和临床试验用药的生产，正式启动临床试验。海洋生物医疗器械加快转化，青岛海洋生物医药研究院研发的Ⅱ类医疗器械抗 HPV 妇科凝胶成功上市，为“蓝色药库”开发再添新成员。国内最大规模的寡糖制备基地建成投产，拉开了海洋寡糖规模化生产的序幕，为“蓝色药库”开发提供系列寡糖原料支撑。

创新平台积极搭建助推科技成果转化和产业化开发。“胶类中药联合创新中心”“海洋生物资源与化妆品工程联合创新中心”“海洋生物制药产业联合研发中心”“海洋植介入医疗器械联合研究中心”四个产学研联合创新中心揭牌，促进“蓝色药库”成果转化。海洋生物资源高值化利用与装备开发广东省工程研究中心、长三角海洋生物医药创新中心成立，北京大学宁波海洋药物研究院正式开园，助力海洋生物资源从基础研究到产业化落地，发展壮大海洋生物医药产业集群。中国海洋学会海洋中药专业委员会成立，为海洋中药产业全链条发展提供了不可或缺的技术保障平台。国家海洋药物和生物制品产业联盟成立，探索以企业为主体、市场为导向、“政产学研金”协同创新的新机制和新模式。自然资源部推进海洋药物和生物制品产业发展中心等公共服务平台建设，支持建设的中试平台为企业提供设备使用、样品检测、中试工艺等技术服务 120 余次，推动多个科研项目实现产业化。

三、发展趋势与展望

当前，海洋生物医药行业正面临着科技和创新的双重驱动，应用人工智能技术将加速海洋生物医药的创新研发进程，节省时间和成本。随着大健康领域的加速布局，公众自我保健意识不断提高，产业化开发难度相对较低且市场受众更广的海洋生物制品如保健品、日化、医美发展前景大有可为。2024 年，“蓝色药库”开发计划持续开展，海洋药物临床试验将稳步推进，海洋生物医疗器械等海洋生物制品将进一步加快临床前研究和成果转化，生产规模不断扩大。

执笔人：胡　洁（国家海洋信息中心）

4 海洋电力业发展情况

一、产业发展基本情况

2023 年，我国海洋电力业增加值为 446 亿元，增速达 13%。海上风电稳步发展，整体好于 2022 年同期水平，前景乐观。海上风电机组价格呈现小幅波动下行走势。大型风电机组制造技术不断突破，最长叶片达到 126 米，20 兆瓦中速永磁（半直驱、混合式）风力发电机发布。我国海上风电产业链各环节产能占全球产能半数以上。海洋可再生能源规模化利用稳步推进。

二、产业发展主要特征

（一）海上风电市场总体平稳有序运行

2023 年，我国海上风电产业稳步推进，并网容量月度平均增速约 25.8%，整体好于 2022 年同期水平。截至 2023 年底，我国海上风电累计装机容量 3770 万千瓦，同比增长 23.6%，占全球累计装机容量的 50.2%，规模居全球第一（图 2-4-1）。海上风电全年发电量 824.5 亿千瓦时，同比增长 17.6%；新增并网容量 633.0 万千瓦，同比增长 22.4%。受“30”政策影响，海上风电项目推进放缓，2023 年海上风电招标量约 913 万千瓦，与 2022 年相比减少了约 264 万千瓦。2023 年全年正在建设和新开工项目共计约 2000 万千瓦，比 2022 年同期增加约 200 万千瓦。我国海上风电场目前在沿海 11 个地域均有分布，其中，江苏、广东、山东、浙江、福建 5 省累计装机容量占全国总装机容量的九成以上（表 2-4-1）。

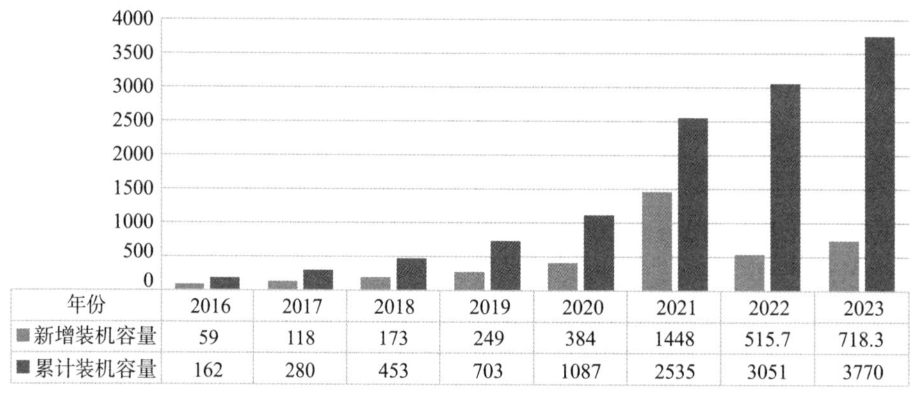

图 2-4-1 2016—2023 年我国海上风电装机容量

（数据来源：2016—2020 年数据来源于《2020 年中国风电吊装容量统计简报》，2021 年数据来源于《2021 年中国风电吊装容量统计简报》，2022 年数据来源于《2022 年中国风电吊装容量统计简报》，2023 年数据来源于《2023 年中国风电吊装容量统计简报》）

表 2-4-1 沿海省份 2023 年累计装机容量占比

序号	地域	累计装机容量占比/%
1	江苏	31.3
2	广东	29.0
3	山东	12.9
4	浙江	10.8
5	福建	9.2
6	上海	2.7

（续表）

序号	地域	累计装机容量占比/%
7	辽宁	2.8
8	河北	0.8
9	天津	0.3
10	广西	0.2
11	海南	0.0

数据来源：《中国风电产业地图 2023》。

（二）海上风电机组价格全年呈现小幅振荡下行

2023 年，海上风机（不含塔筒）价格呈现小幅波动走势，海上风机价格基本在 2700 ~ 3300 元 / 千瓦之间波动，相较于 2020—2021 年海上风电机组价格下降速度已经明显变缓。2023 年第四季度海上风电（不含塔筒）价格达 2940 元 / 千瓦，相较年初有所回落，下降近 200 元 / 千瓦。

（三）大型风电机组制造技术不断突破

党的十八大以来，我国风电机组实现了大型化、平台化、智能化和模块化发展，同时机组技术类型涵盖双馈、直驱和混合式驱动。风电机组单机容量不断增大，最大单机容量从兆瓦级发展到 10 兆瓦级别以上。2023 年我国海上风电机组建造取得新突破，单机容量 16 兆瓦海上风电机组完成吊装，18 兆瓦下线。全球最大的 20.X 兆瓦中速永磁（半直驱、混合式）风力发电机发布。单机容量为 25 兆瓦海上风电机组实验基地获得批复。10 兆瓦级海上风电机组配套的叶片长度突破 100 米，最长叶片达到 126 米。

（四）风电产业链发展引领全球

凭借成本、技术、产品、产能等方面的优势，我国风电产业链在推动全球海上风电发展中发挥着建设性作用。2023 年，我国海上风电产业链各环节产能占全球产能半数以上。其中，风电机组产能占全球市场的60%，叶片产能占全球市场的64%，齿轮箱产能占全球市场的80%，发电机产能占全球市场的73%，变流器产能占全球市场的82%，海塔产能占全球市场的79%，铸件产能占全球市场的82%，固定式基础产能占全球市场的76%。

（五）海洋可再生能源装机规模实现增长

截至2023年底，我国海洋可再生能源累计装机12.1兆瓦，同比增长15.2%。其中，潮汐能电站累计并网发电量约2.6亿千瓦时，在运行装机量达4.1兆瓦；潮流能示范工程累计并网发电量约823万千瓦时，在运行装机量达2.9兆瓦；波浪能示范工程在运行装机量达2.1兆瓦；潮汐能电站在运行装机量为4100千瓦，年并网发电量超过1.3亿千瓦时，海山潮汐电站于2023年停止运行。自主研发的20千瓦漂浮式海洋温差能装置于2023年8月在南海成功海试，标志着我国海洋温差能技术实现从陆地试验向海上应用的重大跨越。

三、发展趋势

《"十四五"现代能源体系规划》要求加快推动能源绿色低碳转型，大力发展非化石能源，鼓励建设海上风电基地，推进海上风电向深水远岸区域布局。预计未来新增装机容量将继续攀升，深远海海上风电开发更加规范，漂浮式风电迎来发展机遇。海洋能与其他海洋产业融合发展成为重要方向。

（一）新增装机量将持续上升

从2023年项目建设进度和达成"十四五"规划目标进程推测，我国2024年海上风电新增装机量预计超1000万千瓦，预计广东、山东、浙江、福建新增装机容量排名前列，辽宁、广西建设节奏加快，海上风电大基地建设逐步成型。

（二）浮式基础技术迎来革新

2024 年，《深远海海上风电项目管理办法》有望落地，海上风电产业制度体系逐步完善，漂浮式风电迎来发展机遇。在降本增效要求和自然条件变化的驱动下，漂浮式海上风电将朝着整机抗台性能提升、漂浮式风机与机组深度耦合、基础结构模块化减重易安装等方向发展。

（三）海洋能与其他海洋产业融合发展成为重要方向

为拓展海洋能应用场景，提升海洋能利用规模，近年来国际上探索了海洋能与制冷、淡化、养殖装置供电、海洋监测设备供电等海洋产业融合发展模式。例如，英国欧洲海洋能源中心（EMEC）开展了潮流能发电制氢，于 2020 年实现国际上首个商业规模氢动力飞机的起降。美国在过去 5 年支持了数十个波浪能海水淡化、为海洋监测设备供电的项目。印度在多个海岛建成了淡水生产能力达到 100 吨 / 日的温差能海水淡化装置。

执笔人：黄　超（国家海洋信息中心）

5 海水淡化与综合利用业发展情况

一、产业发展基本情况

2023 年，海水淡化与综合利用业稳步发展，海水淡化工程规模持续扩大，产业发展政策环境不断优化，关键领域核心技术有所突破，各项国际国内海水淡化工程进展顺利，海水淡化企业国际影响力不断扩大，海水淡化与综合利用业全年增加值为 327.5 亿元，同比增长 4.5%。截至 2023 年底，全国现有海水淡化工程 156 个，工程规模 2522956 吨 / 日（图 2–5–1），比 2022 年增加 165908 吨 / 日，全国年海水冷却用水量为 1853.8 亿吨，比 2022 年增加 83.3 亿吨（图 2–5–2）。

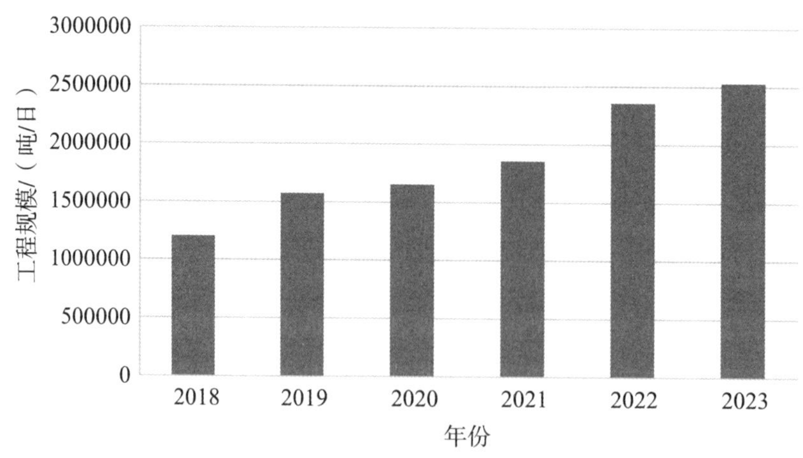

图 2–5–1　2018—2023 年全国海水淡化工程规模

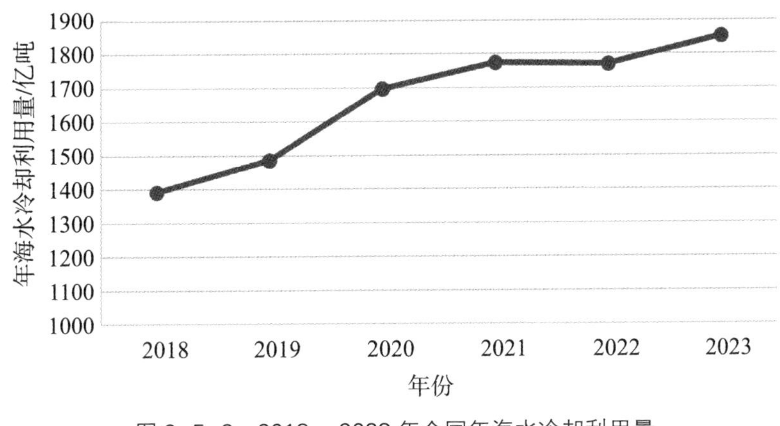

图 2-5-2 2018—2023 年全国年海水冷却利用量

二、产业发展主要特征

（一）海水淡化工程规模稳步增长

山东、天津、江苏、浙江等沿海省市继续积极推动大型海水淡化工程建设，各项海水淡化工程进展顺利，海水淡化工程规模不断扩大。2023 年，天津南港工业区海水淡化及综合利用一体化项目、国家能源蓬莱发电有限公司海水淡化项目、江苏连云港田湾核电蒸汽供能项目海水淡化子项目、浙江嵊泗菜园镇海水淡化项目等相继建成，满足了沿海地区石化、电力等工业用水以及海岛生活用水需求。

（二）产业发展政策环境持续优化

2023 年，中共中央、国务院印发《国家水网建设规划纲要》，提出“加强再生水、淡化海水、集蓄雨水、矿井水、苦咸水等非常规水源利用，提高水资源循环和安全利用水平”。海水利用作为重要内容被列入《关于加强非常规水源配置利用的指导意见》《关于进一步加强水资源节约集约利用的意见》《国家鼓励的工业节水工艺、技术和装备目录（2023 年）》等指导意见和鼓励目录中。河北、山东、江苏、海南等地分别出台《河北省非常规水源配置利用实施方案》《山东省全面加强水资源节约高效利用的实施意见》《山东省人民政府关于贯彻落实“四水四定”原则若干措施的通知》《江苏省工业领域及重点行业碳达峰实施方案》和《海南省“六水共治”实施方案（2023—2026年）》等方案，将海水利用纳入当地非常规水源配置、水资源利用、碳达峰等实施方案、管理条例或实施意见中。

（三）关键技术实现新突破

2023年，海水淡化与综合利用领域涌现多个新科技成果。其中，中国科学院大连化学物理研究所围绕近岸/离岸海上风电制氢的需求，研发出以海水为原料制备氢气联产淡水的新技术，并依托该技术完成了25千瓦级装置的测试验证。相比传统淡水电解水制氢装置，可将碱性电解水制氢系统的电能利用率提高10%以上，有望为近岸/离岸海上风电规模化制氢提供具备核心竞争力的技术支撑。海水提铀技术方面也取得了重大突破。因为海水中铀的浓度非常低，约为每升仅3.3毫克，常规的分离技术无法满足，所以科学家们通过改进纤维膜的材料和制备工艺，使其具备了极高的选择性和吸附能力，能够高效地从海水中提取出铀元素。海南大学南海海洋资源利用国家重点实验室科研团队将太阳能海水淡化与纳米发电系统“双剑合璧”，通过深入分析太阳能界面蒸发系统中的能量流，即太阳能的直接传递和海水淡化过程中水-能的传递，率先总结了太阳能全光谱辐照度、系统余热、机械能、蒸发能和化学梯度能等可进一步收获的能源，然后通过技术将上述能源直接转化为电能，为优化日益紧张的水-能关系提供新思路。

（四）中企积极承揽国际海水淡化工程

我国海水淡化企业已经在中东、北非等地区承包了多项海水淡化工程项目。2023年多个海外项目进展顺利，新承接订单日益增加。继沙特拉比格三期，朱拜勒二期、3A海水淡化、3B海水淡化工程后，山东电建又签订沙特拉比格四期（Rabigh4）60万吨/日海水淡化独立水厂（IWP）项目，这是其签订的第5个大型海水淡化项目。此外，山东电建中标沙特Jafurah海水淡化项目和 AbuAli 营地项目，两个项目 EPC 总承包合同额约 6.5 亿美元；第三届“一带一路”国际合作高峰论坛又签署了沙特贾富拉海水淡化及供水管线项目 EPC 总承包合同。杭州水处理技术研究开发中心有限公司中标阿尔及利亚 30 万吨 / 日海水淡化项目。该项目建成后，将为项目周边地区提供稳定的淡水供应，受益人口预计超过 200 万人。

（五）海水淡化产业国际影响力逐步扩大

青岛百发海水淡化厂扩建工程（二期）海水淡化项目入围被誉为水务行业“奥斯卡”奖的全球水奖“年度最佳海水淡化项目”，这是全国海水淡化工程首次入围该奖项。山东电建三公司 EPC 总承包的阿联酋阿布扎比塔维勒海水淡化项目荣获 2023 全球水奖——全球最佳海水淡化水厂奖项。山东电建三公司 EPC 总承包的阿布扎比塔维勒海水淡化项目，是全球在建最大的反渗透式海水淡化项目，日产淡水总量约 90 万吨。该项目引进 10 多个国家的技术和产品，采用世界上先进的反渗透膜式海水淡化技术，每 10 万立方米海水可转换为约 3.75 万立方米的淡水，转化率为 37.5% 左右，处于世界先进水平。

三、产业发展趋势

未来，海水淡化与综合利用业有望继续保持稳步增长态势，但是海水淡化水的定位仍是制约产业持续健康发展的重要因素。因此，海水淡化产业发展需进一步加强政策引导，解决海水淡化水进入市政管网、浓盐水排海等问题，在沿海缺水城市和海岛推动海水淡化项目的落地实施，扩大海水淡化利用规模，提高海水淡化水配置量和覆盖范围，提升当地供水安全保障水平。同时，应该持续加强海水淡化及综合利用关键技术科研攻关，突破海水淡化“卡脖子”问题，加快自主技术熟化、装备定型，支持新技术、新工艺、新材料、新设备的研究开发，提升海水淡化自主创新能力和国产化水平，助力海水淡化产业高质量发展步伐加快。

执笔人：徐莹莹（国家海洋信息中心）

6
船舶与海工装备制造业产业发展情况

一、产业发展基本情况

（一）海洋船舶工业方面

2023 年，国际宏观环境依然动荡不安，地缘政治变幻莫测，经济金融形势复杂严峻，供应链危机仍在延续，航运市场跌宕起伏，造船产业的发展环境并未好转。虽然不利局面依然存在，全球造船业依旧延续了 2021 年以来的复苏势头，也未遭遇之前年份出现的大规模、长时间的自然灾害和疾病疫情，全球造船业完工交付船舶同比增长 16.2%。该增幅也是 21 世纪前十年上一轮造船高峰后的最大增幅。

我国海洋船舶工业在全球造船行业新一轮上升周期大背景下，加速复苏，呈现稳中向好、稳中有进、稳中提质的良好发展态势。2023 年，我国海洋船舶工业实现增加值 1150 亿元，比 2022 年增长 17.6%。海船三大指标全面增长，完工量、新接订单量、手持订单量分别为 1659 万修正总吨、2589 万修正总吨和 5796 万修正总吨，同比分别增长 17.9%、13.5%、17.7%（图 2-6-1）。

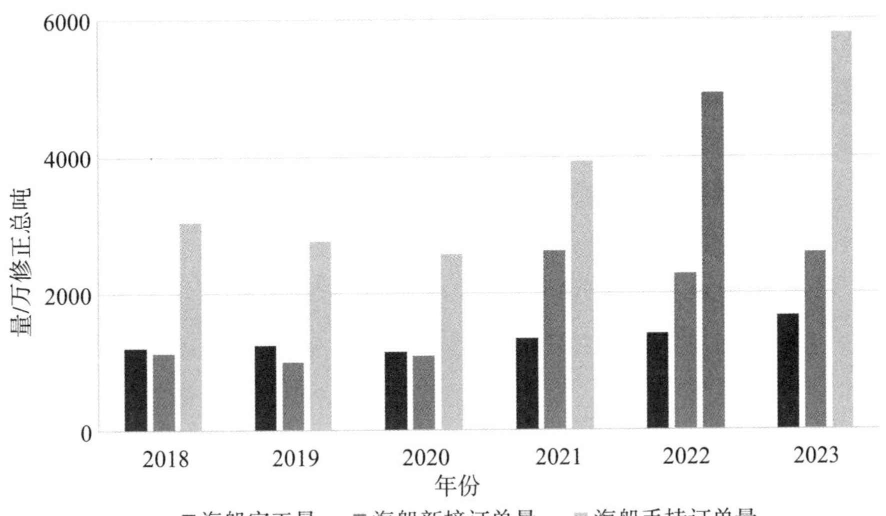

图 2-6-1　2018—2023 年我国海船三大指标

（数据来源：2018—2022 年数据来源于历年《中国船舶工业年鉴》，2023 年数据来源于中国船舶工业行业协会）

出口方面，2023 年以修正总吨计全国完工出口海船量、新承接出口海船订单量、手持出口海船订单量分别占全国海船完工量、海船新接订单量、海船手持订单量的 79.1%、89.6% 和 91.4%。出口船舶产品中，散货船、油船和集装箱船仍占主导地位（图 2-6-2）。

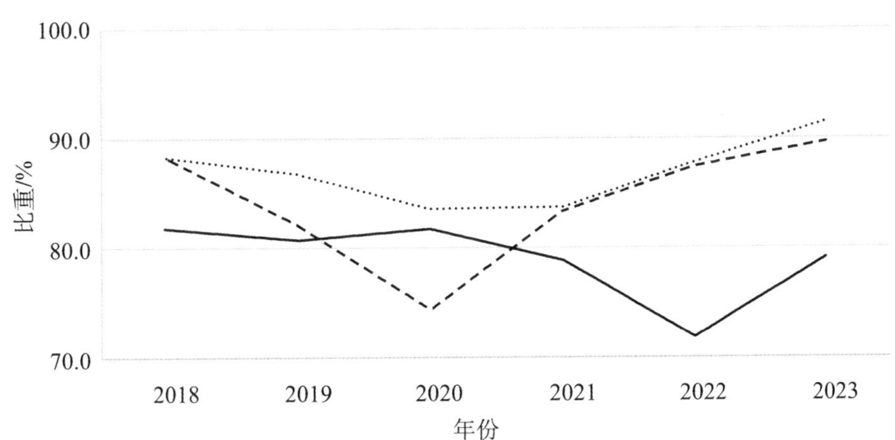

图 2-6-2　2018—2023 年我国出口船舶情况

（数据来源：2018—2022 年数据来源于历年《中国船舶工业年鉴》，2023 年数据来源于中国船舶工业行业协会）

从全球来看,2023 年，我国造船国际市场份额连续第 14 年位居世界第一，造船大国的地位进一步稳固。造船完工量、新接订单量、手持订单量以载重吨计分别占世界总量的 47.6%、60.2% 和 47.6%（表 2-6-1）。骨干船企同样保持较强的国际竞争力，分别有 5 家、7 家和 6 家造船企业进入世界造船完工量、新接订单量、手持订单量的前 10 强。

表 2-6-1 2023 年世界造船三大指标市场份额

指标		世界	中国	韩国	日本
造船完工量	万载重吨	8425	4232	2292	1550
	占比（以载重吨计）	100%	50.2%	27.2%	18.4%
	万修正总吨	3485	1659	920	506
	占比（以修正总吨计）	100%	47.6%	26.4%	14.5%
新接订单量	万载重吨	10691	7120	1978	1277
	占比（以载重吨计）	100%	66.6%	18.5%	11.9%
	万修正总吨	4301	2589	1008	448
	占比（以修正总吨计）	100%	60.2%	23.4%	10.4%
手持订单量	万载重吨	25362	13939	6658	3523
	占比（以载重吨计）	100%	55.0%	26.3%	13.9%
	万修正总吨	12186	5796	3922	1203
	占比（以修正总吨计）	100%	47.6%	32.2%	9.9%

数据来源：中国船舶工业行业协会。

（二）海工装备制造方面

2023 年，受全球海上风电船舶以及浮式生产平台订单高位回落、船厂产能紧张等因素影响，连续实现了两年增长的海工市场调头向下，复苏之路遭遇困难。在此全球大背景之下，我国海工装备市场同样黯淡，全年新承接海工订单金额同比下降 54.4%。虽然海工装备建造市场尚未完全复苏，但我国海工装备建造的国际市场份额依然保持领先，全年我国海工装备新接订单金额、交付订单金额、手持订单金额分别为 68 亿美元、95 亿美元和 406 亿美元，分别占全球市场的 54.4%、52.8% 和 62.5%，连续 6 年保持全球第一海工大国的地位（图 2-6-3）。

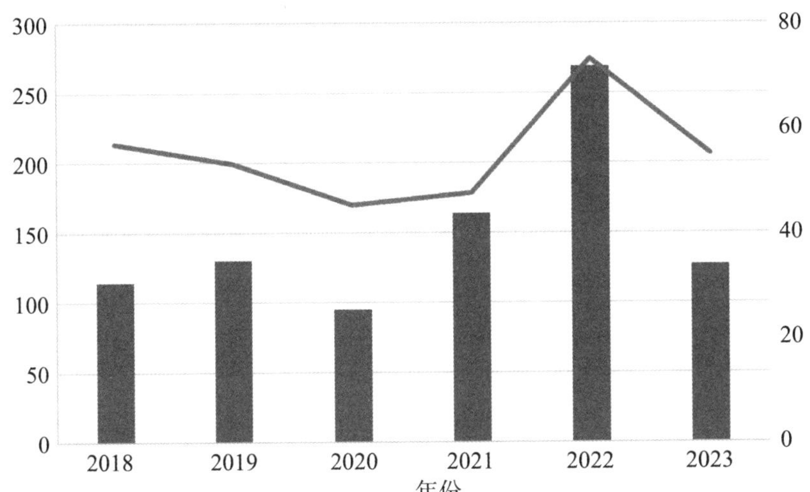

图 2-6-3　2018—2023 年全球海工装备新承接订单金额及我国占比情况

（数据来源：2024 年 2 月克拉克森《海工船厂导报》）

二、产业发展主要特征

（一）海洋船舶工业方面

高端船舶建造取得突破，船海产品全谱系发展。2023 年，我国船企在高端船舶建造领域亮点突出，国产首艘大型邮轮“爱达·魔都号”的正式交付运营，标志着我国已形成船海产品全谱系总装建造能力。作为高端船舶代表船型之一的超大型集装箱船，我国交付数量占全球总量的近 70%。LNG 运输船建造取得新成效，“峨眉号”等 4 艘 17.4 万立方米大型 LNG 运输船、4 万立方米中型全冷式液化气船、全球最大浅水航道 8 万立方米 LNG 运输船交付使用，我国自主设计建造的第五代“长恒系列”17.4 万立方米大型 LNG 船顺利出坞。

新船订单质量不断提升，绿色低碳化加速发展。2023 年，我国船企巩固优势船型地位，抢抓细分市场轮动机遇，新船订单质量不断提升，在全球 18 种主要船型中有 14 种船型新接订单量位居全球首位。其中，散货船、油船、集装箱船和汽车运输船新接订单量分别占全球总量的 79.6%、72.1%、47.8% 和 82.7%。LNG、甲醇动力绿色船舶订单快速增长，氨燃料预留、氢燃料电池等零碳船舶订单取得突破，全年新接绿色动力船舶订单国际份额达到 57%，实现了对主流船型的全覆盖。

市场环境呈现有利变化，行业效益明显提升。2023 年，船价、钢价、汇率等影响船企效益的市场环境要素均朝着有利方向变化。全球新造船市场需求活跃，新船价格指数全年上涨 10.1%，创 2009 年以来新高。船用 6 mm 和 20 mm 规格钢板价格全年震荡微跌超过 100 元 / 吨。人民币对美元中间价贬值超过 1.9%。同时骨干船企加快“智改数转”步伐、加大技术创新投入、加强精益管理力度，使企业效益得到明显提升。全年规模以上船舶工业企业主营收入利润率同比提高 2 个百分点。

船舶产业链韧性不断提升，新能源装备取得突破。2023 年，我国重点船舶配套产品研制取得新进展，提升了行业产业链韧性。X92 大型船用低速机曲轴锻件、风电运维船补偿栈桥、LNG 船船加注系统等装备实现交付。中国船舶集团低速机完工量达 403 台，按功率计首次突破 1000 万马力，全球市场份额约 40%。新能源产品研发取得重要突破，船用甲醇燃料、氨燃料供给系统获得批量订单，首台船用中速大功率氨燃料发动机点火成功。全球首台套船用甲醇双燃料锅炉获得了型式认可证书和产品证书，船用碳捕集系统（OCCS）获得原理认可。

（二）海工装备制造方面

系列海工装备取得重大节点性突破。海洋油气装备领域，年产 240 万吨的浮式液化天然气船（FLNG）项目正式开工。大连造船、中集来福士、中远海运重工等在 FPSO 领域陆续斩获大单，其中我国自主设计建造的亚洲首艘圆筒型浮式生产储卸油装置（FPSO）——“海洋石油 122”主体完工，我国首艘海陆一体化生产运营的智能 FPSO“海洋石油 123”顺利交付，标志着我国深水超大型海洋油气装备研发制造技术能力和海上智能油田建设实现新进展。新型海工装备领域，深远海浮式风电平台“海油观澜号”、半潜式深远海智能养殖旅游平台“普盛海洋牧场 3 号”相继交付投用，全球首创水体自然交换型养殖工船“九洲一号”、全球首例全悬浮定深高抗台风养殖平台“海塔一号”纷纷开工建造。我国海工企业正在加速由并跑向领跑转变。

海工领域关键核心装备研发取得新进展。2023 年，我国海工装备领域在解决系列关键核心技术装备方面取得新的突破，为保障我国产业链供应链安全、保障国家能源安全作出了重大贡献。作为深海油气勘探开发的核心装备之一的海底地震勘探节点采集装备实现产业化，结束了该装备长期依靠进口的历史。我国自主研发的首台 2500 米级超深水打桩锤、首套国产深水钢制悬链线立管（SCR）全自动焊接设备纷纷成功完成海试，填补了我国深水核心装备领域的技术空白。此外，我国自主研发的中国海油首套浅水水下采油树在海南下线，其关键技术跻身行业领先水平，可实现渤海油田数亿吨受制约原油储量高效开发。

海工装备领域标准化体系建设获得重大突破。由中海石油气电集团技术研发中心牵头制定的国家标准 GB/T 43130.1—2023《液化天然气装置和设备 浮式液化天然气装置的设计 第 1 部分：通用要求》通过国家标准化管理委员会批准发布，于 2024 年 1 月 1 日正式实施。该标准是国内首次在浮式液化天然气装置技术领域制定的国家标准，填补了国内在浮式液化天然气装置领域技术标准的空白，为浮式液化天然气装置的设计和操作提供了功能指南，为后续在我国浮式液化天然气装置技术领域的相关标准树立了标杆。

三、产业发展趋势与展望

（一）造船领域不确定性风险逐渐加大

从全球来看，地缘政治、自然灾害、疫情疾病、金融变局等宏观大环境不确定性增加。中东形势日渐复杂，俄乌冲突仍在继续，朝韩局势再度紧张。干旱、洪水、地震、风暴等各种极端天气频发，全球供应链关键节点遭受冲击的脆弱性增加。美国货币政策 2024 年将由加息周期进入降息通道，从而带动全球货币政策转向，各国货币汇率、利率以及大宗商品价格均将受到波动影响，一些风险也可能随之而生。从我国来看，一是当前我国船企手持船舶订单修载比达到 0.42，处于历史最高水平。大型 LNG 船、大型 LPG 船、汽车运输船等高技术装备的批量建造，对船舶配套产品需求大幅增加，但船配企业生产供应能力有限，难以满足总装船厂建造要求，造成船企按期交船压力的逐步加大。二是 2023 年中国造船产能利用监测指数（CCI）达到 894 点，重点监测造船企业产能利用情况创 2012 年以来最好水平。船企生产保障系数（手持订单量 / 近三年完工量平均值）约 3.5 年，部分企业排产已到 2028 年。船企生产任务量的快速增加导致工人加班加点、交叉作业增多，在油漆喷涂、动火作业、高空作业、密闭空间作业、吊装作业等关键环节中的安全风险隐患加大。三是随着造船市场新一轮周期的来临，我国各省市部分存量产能重新启用，新一轮产能过剩风险也在增加。

（二）海工装备建造市场短期仍然存在波动，长期向好态势未变

在市场信心没有全面恢复的情况下，当前海工市场仍然未能吸引大量的资金进场，除了海上风电船舶、浮式生产平台等部分需求较为确定的船型之外，大多数海工装备船型最终并未形成实质性订单。海工市场新周期的启动依然受到海洋油气投资开发的力度、装备租金和利用率的稳定性、船东业绩改善的可持续性、绿色转型的迫切性、船厂产能的可用性等诸多因素影响。2003 年海工装备建造订单出现了明显的回落，市场复苏的步伐受阻，但从长远来看，海工装备市场依然向好。

（三）海事绿色化发展催生船海装备更新需求

近年来涉及航运碳减排的法规逐渐增多，并从造船市场向海工市场延伸。2023 年国际海事组织（IMO）调整“减排目标”，到 2050 年左右达到

净零排放；加快替代燃料的应用进程，到 2030 年零 / 近零排放技术、燃料和 / 或能源在国际航运总用能中的占比至少达到 5%，并力争达到 10%。欧盟立法加速航运脱碳，对《航运二氧化碳排放监测、报告和验证法规（EU MRV）》进行了修订，规定从 2025 年 1 月 1 日起，法规适用范围延伸至 400 总吨及以上的海工船。欧盟排放交易体系（EU ETS）指令从 2024 年 1 月起将航运业纳入其中，并从 2027 年起进一步适用于 5000 总吨以上的海工船。为了满足海事绿色化的要求，国内外船东通过设定减排目标、实施减碳措施等积极推进净零目标的实现，催生了船舶海工产品更新换代需求，对新造船市场将产生积极作用。

执笔人：朱　凌（国家海洋信息中心）

7
海洋交通运输业发展情况

一、产业发展基本情况

2023 年，全球经济增长低位运行，贸易增长放缓，但我国对外贸易总体呈向好趋势，货物贸易进出口总值同比增长 0.2%，其中出口增长 0.6%。在宏观政策逆周期调节持续加持下，财政政策稳增长信号持续释放，我国经济全年呈复苏态势，增长 5.2%。在国内外宏观经济良性发展下，我国海洋交通运输业实现较快增长，全年海洋交通运输业增加值达到 7623 亿元，同比增长 8.5%，较 2022 年加快 1.7 个百分点。

二、产业发展主要特征

（一）沿海港口生产能力增强

2023 年，沿海港口完成货物吞吐量达 108.3 亿吨（图 2-7-1），同比增长 6.9%，增速较 2022 年加快 5.4 个百分点，增速创 10 年来新高，增量约为 7 亿吨；完成外贸货物吞吐量 45.3 亿吨，增速由 2022 年的下降 1.5% 转为增长 9.7%。全球货物吞吐量排名前十的港口中，中国港口占据 8 席，宁波舟山港连续 14 年位列全球第一（表 2-7-1）；全球港口集装箱吞吐量排名前 10 位中，中国港口占据 7 席，上海港连续 14 年位列全球第一（表 2-7-2）。石油天然气及制品、集装箱、金属矿石和煤炭成为沿海港口货物吞吐量增长的主要动力，贡献率分别为 11.8%、4.3%、6.6%、5.5%。西南、长三角沿海港口生产保持全国领先，同比分别增长 14.6%、10.2%。

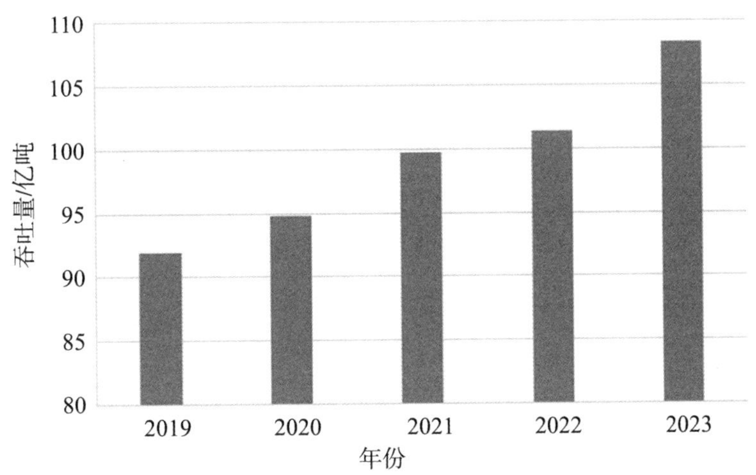

图 2-7-1　2019—2023 年我国沿海港口货物吞吐量走势
（数据来源：交通运输部官网）

表 2-7-1　2023 年全球港口货物吞吐量排名前 10 位

2023 年位次（2022 年位次）	港口
1（1）	宁波舟山港
2（2）	唐山港
3（3）	上海港
4（5）	青岛港
5（4）	广州港
6（8）	日照港
7（6）	新加坡港
8（7）	苏州港
9（9）	黑德兰港
10（10）	天津港

数据来源：上海国际航运研究中心。

表 2-7-2 2023 年全球港口集装箱吞吐量排名前 10 位

2023 年位次（2022 年位次）	港口
1（1）	上海港
2（2）	新加坡港
3（3）	宁波舟山港
4（5）	青岛港
5（4）	深圳港
6（6）	广州港
7（7）	釜山港
8（8）	天津港
9（9）	洛杉矶港
10（12）	杰贝阿里港

数据来源：Alphaliner。

沿海港口基础设施水平稳步提升，建设投资保持快速增长。2023 年末，我国沿海港口生产用码头泊位 5590 个，比 2022 年增加 149 个；万吨级及以上泊位 2409 个，比 2022 年增加 109 个（图 2-7-2）。沿海港口建设投资完成 912 亿元，同比增长 14.8%（图 2-7-3）。宁波舟山港梅山港区二期工程完工，江苏连云港首个 40 万吨级泊位建成，山东港口烟台港西港区原油码头二期工程、广州南沙港区四期工程竣工，宁波舟山港金塘港区新增 5 部集装箱码头智能桥吊，天津港至河北定州氢能重卡示范应用场景正式启动，山东港口日照港“全生命周期服务”智慧设备管理平台上线。

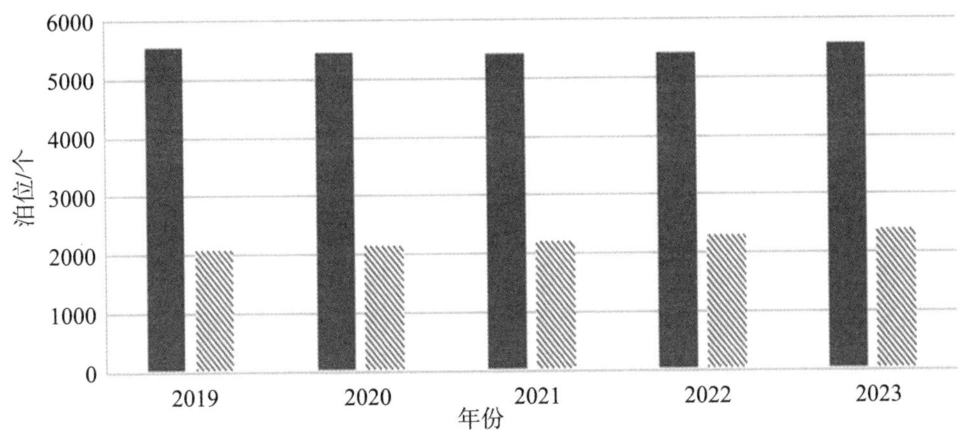

图 2-7-2　2019—2023 年我国沿海港口泊位情况

（数据来源：交通运输部官网）

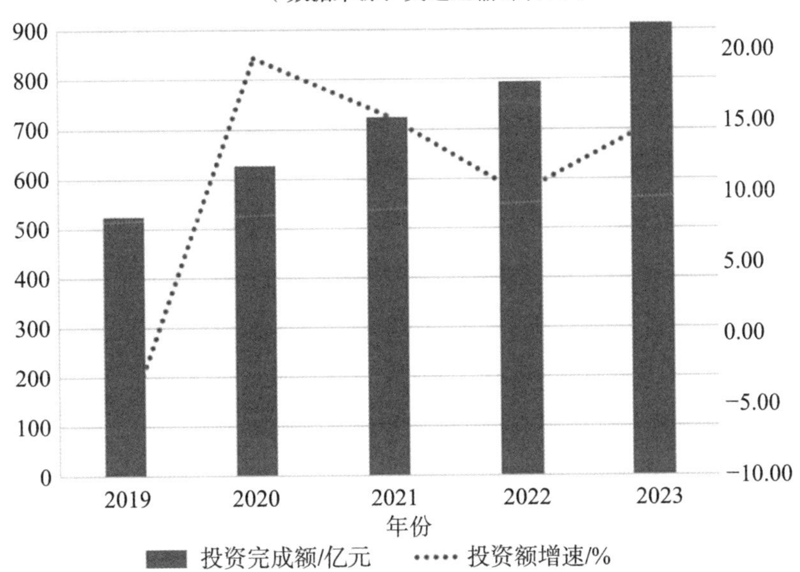

图 2-7-3　2019—2023 年我国沿海港口建设情况

（数据来源：交通运输部官网）

（二）海洋运输水平不断提升

2023 年全球海运贸易复苏，同比增长 3%。在此大环境下，我国海上运输实现增长，全年海洋货运量 45.8 亿吨（图 2-7-4），同比增长 10.2%，增速较 2022 年同期加快 7.8 个百分点。海洋运输联通布局优化，广东、广西、河北、大连开通至土耳其、柬埔寨、俄罗斯、菲律宾等国专用航线，中远海运特运首开“中国—欧洲”班轮航线，近海航线“宁德—福州江阴—台湾”“海口—汕头—青岛”“钦州—南沙内外贸同船运输”航线正式开通。我国海运世界一流企业建设再上新台阶，国家能源集团航运有限公司成立，洲际船务集团控股有限公司在香港联合交易所主板挂牌上市。海运服务数字化水平提升，中远海运特运发布全球首个面向特种船客户的数字航运平台，中远海运集运成功签发美的国际物流首张区块链电子提单。

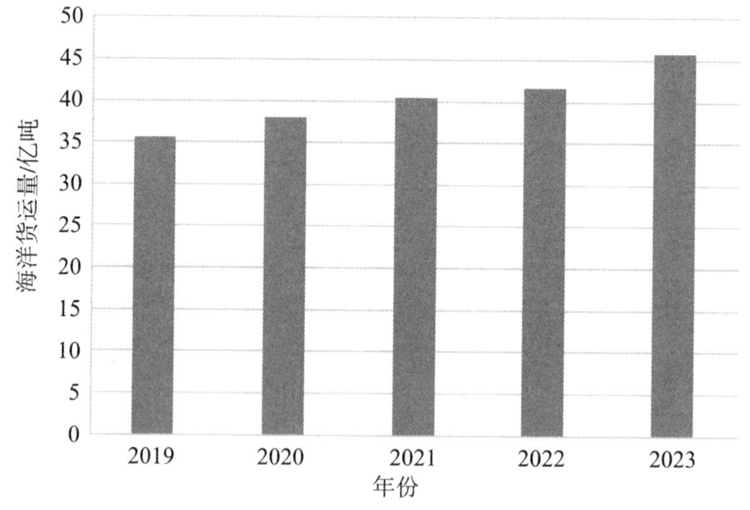

图 2-7-4　2019—2023 年我国海洋货运量走势
（数据来源：交通运输部）

（三）远洋运输回归常态

集装箱运价大幅回落。2023 年，在地缘政治、通胀压力以及发达国家利率高企多重因素影响下，全球经济曲折复苏，全球经济增长 3.1%，较 2022 年下降 0.4 个百分点。在此背景下，外贸增长动力不足，集装箱运输市场需求增长有限，全球集装箱航运贸易量为 2.01 亿 TEU，同比增长 0.3%。随着全球供应链压力的缓解，集装箱船队运力持续释放，供给规模和增速均达近年来高峰，全球集装箱船队总运力规模达到 2782.9 万 TEU，同比增长 7.97%。尽管年末红海紧张局势持续升级，集装箱运输市场供需关系短期扭转，但并未改变集装箱运输市场供大于求局面，致使运价整体下滑。2023 年，中国出口集装箱运价指数年度均值为 937，同比大幅下跌 66.4%（图 2-7-5）。

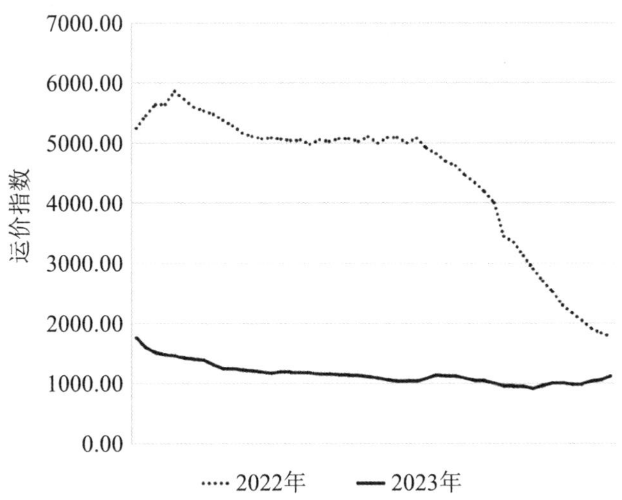

图 2-7-5　2022—2023 年我国出口集装箱海运价格指数走势（日度）
（数据来源：Wind 数据库）

干散货运价同比下行。2023 年，巴西、俄罗斯大豆丰收，中国铁矿石、铝土矿进口量再创历史新高，全球干散货海运需求恢复增长，全年海运贸易量达 55.08 亿吨，同比增长 3.9%。其中，铁矿石海运贸易量为 15.38 亿吨，同比增长 4%；煤炭海运贸易量为 13.18 亿吨，同比增长 7%；粮食海运贸易量为 5.39 亿吨，同比增长 4%。船舶运力温和增长，船舶周转及装卸效率有所提升，截至 2023 年底，全球干散货运输市场船队规模达到 13557 艘，共计 10.03 亿载重吨，同比增长 3%，船队增速持续保持低位震荡。市场运价同比下行，全年前低后高。2023 年，远东干散货运价指数年度均值为 1080，同比下跌 29.1%，年末比年初上涨 42.7%（图 2-7-6）。

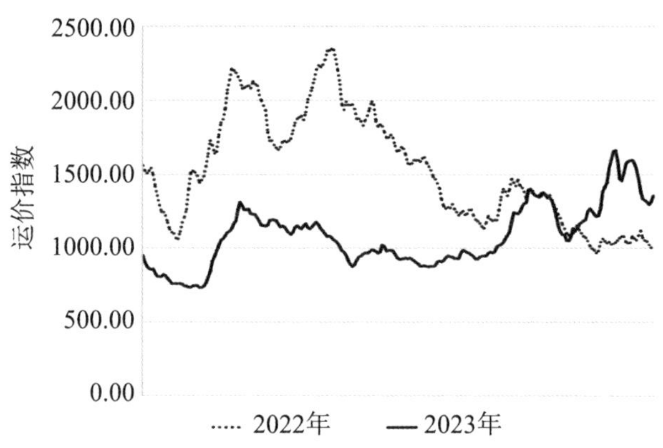

图 2-7-6　2022—2023 年我国远东干散货海运价格指数走势（日度）
（数据来源：Wind 数据库）

油品运价整体呈现强劲。2023 年，石油输出国组织持续减产，全球原油贸易结构重塑，原油海运运距需求持续提升，原油海运贸易量增长 3.7%，吨海里需求增长 5.6%。我国原油进口总量达最高水平，同比增长 11%。油运船队运力继续保持低速增长，全球原油船队运力、成品油船队运力共计 4.52 亿载重吨、2.09 亿载重吨，同比增长 2.2%、1.9%。市场运价同比出现回落，全年先跌后涨，整体运价维持较高水平。2023 年，中国进口原油运价指数均值同比上涨 93.6%（图 2-7-7）。

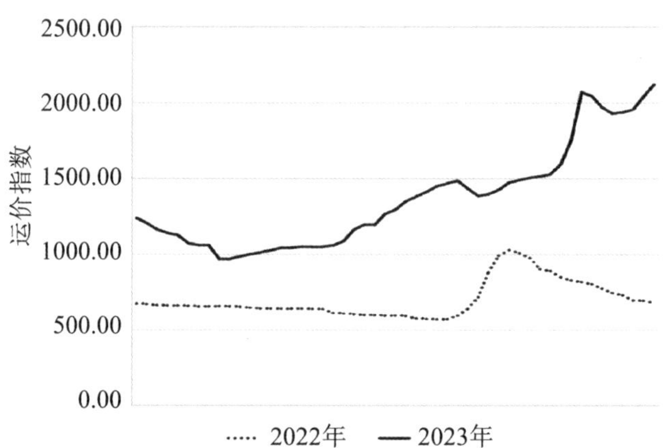

图 2-7-7　2022—2023 年我国进口原油海运价格指数走势（日度）
（数据来源：Wind 数据库）

（四）沿海运输市场稳中有进

2023 年是我国疫情后经济恢复发展的一年，经济增长企稳回升，全年生产总值增长 5.2%。沿海运力保持增长，交通运输部数据显示，2023 年末我国沿海运输船舶净载重吨同比增长 5.5%，船舶数量下降 3.0%。国内沿海运输整体平稳发展。

内贸集装箱运价走低。2023 年，在内需的强劲拉动下，我国内贸集装箱运输需求提升，内贸集装箱出港量同比增长，市场实箱量累计增速创 2017 年以来的新高。内贸集装箱航线强度大幅提升，广州港—营口港及广州港—天津港往返航线最为繁忙。船舶供给方面，由于大量运力集中交付，外贸兼营船舶逐步回归，同时船队运营效率有所提升，船队有效供给大幅增长，并且快于需求增长，我国沿海运输船舶集装箱箱位同比增长 14.9%。市场供需失衡下，运价走低，为近 5 年来最低。2023 年，新华·泛亚内贸集装箱场综合运价指数均值为 1262.2 点，较 2022 年大幅下滑 23.94%（图 2-7-8）。

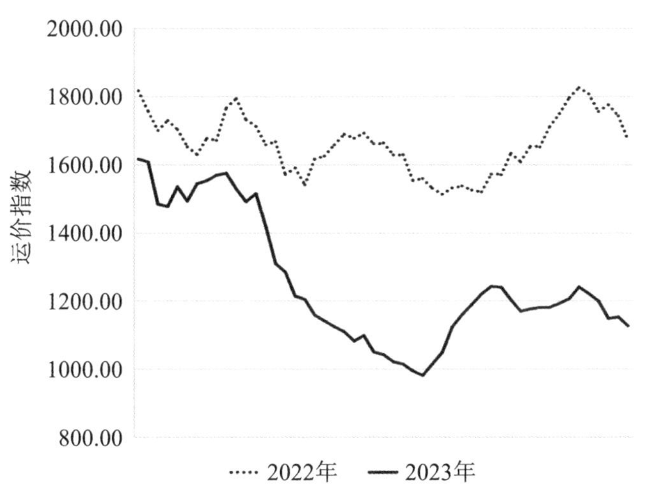

图 2-7-8　2022—2023 年我国内贸集装箱综合运价指数走势（日度）
（数据来源：Wind 数据库）

散货运价大幅下滑。2023 年，我国沿海主要干散货运输市场回升乏力，需求总体较为疲弱，内贸煤炭受外煤打压，同时房地产、建筑项目等开工不足，整体大宗商品拉运需求欠佳，煤炭、矿建材料运量下跌，全年沿海散货内贸出港量增速放缓。运力增长，截至 2023 年底，我国沿海省际运输干散货船较 2022 年底增加 111 艘、353.2 万载重吨，吨位增幅 4.4%。运价持续下跌，国内经济发展不及预期，叠加大量进口煤冲击国内市场，沿海散货运价低迷，即使夏日传统旺季，受煤炭长协保供政策影响，运输需求增长不及预期，运价持续低位波动。2023 年中国沿海散货综合运价指数全年平均值为 1014.9 点，较 2022 年下跌 9.7%（图 2-7-9）。

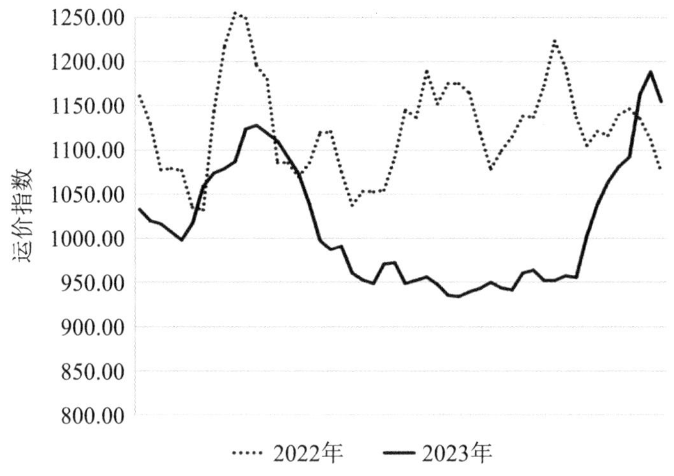

图 2-7-9　2022—2023 年沿海干散货综合运价指数走势（日度）
（数据来源：Wind 数据库）

油品市场平稳。2023 年，国内消费复苏，出行需求增多，汽油消费呈上升态势，主营及地炼陆续投产，国内成品油供给能力不断提升，油品整体运量增加，沿海省际原油船舶运输量同比增长 4.4%，沿海省际成品油船舶运输量同比增长 4.7%。运力供给保持稳定增长，截至 2023 年底，沿海省际原油、成品油船共计 1152 艘、1168.8 万载重吨，较 2022 年底减少 42 艘，但吨位增加了 26.6 万载重吨，吨位增幅 2.3%。油品运输价格保持平稳，2023 年，我国沿海原油运价指数全年均值为 1583.2 点，较 2022 年同期上涨 0.33%（图 2-7-10），沿海成品油运价指数全年均值为 1095 点，较 2022 年同期上涨 3.5%（图 2-7-11）。

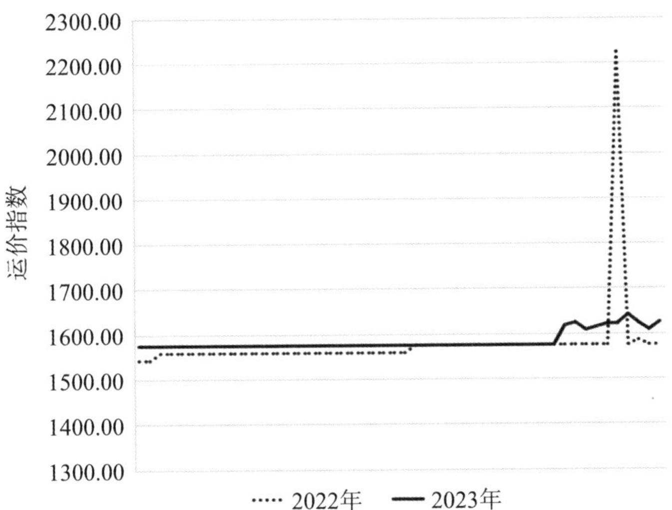

图 2-7-10　2022—2023 年沿海原油运价指数走势（日度）
（数据来源：Wind 数据库）

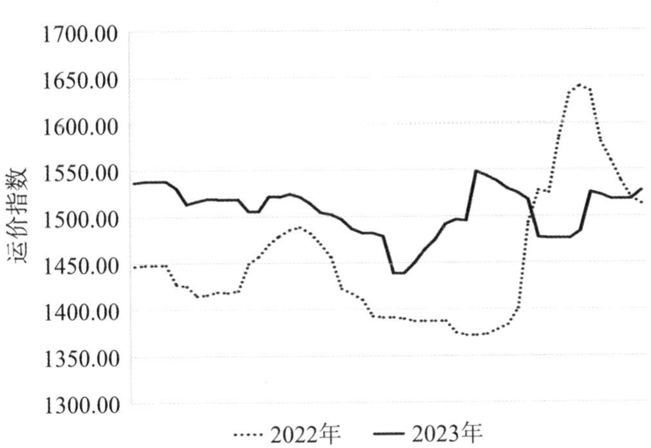

图 2-7-11　2022—2023 年沿海成品油运价指数走势（日度）
（数据来源：Wind 数据库）

三、产业发展趋势

展望 2024 年，全球经济依旧脆弱，国际货币基金组织（IMF）预计 2024 年全球经济增长 2.9%，较 2023 年有所降低，仍未回到疫情前 5 年 3.4% 的平均增速。具体来看，全球贸易有望温和复苏，美国等主要经济体可能重新开启补库存进程，有助于维持全球贸易增长，亚太地区的贸易也有望摆脱低迷，引领全球贸易增长。IMF 预计全球货物贸易出口增速将回升至 3.2% 左右，较 2023 年有所回升。国内方面，中央经济工作会提出 2024 年要坚持稳中求进、以进促稳、先立后破的工作总基调，随着外部货币政策紧缩周期趋于结束、乌克兰危机边际影响减弱，内部促经济政策效应持续释放、体制机制改革等推动我国经济平稳运行的积极因素在增多，预计 2024 年我国宏观经济保持平稳发展。综上，2024 年我国海洋运输领域总体有望保持平稳增长态势，沿海港口生产仍将在转方式、调结构、增效益等方面持续发力，新兴基础设施投资建设持续进行；国际海上运输仍面临外部环境巨大的不确定性，乌克兰危机、哈以冲突影响持续，地缘政治紧张加剧，气候异常变化、极端天气增多。

执笔人：化　蓉（国家海洋信息中心）
王卓娅（国家海洋信息中心）

8 海洋旅游业发展情况

一、产业发展基本情况

历经三年的深度萧条，2023 年我国海洋旅游经济总体呈现供需两旺、动态平衡的市场特征，未发生重大涉旅安全事故和负面舆情，海洋旅游业发展质量稳步提升，海洋旅游市场全面复苏。海洋旅游业全年实现增加值 14734.5 亿元，同比增长 10.0%，恢复至 2019 年同期水平的 85.4%。

二、产业发展主要特征

（一）需求快速释放推动市场加速复苏

随着旅行和接触性消费政策全面取消，过去三年累积的旅游意愿在第一时间得到了快速释放，从需求侧有力推进了海洋旅游经济的快速复苏。元旦、春节、“五一”、中秋国庆假期，各沿海城市旅游市场韧性十足、连续增长，主导了国内海洋旅游市场全面恢复的基本格局。春节期间，天津共接待游客 5.7 万人次（其中外埠游客 2.8 万人次），同比增长 470%，较 2019 年同期增长 27%，实现“开门红”。“五一”、端午假日期间，青岛、大连、秦皇岛、烟台、威海、宁波等滨海旅游目的地成为避暑首选。其中，大连“五一”期间共接待游客 373.9 万人次，同比增长 183.8%，达到 2019 年同期水平的 188.3%；实现旅游收入 36.1 亿元，同比增长 396.7%，达到 2019 年同期水平的 190.8%。“去哪儿旅行”大数据显示，“十一”期间，热门目的地前 10 名中的沿海城市有上海、杭州、广州。同程旅行数据也显示，中秋国庆双节期间，福州景区游客同比增长 387%，深圳景区游客同比增长 79%。据统计，厦门中秋国庆假期累计接待游客 356.9 万人次，同比增长 59.89%，较 2019 年增长 22.1%；实现旅游总收入 39.0 亿元，同比增长 62.1%，较 2019 年增长 5.8%。英国伦敦世界旅游交易会发布的“2023 年中国十大旅游目的地必去城市”榜单显示，上海、青岛、三亚等海洋城市上榜。海南省 2023 年共接待国内外游客 9000.6 万人次，旅游总收入 1813.1 亿元，同比分别增长 49.9% 和 71.9%，对比 2019 年分别增长 8.3% 和 71.4%。

（二）旅游供给充足保障市场持续向好

海洋文化和旅游产品供给丰富，市场主体的获得感和游客满意度不断增强，为海洋旅游经济步入理性繁荣阶段提供了有力的保障。各沿海地区的旅游景区实现“应开尽开”，加大了假日文化和旅游产品供给力度。“五一”期间，上海中共四大纪念馆举办“人民总理周恩来”展览，浙江自然博物院杭州馆开启实景科普剧本游“山海秘境”。天津各类展馆举办形式多样的社教与夜场活动，国家海洋博物馆等多家博物馆延长闭馆时间。南海邮轮推出乘风破浪的“5·19”主题航次，为游客的海上假日增添了别样色彩。免税购物是海南的“金字招牌”，也日益成为拉动海南旅游消费的重要抓手。2023 年 7 月，海南启动了 2023 第二届海南国际离岛免税购物节，海口、三亚、万宁、琼海 4 地联动全省离岛免税店，先后推出了 30 余场形式多样、内容丰富的主题促销活动，让旅客享受更大优惠、感受更多新体验，激发旅游消费活力。中秋和国庆双节期间，招商蛇口邮轮母港“海上看湾区”项目推出 48 个“WAN”演艺主题航次，共接待游客 1.9 万人次，同比增长 46%。随着各沿海地区海洋旅游业接待体系不断扩能，游客大规模回归，满意度也维持在高位，海洋旅游业加快进入高质量发展新阶段。

（三）海洋旅游消费需求和内容有所改变

国内旅游仍然是海洋旅游市场的主体，全面复苏向上的发展态势已经很明显，游客对海洋旅游消费的品质化追求不断提升，更加注重个性化的体验和多元化的消费内容。2023 年，旅行者不再满足于传统的海滨度假，而是热衷探索海岛新玩法，追求个性化的体验和与自然更深层次的互动，如海岛赏日落、海底珊瑚移植活动，追寻“蓝眼泪”奇观等新兴的海岛玩法正日益成为旅游市场的亮点。此外，涠洲岛、蜈支洲岛等景点不仅提供了对热带自然美景的深刻体验，还融合了人文历史与现代娱乐，因此受到越来越多旅行者的青睐。“寻味之旅”也成为许多人的旅游取向之一。美团、大众点评数据显示，越来越多小众目的地因特色美食变身旅游目的地，例如汕头、潮州、台州、威海等地，由异地消费者贡献的堂食订单量较 2019 年增长均超 500%。

（四）多方合力助力海洋旅游繁荣发展

各沿海地区纷纷出台政策措施，举办旅游博览会，推动海洋旅游市场持续复苏，迈入繁荣阶段。山东省文化和旅游厅等 10 部门制定印发《推进海洋旅游高质量发展的实施方案（2024—2026 年）》，提出发挥山东海岸带比较优势，完善休闲度假旅游体系，一体推进沿黄渤海文化体验廊道建设，打造国内最长的温带海滨休闲度假连绵带，推动全省海洋旅游发展提速、品质提升、市场扩容。海南印发实施《海南省旅游市场专项整治行动方案》，进一步规范旅游市场秩序，提升旅游服务质量。2023 上海旅游产业博览会在浦东新国际博览中心开幕，2000 余家参展商带来 20 多个细分板块最新产品和服务，释放出旅游产业复苏重振强音。青岛、福州、泉州等多地也纷纷通过发放文化和旅游惠民消费券，促进文旅消费升级，推动文旅产业高质量发展成果共享。

三、产业发展趋势

2023 年，我国海洋旅游经济总体呈现供需两旺发展态势。经过一年的快速发展，海洋旅游经济已经度过了本轮非常规周期的极速衰退、深度萧条和快速复苏阶段，即将步入繁荣发展的新阶段，海洋旅游市场的长期繁荣和海洋旅游产业的高质量发展未来可期。

执笔人：徐莹莹（国家海洋信息中心）

区域篇

1
北部海洋经济圈海洋经济发展形势

一、北部海洋经济圈海洋经济发展现状

北部海洋经济圈由辽宁省、河北省、天津市、山东省“三省一市”组成，在全面贯彻落实党的二十大精神开局之年，北部海洋经济圈扎实推进各项涉海政策落实，积极培育海洋新质生产力，不断强化海域资源管理，深入拓展海洋对外合作，2023 年实现海洋生产总值 30487.5 亿元，同比名义增长 4.3%，占地区生产总值的 16.7%，“蓝色引擎”作用明显。

（一）北部海洋经济圈海洋经济发展规模

1. 海洋生产总值

“十三五”收官、“十四五”过半，2019—2023 年北部海洋经济圈海洋生产总值呈现出低开高走的 V 形态势。2019—2020 年，在百年变局和世纪疫情交织的复杂形势下，北部海洋经济圈海洋生产总值出现滑坡，2020 年区域海洋生产总值同比名义下降 8.3%。2021—2023 年，在统筹疫情防控、强化宏观调控的政策支持下，北部海洋经济圈海洋经济表现出强劲的韧性。2021 年区域海洋生产总值实现反弹，同比名义增长 13.3%，而后逐渐恢复为平稳增长态势。2019—2023 年，区域海洋生产总值在全国海洋生产总值、区域生产总值中的比重均未出现大幅波动，这表明北部海洋经济圈的海洋经济发展平稳，为社会经济提供了稳固的支撑力（图 3-1-1）。

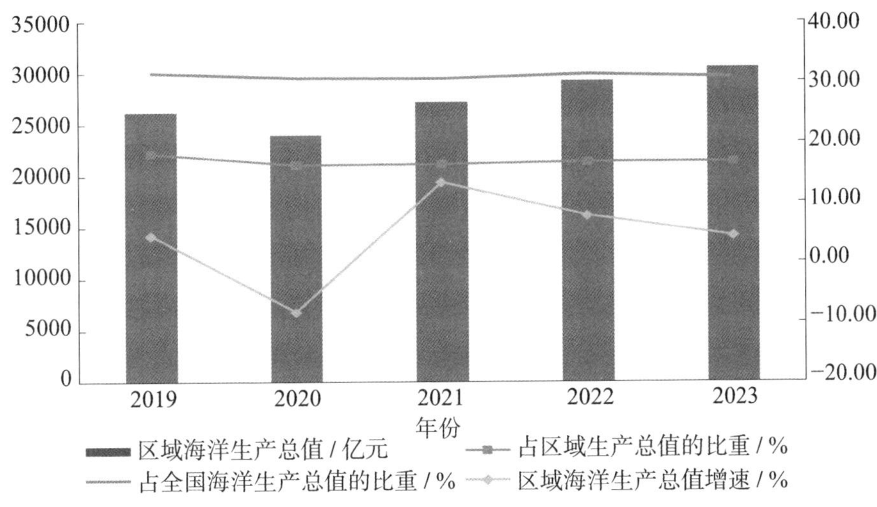

图 3-1-1　2019—2023 年北部海洋经济圈海洋经济发展趋势
（数据来源：历年《中国海洋经济统计年鉴》《中国海洋经济发展报告》
及各沿海地区公开数据）

2. 海洋产业增加值

2019—2023 年，北部海洋经济圈海洋产业增加值的变化态势与地区海洋生产总值变化态势保持高度一致，均呈现 V 形走势。2019—2023 年北部海洋经济圈海洋产业增加值占海洋生产总值的比重也呈现出平缓的 V 形态势（图 3-1-2）。

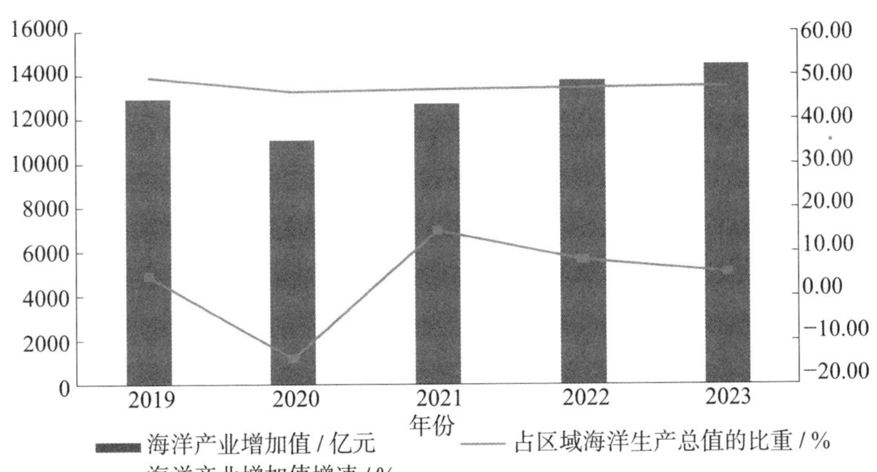

图 3-1-2　2019—2023 年北部海洋经济圈海洋产业发展趋势
（数据来源：历年《中国海洋经济统计年鉴》《中国海洋经济发展报告》
及各沿海地区公开数据）

（二）北部海洋经济圈海洋经济发展结构

1. 海洋产业结构

2019—2023 年北部海洋经济圈的海洋三次产业一直保持着“三二一”的发展格局，但也存在小幅波动。在新冠疫情冲击下，以海洋旅游业为代表的海洋第三产业步入寒冬，2020 年其增加值占区域海洋生产总值的比重明显下滑，随着文旅消费的回暖，其 2023 年出现昂头之势。伴随跨海通道、智慧港口等重大基础设施项目开工建设，2019—2022 年海洋第二产业增加值占区域海洋生产总值的比重稳步提升，2023 年则有所回落。此外，海洋第一产业仍然扮演着稳定器的角色，“十四五”以来其增加值占区域海洋生产总值的比重基本保持稳定（图 3-1-3）。

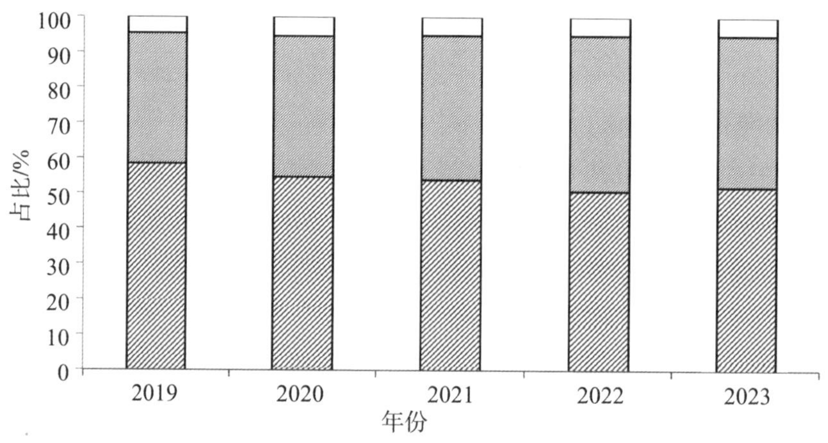

图 3-1-3 2019—2023 年北部海洋经济圈的海洋产业增加值占比
（数据来源：历年《中国海洋经济统计年鉴》《中国海洋经济发展报告》及各沿海地区公开数据）

2. 海洋经济空间结构

2019—2023 年北部海洋经济圈海洋经济空间结构较为稳定，呈现“山东—天津—辽宁—河北”依次递减的梯式结构。其中，山东海洋经济领先优势愈发明显，2019—2023 年其海洋生产总值占区域海洋生产总值的比重呈现上升态势，已明显超过 50%；天津海洋生产总值占比与辽宁相当；河北对北部海洋经济圈海洋经济的贡献占比在 10% 以下（图 3-1-4）。

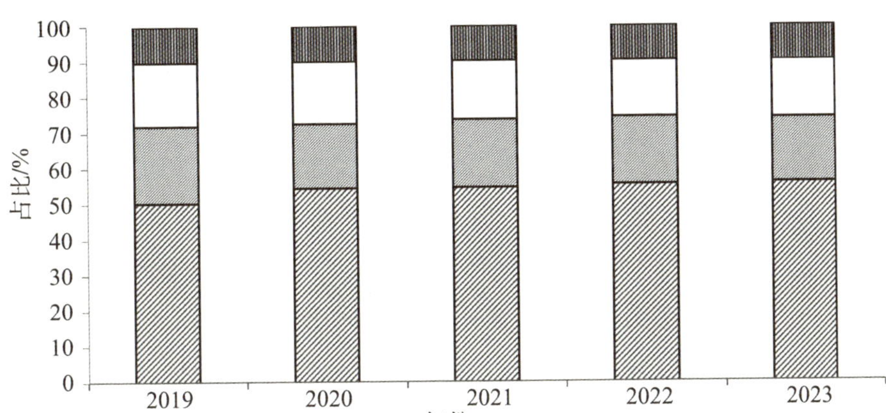

图 3-1-4　2019—2023 年北部海洋经济圈海洋生产总值中各沿海地区海洋生产总值占比
（数据来源：历年《中国海洋经济统计年鉴》《中国海洋经济发展报告》及各沿海地区公开数据）

二、北部海洋经济圈海洋经济发展特征

（一）天津市海洋经济发展特征

作为全国首批沿海开放城市，天津市区位优势明显，正着力塑造海洋型开放新优势，秉持“以港聚产、以产兴城、以城促港”的理念，壮大港口经济，培育临港产业，拓展海洋旅游场景，创新航运金融产品，不断提升“蓝色引擎”效能。2023 年，天津市实现海洋生产总值 5550.5 亿元，占天津市地区生产总值的 33.2%；海洋三次产业结构为 0.1∶49.5∶50.4，海洋二、三产业发展实力相当。

1. 航运金融中心建设成绩斐然，“商业保理之都”建设未来可期

贯彻落实天津市委、市政府“十项行动”，立足港产城融合发展战略，中国银行天津市分行于 2023 年 2 月率先挂牌成立航运金融中心，截至同年 7 月末累计为 6300 余家航运企业提供境内外、本外币收付服务，各类资金支持

190余亿元，同比增长超200%。为持续激发航运金融创新活力，更好地发挥金融对港产城高质量融合发展的支撑作用，2023年6月，天津市金融局、人民银行天津分行、市银保监局、市财政局四部门颁布《天津市鼓励航运金融发展实施细则（实行）》，支持船舶融资租赁、跨境人民币结算、航运保险、航运金融衍生品发展；同年12月，天津市人民政府印发《关于深入推进金融创新营业示范区建设的方案》，提出到2035年，全面建成国际一流国家租赁创新示范区和全国“商业保理之都”。2024年，天津航运金融迎来了开门红，1—5月共完成船舶租赁处置业务96单，同比增长35%；船舶保险保费收入1.98亿元，同比增长9.25%；货运保险保费收入2.35亿元，同比增长73.88%。2024年5月，安途金信保理有限公司联合所属集团自主研发基于区块链技术的航旅金链平台，打造航旅金融全流程解决方案；中船商业保理有限公司“保理服务与业务需求紧密结合、助力保障船舶防务产业链安全”实例，入选天津市2023—2024年度商业保理行业服务实体经济典型案例。

2. 海洋生态保护实力增强，海域资源管理提质增效

以科技创新、园区建设，厚植海洋生态底色。海上溢油应急处置是保护海洋生态环境的重要防线，2023年7月交通运输系统“十四五”重点项目——天津海上溢油应急处置实验系统建设工程在中新生态城正式开工，建成后将成为我国规模最大、功能最全、综合实力最强的溢油应急处置试验系统；同年8月，“地质海洋与生态”创新联合体成立，将聚焦地质、海洋、生态三个领域，推动关键核心技术攻关，实现资源优化配置和生态环境保护的良性循环。2024年7月，天津市规划和自然资源局批复了《天津滨海国家公园规划（2022—2035年）》，天津滨海国家海洋公园正式步入建设实施阶段。

以联合执法、确权登簿，夯实用海要素保障。2024年2月，滨海新区海洋局及所属海监支队与市公安局沿海安全保卫总队开展联合办公，推进扎实开展联合执法全面推进新区海域使用管理；无居民海岛——三海岛在天津完成自然资源确权登簿，为后续全国无居民海岛登记提供了“天津经验”。同年5月，天津市规划和自然资源局印发《关于实行海域立体分层设权的通知》，推动海域管理模式从“平面”到“立体”、从“二维”到“三维”

转变；滨海新区围填海历史遗留问题的海域“全部盘活”，为各开发区做好投资项目的用海要素保障奠定了坚实基础。2024 年 7 月，采用立体分层设权方式申请用海的华能天津港东疆北防波堤风电项目成功获批。

3. 天津港综合效能提升显著，海洋能点亮绿色之光

2023 年 6 月，天津市发布《港产城融合发展行动方案》，着力打造世界一流智慧绿色枢纽港口，由 5G、AI+、大数据等技术武装的天津港综合效能显著提升。2024 年上半年，天津港集团成功开通京津冀首条南美车厘子直航快线，连续开通天津港至南美东、美东、中美洲直航航线，集装箱航线总数达 147 条；开通天津港至呼和浩特、赤峰等地海铁联运班列，海铁联运量达 69.1 万标箱，同比增长 21.8%。2024 年 6 月，在 2024 世界智能产业博览会上，天津港集团联合华为公司发布了天津港 PortGPT（港口大模型）1.0、全球首座港口全液冷超充站、《港口数字化转型白皮书》3 项数字化转型成果，巩固了天津港在全球智慧港口建设赛道的领跑优势。依托海洋能源装备制造技术创新，推动海洋新能源产业发展。2023 年 10 月，兆瓦级近海海上漂浮式光伏发电系统关键技术研发实证试验在天津港保税区取得成功，填补了国内海上漂浮式光伏技术空白，带动天津“零碳能源 + 海洋经济”新兴产业规模化发展；同年 11 月，永磁电潜泵全覆盖的海洋石油平台在渤海油田投产，该平台在稳产年期间，每年可节电约 500 万千瓦时，减少碳排放约 4600 吨。2024 年 1 月，京津冀（唐山）海洋能源产业创新研究院成立，旨在促进“海洋新能源发电–智能电网–大容量储能–制氢 / 氨 / 甲烷”全产业链的技术融合创新和产业升级，推进海洋新能源产业高端化、智能化、绿色化发展。

4. 海工装备制造数智转型，海水淡化利用延链扩容

2024 年 2 月，习近平总书记在天津视察时指出，天津作为全国先进制造研发基地，要发挥科教资源丰富等优势，在发展新质生产力上勇争先、善作为。天津着力推动海洋装备制造从传统“人力工厂”向现代化“智能工厂”迈进，积极培育海洋新质生产力。2023 年 7 月，大港油田首座海洋工程数字化无人值守平台——赵东油田 CP3–PT3 平台进入试运行阶段。2024 年 6 月，我国自主研发的海洋油气完井工具智慧工厂在天津投产；同年 7 月，海油工程天津智能化制造基地二期工程开工建设，加快推进我国海洋油气装备制造数字化转型。同时，《节约用水条例（国令第776号）》指出，沿海地区应当积极开发利用海水资源。2024年3月，自然资源部天津临港海水淡化与综合利用示范基地一期竣工投用，实现自主技术装备从研制到大规模工程应用；同年4月，天津市规划和自然资源局相关负责人表示，天津将积极引进和培育海水淡化领域关键装备制造企业，构建百亿级海水淡化产业链，打造全国海水淡化产业先进制造研发基地。《滨海新区海洋产业规划（2021—2025年）》中也提到，提升海水淡化产业聚集和协同创新能力，实现海水淡化规模化应用。

5. 邮轮经济全面复苏，海事服务效能倍增

邮轮产业因产业链长、带动性强，被誉为“水上黄金产业”，是天津高质量发展的新亮点、新优势。2024年，国家先后出台邮轮旅客入境免签、国际邮轮靠港补给等便利化政策，掀起邮轮旅游热潮，推动邮轮经济全面复苏。自2023年9月邮轮复航以来，截至2024年6月底，天津国际邮轮母港累计接待国际邮轮80艘次，出入境邮轮旅客25.5万人次，位居中国北方第一。2024年7月，天津国际邮轮产业发展交流会在天津滨海新区成功举办。邮轮母港的繁荣复苏离不开海事服务的有力支撑。近年来，天津在智慧海关建设和“智关强国”行动中持续发力，通过科技装备智能化，提升海关监管服务效能。为应对旅客量的激增，天津东疆海关积极推进智慧旅检建设，创新旅客通关监管模式，通过旅客托运行李“先期机检”和通关行李条码、边检码、船票码“三码合一”的组合通关模式，将整体通关时间平均压缩20%。2024年3月，天津海关制定了《天津海关深入学习贯彻习近平总书记视察天津重要讲话精神服务天津高水平对外开放若干措施》，探索“智慧系统＋智能装备”有机联动的特色智慧海关建设道路；同年6月，天津海关自主研发的“医疗器械标签智能审核”APP投入使用，标签审核时长缩短至10秒。

（二）河北省海洋经济发展特征

河北省地处环渤海核心地带，沿海地区毗邻京津，区位条件独特，拥有滩涂、盐碱地、砂质无居民海岛等优质资源。河北近年实施了“海洋 +”行动计划，着力把沿海地区打造成全省高质量发展的“排头兵”。2023 年，河北省海洋生产总值为 3013.5 亿元，对河北省地区生产总值的拉动作用有所提升。

1. 数字赋能海洋监测，海域治理实现区域联动

推进智慧监测，建设现代化海洋生态预警监测体系。2023 年 8 月，河北省首个滨海湿地生态系统立体原位在线监测体系在秦皇岛市七里海湿地建成运行，这套“智能眼镜”有利于河北省掌握滨海湿地的动态变化和发展趋势，促进海岸带生态减灾协调增效；9 月，河北省首个海洋生态监测综合站——滦河口—昌黎黄金海岸海洋生态监测综合站（一期）投入使用，实现了从“以关注环境质量为目标的污染监测”向“摸清海洋生态底数、跟踪生态系统变化、预警潜在风险的海洋生态综合监测”的突破性转变；11 月，唐山市首座无人值守入海河口海洋生态预警监测站建成运行，这座“无人监测站”可为河北省海洋生态预警监测工作提供“长期、连续、便捷、高效”的数据服务。深化区域联动，打造从山顶到海洋的保护治理格局。2023 年 4 月，河北省唐山市、秦皇岛市、沧州市检察院与天津市检察院第三分院在唐山市曹妃甸区共同签订《关于建立渤海海洋、湿地生态环境和资源保护公益诉讼协作机制的意见》，实现跨区域司法协作，打好渤海污染防治攻坚战。2024 年 5 月，河北省生态环境厅、天津市生态环境局组织召开了 2024 年津冀近岸海域环境质量联合会商会议，强调两地要加强数据共享和信息相通，强化入海河流上下游联防联控；同年 7 月，河北沿海首个海洋环境保护党建联盟在京唐港成立，各党支部代表签署了《唐山港京唐港区“碧海丹心”党建联盟协作机制》，增强京唐港海域“无废港口”“海上环卫”“美丽海湾”等海洋环境保护工作的合力。

2. 综合贸易大港建设加快，陆海联动枢纽能级实现新跃升

作为我国最大的外贸进口铁矿石接卸港、钢材输出港、煤炭能源输出港，以及重要的油气能源进口基地、储备中心，唐山港正加速建设成为世界一流综合贸易大港、面向东北亚开放的桥头堡。2024 年上半年，唐山港全港完成货物吞吐量43033万吨，再创历史新高，实现时间任务“双过半”；水路运输货物周转量完成320.46亿吨千米，同比增长14.35%，居全省首位。2024年4月，唐山港口实业集团有限公司的“数字孪生赋能港口集装箱生产作业应用场景”成功入选河北省2024年首批创新应用场景清单；7月，中华人民共和国海事局发布《关于唐山港京唐港区25万吨级航道工程的通告》，标志着唐山京唐港区25万吨级航道试运行通航，为唐山港京唐港区整体运量提升提供了保障。同时，服务于陆海联动的临港产业强省建设，河北港口集团不断扩大朋友圈，把“出海口”搬到了内陆企业的“家门口”。2024年3月，河北港口集团与内蒙古昶龙货物运输有限责任公司共同打造的“鄂尔多斯—唐山港—华东”集装箱海铁联运班列正式开通，将海港功能延伸到了内蒙古腹地；4月，黄骅港—雄安新区内陆港正式揭牌，开辟了雄安新区到黄骅港的新能源绿色运输通道，打造了雄安新区最便捷、最高效、最经济的出海口。

3. 蓝碳经济价值初显，地方标准成就美丽海湾

技术创新挖掘蓝碳资源，市场交易实现点碳成金。2023年12月，河北省水勘院申报的“河北省海洋碳负排放技术创新中心”，成功入围省科技厅2023年度新建省技术创新中心平台名单。2024年2月，河北省首宗蓝碳交易在河北省环境能源交易所（河北省降碳产品价值实现服务平台）挂牌成交，本项目核算固碳总量7310吨，首笔交易996吨，为全国蓝碳生态产品价值转化提供重要参考。2024年7月，中央引导地方科技发展资金项目——“河北省海草床生态系统服务功能评估与碳汇潜力研究”通过验收并评为“优秀”等级，为海草床生态保护、固碳增汇及交易机制的构建提供了强有力的科学支持。同时，河北省聚焦美丽海湾建设，建立健全地方标准，强化近岸海域水质监管，推进近岸海域生态环境质量持续改善。2023年8月，河北唐山湾国际旅游岛及龙岛区域获评第二批全国美丽海湾。2023年11月，河北省生态环境厅、河北省市场监督管理局联合发布《海水养殖尾水污染物排放标准》《永定河流域水污染物排放标准》《潮白河流域水污染物排放标准》《滦河及冀东沿海流域水污染物排放标准》四项强制性地方标准，为改善近岸海域水环境质量提供了坚实保障。《2023 年河北省海洋生态环境状况公报》显示，地区直排海污染源达标率为 100%，主要污染物排放总量同比下降。

4. 用海要素保障力度加强，节约集约用海水平稳步提升

为落实向海发展、向海图强战略，河北省不断完善用海政策，实行用海审批全流程网办，开辟重点项目审批“绿色通道”，不断提高重点项目用海审批保障能力。2023 年省级审批用海项目 25 个、办理用海预审项目 36 个、完成项目用海竣工验收 27 个，同比分别增长 32%、71%、200%，省级用海项目审批平均用时 5.5 个工作日，比规定的 14 个工作日大幅缩短。同时，积极探索要素保障与资源节约集约相统一的管理模式，因地制宜推进节约集约用海。2023 年 2 月，自然资源部公布全国首批自然资源节约集约示范县（市）名单，河北省唐山市曹妃甸区、乐亭县和沧州黄骅市成功入选，创建示范期为 2023—2025 年，为探索海洋资源节约集约利用提供了新途径。2023 年 12 月，河北省自然资源厅组织开展了秦皇岛北戴河新区开放式养殖用海（北区）集中连片开发区域整体海域使用论证，涉及 248 宗、面积 10.25 万亩集中连片养殖区域，切实减少渔民用海申请环节和成本。同时，印发《关于规范海上光伏项目用海的通知》，推动海上光伏产业有序发展，提高海域资源利用效能。2024 年 7 月，在“河北省扎实推进盐碱地综合利用”新闻发布会中，河北省农业农村厅党组成员、副厅长孙晨光表示，全省有 570.25 万亩盐碱耕地，2023 年以来，从强化种业创新与示范、加强盐碱地改造提升、提升科技支撑能力、分区分类综合利用、壮大特色加工产业五个方面，扎实推进盐碱地综合利用。

5. 海水养殖变身智慧渔业，海水淡化实现一水多用

依靠中央设立的渔业绿色循环发展试点，河北省农业农村厅与省财政厅联合制订并印发《河北省渔业绿色循环发展试点实施方案》，力争到 2025 年推动形成一批标准化、集约化、机械化、智能化、清洁化的规模养殖基地，促进全省水产养殖绿色高质量发展。2023 年 12 月，京津冀国家技术创新中心河北中心与深圳市君仁控股集团有限公司举行战略合作签约仪式，就共同建设河北省数字孪生海洋牧场达成战略一致，着力打造河北省乃至全国高标准数字孪生海参养殖样板基地。2024 年 6 月，据唐山海港经济开发区尚游智慧渔业产业园总经理介绍，可视化监测系统、互联网 + 渔业等先进的渔业管理技术，已经在唐山乐亭、丰南、曹妃甸等地的工厂化养殖场推行，推动了海水养殖向信息化、智能化、现代化转型升级。同时，作为典型的资源型缺水省份，河北省发展改革委、省自然资源厅联合印发《河北省海水淡化利用发展行动实施方案（2021—2025 年）》，促进海水淡化规模化应用。截至 2023 年，河北省拥有海水淡化项目 12 个，产能 39.07 万吨 / 日，居全国第三位；2023 年海水淡化水产量 7270 万吨，同比增长 14.6%，浓海水利用量 4270 万吨，同比增长 35.7%。其中，唐山市正在实施的海水淡化产出的废弃浓海水综合利用产业，可以提取溴镁锂等有价元素，延伸绿色生态产业链；为发挥好“靠海吃海”优势，港城产业园区谋划推进了 3 个海水淡化项目，将“一水多用”这条路越走越宽。

（三）辽宁省海洋经济发展特征

辽宁省毗邻渤海、黄海，拥有漫长的海岸线，孕育着 6 个滨海城市，努力打造东北地区全面振兴的“蓝色引擎”、我国重要的“蓝色粮仓”、全国领先的船舶与海工装备产业基地、东北亚海洋经济开放合作高地。2023 年，辽宁省海洋生产总值达 4905.2 亿元，海洋三次产业结构占比为 8.4 : 36.3 : 55.3，呈现“三二一”的发展格局。

1. 联合执法维稳海域安全，生态修复收益显现

协作机制日益完善，专项行动接连启动，全面提升海上安全维护监管能力。2023 年 12 月，《全省近岸海域水质提升工作方案》发布，指出要以陆海统筹、河海联动，建立健全从山顶到海洋责任共担、合作共治、同频共振的全过程、全要素区域联动机制。2024 年 5 月，辽宁省与沿海省（区、市）渔政执法部门共同签署《辽冀津鲁苏沪浙闽粤桂琼渔政执法共管协作机制》，通过加强联勤协作、信息互通、联查联动，切实维护海上渔业生产秩序和渔民合法权益。2024 年 4 月，“净海 2024”行动正式启动，高频次开展海上联合执法、联合巡航、联合处突等活动；同年 7 月，辽宁省海洋与渔业行政执法总队组织鞍山、本溪、营口、盘锦、铁岭等市渔业执法机构，开启辽河禁渔期“清网”联合执法行动。同时，不忘筑牢海洋生态安全屏障，打造优美海岸生态环境。2023 年 5 月，在自然资源部国土空间生态修复司开展的海洋生态保护修复典型案例征集活动中，锦州市大凌河口生态修复位居榜首；同年 10 月，营口市海洋生态保护修复工程项目顺利通过竞争性评审会议，入围财政部、自然资源部发布的《2024 年海洋生态保护修复工程项目名单》，获中央补助资金 3 亿元。2024 年 3 月，锦州市 3.8 千米新增生态恢复岸线通过专家评审，为“十四五”自然岸线保有率管控目标的顺利达成奠定了坚实基础。

2. 涉海船舶监管制度推陈出新，海域资源管理体制日臻完善

涉海渔船管制趋严，旨在保障伏季休渔制度有效落实、海洋渔业资源休养生息。2023 年 12 月，辽宁省委农办、省农业农村厅、省公安厅、省交通运输厅等部门联合出台《全面加强涉海渔船渔港综合管控若干措施》；2024 年 4 月，省政府办公厅印发《辽宁省涉海渔船、渔港、船员、船厂排查整治工作方案》，构建涉海渔船渔港长效管控机制。2023 年 12 月至 2024 年 6 月，辽宁海事局接连发布《辽宁海事局防治船舶供受油作业污染水域环境管理办法》《老铁山水道船舶定线制实施细则》《辽宁海事局特殊天气 条件下通航安全监督管理规定》，防治船舶污染，维护海上交通秩序。海域资源管控趋紧，旨在推动海洋开发利用从数量规模向质量效益转变。2023 年 12 月，《关于规范和调整我省渔业资源增殖保护费征收有关事项的通知》出台，支持地方因地制宜地加大渔业资源保护力度，促进渔业资源可持续利用。2024 年 4 月，辽宁省葫芦岛市海洋与渔业局正式挂牌成立，负责海域使用和海岛保护利用管理、渔业渔政管理等工作。与此同时，《辽宁省国土空间规划（2021—2035 年）》获国务院批复，除国家重大项目外，全面禁止围填海，严格无居民海岛管理等。

3. 海上风电产值创新高，科创合作平台形成新质生产力

开发海上风电，建设能源强省，助力国家“双碳”目标实现。2024 年 3 月，华电辽宁能源发展股份有限公司的毕诗方表示，中国华电与中国中车密切合作，正在积极推进辽宁省首个贯通海上风电全产业链的装备制造项目和吉瓦级重大项目落地。2024 年 6 月，由中国船舶自主研制的 18 兆瓦中速全集成海上风电机组，在辽宁营口完成吊装，配套当地热电厂进行发电，打造风、光、水、火、储一体化发电格局，带动上下游装备制造产业链供应链高端化、智能化、绿色化发展。同时，大连庄河海上风电 IV2 项目首批 4 台风机成功并网，实现了辽宁平价海上风电零的突破，待其全容量并网后，预计每年可满足 50 万户家庭的基本用电。搭建科创合作联盟平台，辽宁培育海洋新质生产力。2024 年 1 月，亚太地区港口国监督备忘录数据研究室在辽宁海事局挂牌成立，开展与亚太地区港口国监督数据相关的国际交流合作和履约研究工作，推动数据多样化处理、时效性流动、高价值转化。2024 年 5 月，辽宁沿海经济带海洋产业技术创新战略联盟正式成立，联盟由中国科学院大连化学物理研究所、大连理工大学等 34 家单位组成，旨在立足辽宁海洋产业基础，加强海洋产业技术创新，加快发展新质生产力。2024 年 6 月，大连市人民政府与辽宁省农业农村厅、辽宁省气象局签署共建北方海洋牧场气象服务示范市合作协议，形成协同推进赋能现代化海洋牧场高质量发展合力。

4. 辽参产业凝聚壮大，金融市场活水助力

“中国海参看辽参，辽参核心看大连”已成为行业共识。2023 年 11 月，辽宁大连市发布了首个地标海参白皮书——《中国长海海参白皮书》。大连长海县地处北纬 39 度，是世界公认最适宜海洋生物生长的纬度，是国内深水底播面积首屈一指的海参养殖基地。2023 年 10 月，国家现代农业产业园（海参产业园）在“中国辽参故乡”大连瓦房店市开园，开园仪式上签约额近 2 亿元。瓦房店市已形成海参苗种培育、养殖、加工、销售全产业链发展模式，是东北地区海参养殖规模最大的县级市和全国最大的海参种苗生产基地。2023 年，瓦房店市海参养殖产量达 1.7 万吨，产值近 30.2 亿元，全产业链产值达 120 亿元，带动从业人员 3 万余人。辽参产业发展壮大的背后，离不开金融活水的滋养浇灌。2024 年 4 月，由中国渔业协会海参产业分会、山东港口控股集团共同主办的大连海参贷推介会在大连召开，山东港口控股集团所属小额贷款公司将为辽宁大连提供海参仓单质押贷款服务；5 月，由中华财险锦州中心支公司承保的“首个政府支持的海参气象指数保险”落地锦州凌海市，为当地1000亩海参提供了300万元风险保障；7月，海参大会暨海参产业链交易会永久落户大连，搭建了海参产业链上下游交流沟通合作平台。

5. **海鲜预制菜产业规范化，海上通道打通新动脉**

2022年以来，大连相继成立预制菜产业发展专项工作组、组建协会等，打造“中国海鲜预制菜之都”。2023年11月，工信部赛迪顾问消费经济研究中心发布2023年全国预制菜产业基地百强榜单，大连金普新区（金州区）、甘井子区预制菜产业基地分列综合实力排名第14位和41位。2024年7月，大连发布全国首个海鲜预制菜产业标准——《大连市海鲜预制菜产业标准体系》，标志着大连海鲜预制菜产业进入标准化、规范化发展；同期，以“蓝色食品 中国味道”为主题的2024亚太水产品博览会暨第六届大连海鲜（预制菜）产业博览会顺利举行，旨在打造中国乃至亚太地区水产行业一站式采购服务平台。海洋产业发展离不开交通基础设施的支撑。2024年1月，辽港集团“大连—印度”集装箱快航航线开通运营，为东北地区与南亚搭建了一条便捷、高效的海上通道；7月，辽港集团、中远海运联合推动“大连港—墨西哥”集装箱快航航线开通运营，在东北腹地与拉美地区架起一条稳定、低成本的物流新通道。2024年5月，我国北方寒冷地区首条跨海沉管隧道、全国首条自主设计施工的柔性节段式管节沉管隧道——大连湾海底隧道和光明路延伸工程实现全线通车，打造了城市内部跨海跨江连接、服务城市发展的典范，构建起大连湾南北的5分钟“便民生活圈”。

（四）山东省海洋经济发展特征

2024年5月，习近平总书记在山东考察时强调，要发挥海洋资源丰富的得天独厚优势，经略海洋、向海图强，打造世界级海洋港口群，打造现代海洋经济发展高地。当前，山东省海洋领域宏观政策持续显效，资源供给能力保障稳定，长期向好发展的基本面趋稳变强。2023年，山东省海洋产业增加值达7620.4亿元，同比名义增长7.9%，连续四年位居全国首位。

1. **世界级港口群建设推进，国际海洋合作深入拓展**

2023 年 7 月，《山东省世界级港口群建设三年行动方案（2023—2025 年）》发布后，山东港口加快了一体化改革步伐，绿色智慧水平不断提升，综合实力不断增强。2023 年，山东港口货物吞吐量连跨 5 个亿吨级台阶，达到 19.7 亿吨，居全国首位；全年完成集装箱量 4132 万标准箱，同比增长 10.8%，居世界第二位。2024 年 7 月，《世界一流港口综合评价报告（2024）》显示，山东港口青岛港排名连续两年上升，位至第四；山东港口烟台港商品车滚装码头也入选为世界一流专业化码头。山东青岛搭建了“海洋十年”国际合作中心、“海洋十年”海洋与气候协作中心等多个高端国际海洋合作平台，积极开展海洋国际合作。2023 年 11 月，青岛成为亚洲唯一的联合国海委会“海滨之城平台”创始城市，并将于 2025 年主办“海洋十年”海洋城市国际大会。2024 年 1 月，全球海洋观测伙伴关系（POGO）首个区域办公室落户青岛，拓展海洋合作新空间。2024 年 7 月，在青岛西海岸新区海洋科技创享会上宣布，已举办过七届的东亚海洋合作平台青岛论坛，2024 年将升级为海洋合作发展论坛，成为省内唯一、省部共建的海洋国际论坛；同期，所罗门群岛总理马内莱参访青岛，表示未来可在水产养殖、海洋科研等方面展开更加深入的合作。

2. **海洋生态修复快速推进，蓝色碳汇展示新价值**

绿水青山就是金山银山，海洋生态修复的是颜值，创造的是价值。“十四五”以来，山东省争取中央资金 27 亿元、地方投入 14.8 亿元，开展海洋生态治理，整治修复岸线 42.9 千米、滨海湿地 8660 公顷；4 个海湾入选全国美丽海湾，数量居全国第一。2024 年 3 月，山东省水和海洋生态环境保护工作会议指出，2023 年全省入海河流断面总氮浓度均值同比改善 16.6%，其中国控入海河流断面总氮浓度均值同比改善 21.1%；近岸海域水质大幅提升，优良水质比例达到 95.6%，同比改善 10.2%，历史性位列全国第三。2024 年 4 月，青岛检察院联合舟山检察院、青岛海事法院和宁波海事法院建立了山东首个海洋自然资源与生态环境保护跨地域协作机制，将更好地打造水清、岸绿、滩净、湾美的美丽海洋。同时，山东省沿海各地市大力发展蓝碳经济，积极探索海洋生态产品价值实现路径。例如，烟台市搭建了以“一中心、三基地”为核心的网络化蓝碳科技创新平台，探索蓝碳交易平台和蓝碳金融产品，将长岛庙岛西部海草床碳汇用于抵消2023绿色低碳高质量发展大会举办阶段产生的部分温室气体，完成了首笔价值3000余元的蓝碳金融交易。2023年9月，长岛经济发展局服务业办公室表示，自《长岛建立健全生态产品价值实现机制试点方案》出台后，长岛着力研究国外“蓝碳”交易的案例和模式，积极探索具备地方特色的海洋型生态产品价值实现路径。2023年12月，海洋生态修复交流大会在山东威海举办，会上发布了海洋生态保护修复威海倡议，并提出将海洋生态修复与蓝碳、金融相结合，探索海洋生态经济实现新路径。

3. 海洋装备制造焕发新动能，水产种业取得新进展

聚焦集群发展，推动船舶及海工装备产业实现新跃升。2023年山东省海洋船舶业三大指标造船完工量、新接订单量、手持订单量分别达到318.4万、722.4万、1451.3万载重吨，同比增长20.5%、53.1%、35.4%。2024年6月，荣成市船舶修造及海工装备产业集群入选山东省特色产业集群名单。该产业集群集聚了40多家船舶配套企业，本地船用零部件配套率达60%，取得发明专利33项、省市级创新平台15个、省级科技成果11项。蓬莱市坚持“打造海洋工程全产业链集群”的总体思路，布局海工研发及总装基地、海工装备配套基地、海工物流基地；青岛市着力打造“总部型”海工装备制造，争创船舶与海工装备国家级先进制造业集群。依托资源优势，助力水产种业实现新突破。2023年7月，农业农村部公布审定通过的17个水产新品种中，有4个来自青岛。2023年12月，全国首个海上经济开发区——长岛“蓝色粮仓”海洋经济开发区获山东省政府批复，打造种苗培育、养殖生产、加工流通、装备制造、海上旅游等全产业生态。2024年3月，威海市省级以上水产良种场发展到25处，其中国家级7处，居全国首位，并获批了全国唯一的“中国海洋种业之都”；威海市海洋牧场发展到160万亩，海水养殖产量超过210万吨，连续多年居全国首位。

4. **涉海产业招商引资硕果累累，蓝色金融利好政策频出**

资金是海洋经济发展的重要源泉。2024 年以来，青岛针对“4+2+4”十大海洋重点产业 30 条支链梳理了 1600 余家招引对象企业，实施产业链招商、市区联动招商，成效显著。2024 年上半年，青岛海洋领域新签约项目 86 个，总投资额达472.72亿元；签约数量同比增长65.4%，总投资额同比增长5.9%。滨州市海洋经济产业链招商专班成立以来，按照“三图三库”，全力引进了一批产业链上下游突破性、示范性、带动性强的投资项目；2024 年 4 月已签约 6 个项目，签约额 32.45 亿元、年内计划投资 10 亿元，完成了 2024 年总任务的 50% 以上。山东省各沿海地市不断推出激励政策，扶持蓝色金融市场发展。2023 年 6 月，烟台市在全市范围内推出地方财政补贴型海产品养殖风力指数保险，市县财政保费补贴达 50%；2024 年 1 月，威海市发布国内首套蓝色产业投融资目录《威海市蓝色产业可持续投融资支持目录》，助力金融机构精准识别蓝色产业、企业、项目，推动金融资源与蓝色产业的精准对接；2024 年 4 月，青岛市财政局、市农业农村局、市园林和林业局会同相关部门联合印发《青岛市政策性农业保险实施方案（2024—2026）》《青岛市优势特色农产品保险以奖代替补方案》，将海洋碳汇保险纳入了地方优势特色农产品保险奖补范围。

5. **海洋科技平台建设日趋成熟，涉海科创综合实力提升**

发展海洋经济、建设海洋强省，离不开海洋科技的支撑和引领。2023 年 8 月，山东海水综合利用产业联盟在潍坊市成立，汇集了全国 30 余家企业、科研院所成员单位，为海水综合利用产业发展注入新活力；同年 9 月，以“加快海洋科技创新，构建海洋命运共同体”为主题的世界科技大会在青岛成功举行，旨在加强国际海洋科技领域交流，打造海洋科技领域学术交流高端平台。2024 年 7 月，海洋战略发展融合创新研讨会在山东大学威海校区成功举办，以学科交叉融合创新加快培育海洋新质生产力。2024 年 7 月，在“走在前挑大梁奋力谱写中国式现代化山东篇章”主题系列新闻发布会上，山东省海洋局党组书记、局长张建东介绍，海洋领域唯一的国家实验室崂山实验室实现规划运行，中国海洋大学、国家海洋综合试验场（威海）、国家深海基地等 50 个“国字号”海洋科研平台集聚山东；海洋领域全职驻鲁院士 22 人，占全国的 1/3；山东省科学技术最高奖中，海洋领域的占 1/3；在深海开发、智能装备、生物育种等技术领域不断取得新突破。

三、北部海洋经济圈海洋经济发展趋势

（一）天津市海洋经济发展趋势

1. 以港口资源为基础，推进港产城融合发展

为构建“以港兴产、以港兴城”的新发展格局，2023 年 5 月，《天津市促进港产城高质量融合发展的政策措施》出台；6 月，《港产城融合发展行动方案》发布，明确了未来五年的工作安排。2023 年 11 月，天津市委常委、常务副市长刘桂平表示，天津依海而建，因港而兴，港口资源是重要的战略资源和硬核优势，要做大做优做强港口经济，统筹“津城”“滨城”和天津港资源，着力促进港产城深度融合。2024 年 5 月，天津市委副书记、市长张工强调，要深入学习贯彻习近平总书记视察天津重要讲话和对天津港重要指示精神，全力推动港产城融合发展走深走实，切实把港口“硬核”优势转化为全市高质量发展的强大支撑。当前，全市上下协同联动聚合力，推动港产城融合发展提档升级。例如，2024 年 2 月，天津港保税区管委会与天津港集团签署《全面推进港产城高质量融合发展战略合作框架协议》，推动港产城高质量融合发展不断取得新成效；4 月，天津海河传媒中心与天津港集团签署合作协议，为建设世界一流绿色智慧枢纽港口、推动港产城融合发展营造良好的舆论氛围；7 月，东疆综合保税区管委会与天津港集团签署《深化港产城融合发展文旅战略合作框架协议》，全面落实港产城融合发展行动，推动港产城相互赋能，同时，中国人民银行、金融监管总局、中国证监会、国家外汇局、天津市人民政府联合发布《关于金融支持天津高质量发展的意见》，表示支持金融机构围绕天津港建设世界一流智慧港口、绿色港口需要，研发提供综合化、定制化金融产品和服务。

2. 以部门协同为抓手，培育海洋碳汇新业态

与很多沿海省市相比，天津在海洋碳汇方面的起步较晚，但具备良好的制度基础，先后印发《天津市碳普惠管理办法》《天津市碳普惠体系建设方案》，开展碳普惠体系顶层设计，完善碳普惠核证减排量交易机制等。随着碳减排形势日益严峻，天津各部门开始关注蓝碳在碳达峰、碳中和事业中的重要作用。2023 年 5 月，《天津市滨海新区海洋产业规划（2021—2025）》指出，积极培育海洋蓝碳新业态，探索发展渔业碳汇、海草床碳汇等海洋碳汇项目。2024 年 4 月，天津市工业和信息化局表示，将按照国家核证自愿减排量（CCER）工作部署，支持符合条件的海洋碳汇申报 CCER 减排项目；探索将蓝碳资源与制造业高质量发展进行融合，支持将有关项目纳入政策体系等。2024 年 6 月，天津市规划和自然资源厅表示，目前有关部门和滨海新区正在积极组织开展海洋碳汇基础数据监测工作，并已将《2024 年天津市海洋生态系统碳汇调查监测项目》列入年度专项任务。同时，由天津市气象局与天津大学联合建成的全国首个石油平台海洋生态气象观测站——渤海埕北 A 平台海洋生态气象观测站成功落地，弥补了渤海海洋蓝碳气象观测的空白。此外，在天津与海南工作交流座谈会中，天津市委书记陈敏尔表示，要在生态文明建设上深化合作，探索海洋碳汇、渔业碳汇和森林碳汇方面合作新模式。

（二）河北省海洋经济发展趋势

1. 以绿色低碳转型为目标，发展海洋新能源产业

为落实国家开展可再生能源试点示范的相关要求，加快建设新型能源强省，推进能源绿色低碳转型，2023 年 11 月，《河北省新能源发展促进条例》出台，鼓励海上风能、太阳能资源丰富地区采取集中连片、规模化开发等方式建设海上风力发电、光伏发电项目，探索海上风力发电、光伏发电与水产养殖、制氢、储能、文旅观光等业态融合的多元化发展模式。2024 年 2 月，河北省发展改革委下达秦皇岛市 180 万千瓦海上光伏示范试点项目建设计划的通知，并指出项目应于 2026 年底前建成并网。在《河北省氢能产业发展

"十四五"规划》《河北省氢能产业发展三年行动方案（2023—2025 年）》的指引下，2024 年 5 月单体产氢量 3000 标准立方米 / 小时的碱水电解制氢电解槽在河北邯郸下线投用，这是目前国内单体产氢量最大的水电解制氢装备，为大规模绿氢制取提供了良好支撑。与此同时，国家发展改革委、国家能源局、自然资源部、生态环境部、中国气象局、国家林草局联合印发《关于开展风电和光伏发电资源普查试点工作的通知》，河北省作为六个试点省市之一，将根据自身资源禀赋，开展海上风电、海上光伏、海洋能等资源普查工作。

2. 以建设美丽河北为宗旨，深化海洋综合治理

2023 年 5 月，习近平总书记视察河北时表示，希望河北在推进全面绿色转型中实现新突破，加快建设经济强省、美丽河北等。为贯彻落实习近平总书记重要讲话精神，河北省制订了系列发展规划，坚持陆海统筹、河海共治，推进美丽河北建设。《美丽河北建设行动方案（2023—2027 年）》指出，实施海洋综合治理行动，坚持陆海统筹、河海兼顾，推进入海河流和近岸海域水质提升专项行动，到 2027 年全面完成入海排污口整治任务。2023 年 7 月，《河北省水生态环境保护规划》指出，强化陆域海域污染协同治理，开展入河入海排污口"查、测、溯、治"。同年 12 月，河北省生态环境厅召开"深化渤海综合治理，保障海洋环境安全"新闻发布会，表示将持续指导沿海三市深入推进美丽海湾建设，力争 2024 年新增建设 1 个美丽海湾。为保障规划有效实施，又出台了系列落实政策的措施。2024 年 3 月，河北省自然资源厅、省生态环境厅、省林业和草原局联合印发《关于加强生态保护红线管理的通知》，提出要规范用地用海用岛手续办理，加快建设美丽河北；5 月，《关于加快建设天蓝、地绿、水秀的美丽河北 以实际行动全面推进美丽中国建设的实施意见》出台，强调要协同推进陆海污染防治、生态保护修复和近岸海域环境整治，并明确到 2027 年全近岸海域优良水质比例达到国家要求，到 2035 年美丽海湾基本建成。

（三）辽宁省海洋经济发展趋势

1. 以“两先区”建设为统领，打造东北亚国际航运物流中心

为推动《大连市对标习近平总书记重要讲话精神 加快“两先区”高质量发展提升清单》落地落实，2023 年 8 月，大连市政府出台《大连市促进东北亚国际航运中心和国际物流中心全面振兴新突破的若干政策》，提升大连东北亚国际航运中心和国际物流中心竞争力。2024 年 1 月，《大连港总体规划（2035）》获交通运输部、辽宁省政府联合批复，成为《交通强国建设纲要》《国家综合立体交通网规划纲要》后，全国首个获批的国际枢纽港港口总体规划，为大连建设东北亚国际航运中心和国际物流中心提供有力支撑；4 月，大连港口岸扩大开放至太平港港区正式纳入 2024 年度国家口岸开放审理计划，将扩大大连港口岸辐射范围，提升东北海陆大通道能级；6 月，投资额超 200 亿元的中远海运 LPG 及化工品船队和西中岛氢基能源储运一体化项目落户大连长兴岛，促进东北亚氢基能源中心和海陆大通道建设；7 月，大连市成功入围 2024 年国家综合货运枢纽补链强链支持城市名单，将获奖补资金支持用于综合货运枢纽建设。此外，作为东北亚国际航运中心的重要载体，大连国际航运中心大厦项目也将于 2026 年建成投用，加速各类航运要素集聚。

2. 以文旅复苏为契机，建设东北亚海洋旅游特色区

《“十四五”旅游业发展规划》（国发〔2021〕32 号）指出，推进大连等地邮轮旅游发展，支持大连等滨海城市创新游艇业发展，建设一批适合大众消费的游艇示范项目。《大连市邮轮经济发展规划（2023—2035）》明确了邮轮旅游与邮轮配套产业链协同发展的战略思路，提出构建邮轮枢纽港群和邮轮产业集群两大功能体系，打造东北亚地区具有国际影响力的特色邮轮城市。2023 年 3 月，文化和旅游部、国家发展改革委联合印发《东北地区旅游业发展规划》，推动东北地区旅游业转型升级和高质量发展。辽宁省锚定“打造滨海特色旅游带”的目标任务，建设具有国际吸引力和竞争力的滨海旅游产业集群，打造东北亚滨海旅游首选地。2024 年 6 月，文化和旅游部确定了 22 个国家级旅游度假区，大连长山群岛旅游度假区成为全国首个群岛型国家级旅游度假区。2024 年 5 月，在辽宁省高品质文体旅融合发展大会中，辽宁省文化和旅游厅党组书记、厅长刘伟才表示，本次大会在大连举办，是省委、省政府大力发展海洋旅游，推动海洋经济高质量发展的重要举措之一；7 月，中国旅游研究院、辽宁省文化和旅游厅共同主办“旅居康养·欢乐滨海——东北亚旅游目的地建设系列活动”，旨在搭建滨海城市发展交流互动平台，探索滨海度假与旅居康养发展新模式，助力辽宁省东北亚旅游目的地建设。

（四）山东省海洋经济发展趋势

1. 以科技创新为动力，打造现代海洋经济发展高地

作为海洋大省，山东将深入贯彻落实习近平总书记在山东考察时的重要讲话精神，以科技创新引领现代海洋产业体系建设，积极培育海洋新质生产力，打造现代海洋经济发展高地。2023 年 12 月，全国首部海洋领域市场主体培育的专项政策《青岛市关于实施“海洋之星”企业倍增计划的 18 条政策措施》出台，围绕现代渔业、海洋装备、海洋药物和生物制品、海洋新能源、海洋文旅、航运贸易金融业六大重点产业，营造良好产业发展生态，开展“海洋之星”企业倍增计划。2024 年 5 月，山东省人民政府印发《现代海洋产业行动计划（2024—2025 年）》，提出了现代海洋产业体系更加完善、海洋传统产业高端化绿色化智能化升级、海洋前沿和战略性新兴产业发展壮大等目标任务；7 月，青岛市人民政府办公厅《青岛市深入实施“海创计划”加快打造国际海洋科技创新中心行动方案（2024—2026 年）》明确，瞄准海洋重点发展领域需求，加强科技创新和产业创新对接，为构建智慧、绿色、开放、安全的现代化海洋产业体系提供有力支撑；8 月，山东省人民政府印发《完善现代旅游业体系加快旅游强省建设的行动方案（2024—2027 年）》，指出实施旅游赋能经略海洋行动，完善海洋牧场配套设施和服务，健全休闲渔业新业态运行管理机制等。

2. 以数据要素为抓手，建设海洋人工智能产业集聚区

《山东省“十四五”数字强省建设规划》指出，加快海洋产业数字化，并设置专栏部署了海洋智能感知、海洋人工智能、海洋大数据等 11 个智慧海洋产业重大工程。山东青岛拥有全国 30% 的涉海院士、40% 的涉海高端研发平台和 50% 的海洋领域国际领跑技术，在海洋大数据、海洋人工智能方面一马当先。2023 年 11 月，青岛市海洋大数据合作发展平台成立，该平台将凝聚青岛海洋大数据创新与产业发展资源，建设海洋数据交易中心，在海洋数据资源确权、估值、交易、收益、治理等领域先行先试。2024 年 1 月，财政部印发的《企业数据资源相关会计处理暂行规定》正式生效；3 月，山东港口青岛港便完成了基于“干散货码头货物转水分析数据集”的数据资产入表工作，成为全国港口行业首个干散货作业数据资产入表的实践案例。2024 年 6 月，《青岛市海洋人工智能大模型产业集聚区建设实施方案（2024—2026）》出台，该方案明确指出，青岛将在海洋人工智能领域建设科技创新策源地、关键要素支撑地、头部企业集聚地、应用场景示范地、产业生态优化地，打造具有全球竞争力的世界级海洋人工智能产业集聚区。2024 年 7 月，青岛国实集团旗下国实信息科技公司申报的“全球高分辨率海洋环境预报数据服务海洋经济高质量发展”荣获山东省第一批“数据要素 ×”典型应用案例，这也是山东省海洋领域首个“数据要素 ×”典型应用案例。

执笔人：郑　慧（中国海洋大学）
张　丽（中国海洋大学）
张　晨（中国海洋大学）

2
东部海洋经济圈海洋经济发展形势

一、东部海洋经济圈海洋经济发展现状

作为我国融入亚太地区经济一体化发展的国际门户，东部海洋经济圈主要包括江苏省、上海市、浙江省沿岸及海域。该区域立足自身技术优势，致力于加快海洋科技创新，助力海洋船舶工业、海洋工程装备制造业等优势产业特色化发展，推动产业链向价值链高端攀升，为海洋经济高质量发展注入了新的活力，是我国建设海洋强国的重要力量。

（一）东部海洋经济圈海洋经济发展规模

1. 海洋生产总值

在党的二十大“发展海洋经济，保护海洋生态环境，加快建设海洋强国”的战略指引下，东部海洋经济圈海洋生产总值增速强劲，海洋生产总值再创新高。2023 年，东部海洋经济圈海洋生产总值突破 3 万亿元大关，彰显了该区域海洋经济高质量发展方面的强大动能。作为全面贯彻党的二十大精神的开局之年，得益于各项海洋领域宏观政策持续显效，东部海洋经济圈海洋科技创新能力持续增强，海洋产业结构不断优化。2019—2023 年，东部海洋经济圈占区域生产总值和全国海洋生产总值的比重虽然存在小幅波动，但

整体保持稳定态势，凸显了其在推动区域经济以及国家海洋经济增长中的重要作用。与此同时，东部海洋经济圈的海洋生产总值增速呈 W 形走势，基本恢复至 2019 年的增速水平，表现出较强的韧性（图 3-2-1）。

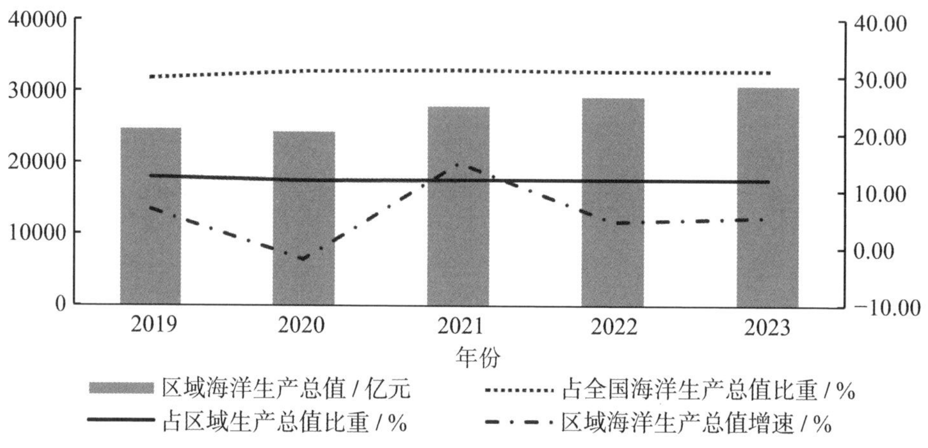

图 3-2-1 2019—2023 年东部海洋经济圈海洋经济发展趋势
（数据来源：历年《中国海洋经济统计年鉴》《中国海洋经济统计公报》及各沿海地区公开数据）

2. 海洋产业增加值

2023 年，东部海洋经济圈海洋产业增加值呈稳健上升态势，连续三年突破万亿元，海洋经济增长动能强劲。从增速来看，与 2022 年相比，2023 年该区域海洋产业增加值增速波动上升，逐步恢复到 2019 年新冠疫情以前的水平。其中，海洋旅游业和海洋交通运输业等传统优势产业的增加值仍占据主导地位，海洋药物和生物制品业、海洋工程装备制造业等海洋新兴产业迅速发展，为区域海洋产业发展贡献了新生力量，表明东部海洋经济圈在海洋产业的多元化发展和创新驱动战略上取得了显著成效，为推动海洋经济的高质量发展开辟了一条融合传统产业优势与新兴产业活力的协同发展之路（图 3-2-2）。

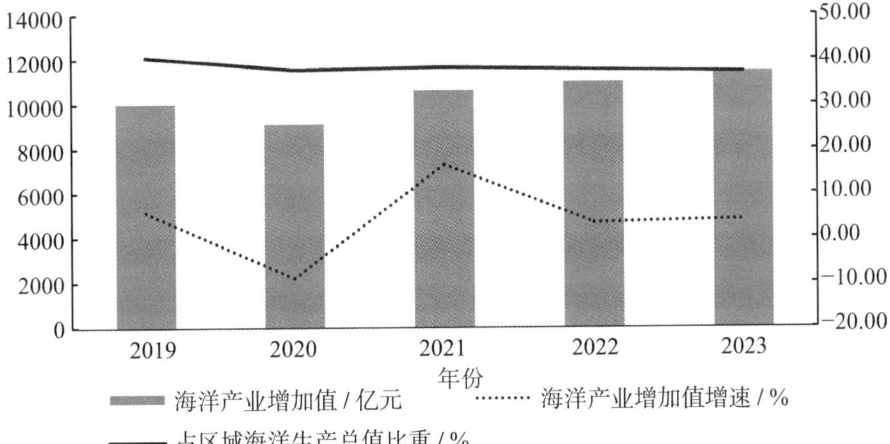

图 3-2-2 2019—2023 年东部海洋经济圈海洋产业发展趋势
（数据来源：历年《中国海洋经济统计年鉴》《中国海洋经济发展报告》及各沿海地区公开数据）

（二）东部海洋经济圈海洋经济发展结构

1. 海洋产业结构

2023 年，在东部海洋经济圈各省份海洋政策利好、智能制造发展迅猛、数字经济增长强劲等因素叠加下，海洋产业结构持续优化。2019—2023 年，海洋第一产业增加值占比维持在 3% 左右；第二产业增加值呈逐年上升趋势，占东部海洋经济圈海洋生产总值的比重稳定在三分之一以上，成为支撑该区域海洋经济发展的重要增长极。2023 年，以海洋旅游业、海洋交通运输业等为代表的第三产业强势复苏，产业增加值对东部海洋经济圈海洋生产总值的贡献度稳定在 60% 以上，是该区域名副其实的优势领跑产业（图 3-2-3）。

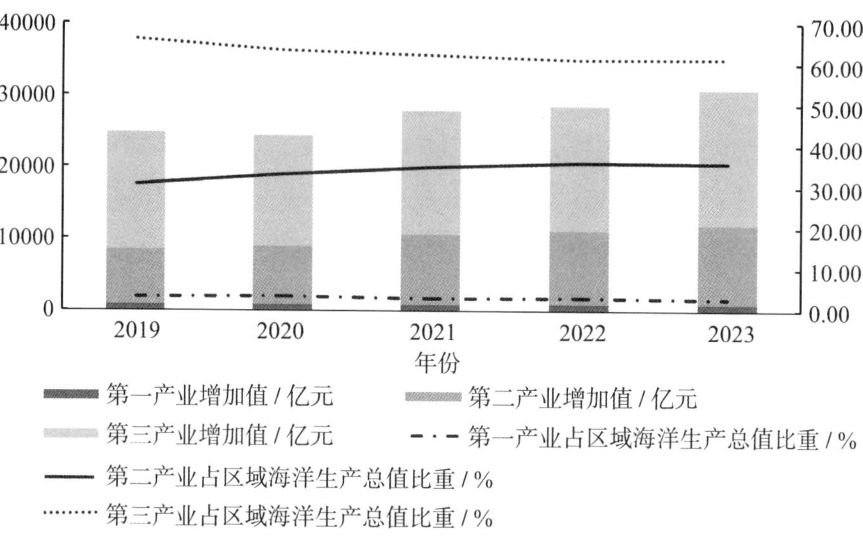

图 3-2-3 2019—2023 年东部海洋经济圈海洋三次产业发展趋势
（数据来源：历年《中国海洋经济统计年鉴》《中国海洋经济发展报告》及各沿海地区公开数据）

2. 海洋空间结构

在加快建设海洋强国、“一带一路”倡议、长三角区域一体化发展等重大战略以及自由贸易试验区、国家自主创新示范区等重大布局多重政策的交汇叠加下，2023 年东部海洋经济圈的两省一市不断加强区域间的协同合作，助力区域海洋生产总值持续攀升。从占比来看，浙江省自 2020 年海洋生产总值超过上海市后，2021—2023 年在东部海洋经济圈中处于领跑位置，2023 年海洋生产总值占东部海洋经济圈海洋生产总值的比重逼近 40%。浙江省不断加强海洋科技创新和海洋生态文明建设，实现了高效用海、生态护海、引领蓝海新动能，海洋经济发展迸发出强大活力。江苏省持续落实海洋经济科技创新能力提升行动、海洋产业开放合作行动，海洋生产总值逐年提升，2023 年占东部海洋经济圈海洋生产总值的比重逐步接近上海市，成为东部海洋经济圈发展的中坚力量。上海市海洋生产总值持续呈现稳步上升态势，上海市通过创新海洋金融产品、深化文化和旅游的融合等途径，有效推动了海洋经济由单一的“平面”向多维度的“立体”发展，展现了其在海洋经济高质量发展中的显著成效（图 3-2-4）。

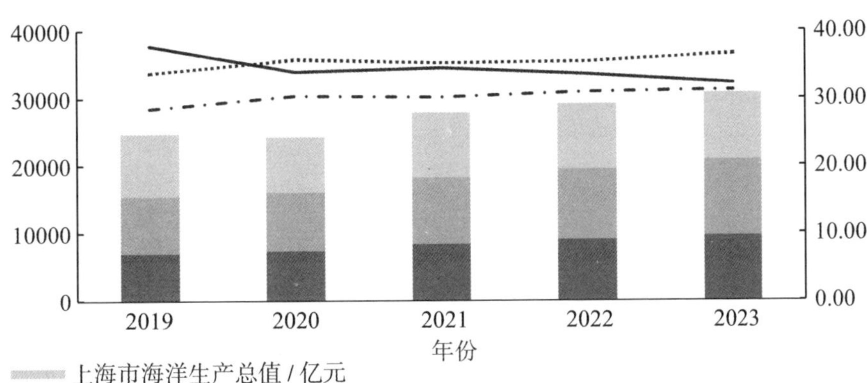

图 3-2-4　2019—2023 年东部海洋经济圈海洋经济空间结构发展趋势
（数据来源：历年《中国海洋经济统计年鉴》《中国海洋经济发展报告》及各沿海地区公开数据）

二、东部海洋经济圈海洋经济发展特征

（一）江苏省海洋经济发展特征

江苏省位于中国沿海、沿江及沿陇海线生产力布局主轴线的交会点，同时也是“一带一路”倡议、长三角区域一体化发展等国家战略的重叠区域，具有独特的地理位置优势。该省海岸线绵延近 1000 千米，沿海的潮上带与潮间带滩涂面积约占全国滩涂总面积的四分之一。近年来，江苏省依托丰富的滩涂资源、海上风能、滨海湿地及海洋生物资源，不断加速集聚发展动能，显著提升了其海洋经济发展质量，并持续彰显出强大的发展韧性。这些努力为“强富美高”新江苏的现代化建设提供了强劲而持久的“蓝色动能”。

1. **海洋经济量质齐升，发展活力持续增强**

江苏省海洋经济继续保持强劲发展势头，海洋产业支撑力不断增强，为海洋经济的高质量发展注入活力。《2023 年江苏省海洋经济统计公报》显示，2023 年江苏省海洋生产总值达 9606.9 亿元，与 2022 年相比增长 6.7%，占全国海洋生产总值的 9.7%。海洋经济对江苏省国民经济增长的贡献率达 9.8%，强有力地支持了江苏省经济的整体复苏与健康发展。从三次产业分布来看，江苏省海洋经济三次产业增加值分别占江苏省海洋生产总值的 3.1%、41.9% 和 55.0%。2023 年，江苏省继续以海洋经济高质量发展为重点，构建具有地域特色和竞争优势的差异化海洋产业。作为江苏省“1+3”重点功能区的重要组成部分，连云港、盐城、南通沿海三市的海洋生产总值占全省海洋生产总值的半壁江山。其中，南通市致力于发展高端船舶与海工装备产业，盐城市侧重于新能源产业的发展，而连云港市着重于港口物流产业的建设。凭借优越的地理位置和丰富的自然资源，2023 年江苏海洋经济发展指数达 121.9，同比增长 3.1%，不仅有效推动了自身海洋经济的壮大，也为我国海洋经济的高质量发展注入新的活力，展现了江苏省在我国海洋经济领域的重要地位和显著贡献。

2. **海洋产业加速转型升级，船舶与海工驶向“高端航道”**

江苏省加快推进海洋产业技术攻关和成果转化，特别是在船舶与海洋工程装备领域，正稳步驶向高端化、智能化的发展航道。得益于海洋船舶工业和海洋工程装备制造业的卓越成绩，2023 年江苏省第二产业发展亮眼，增加值高达 4023.4 亿元，占本省海洋生产总值比重高于全国平均水平 6.1 个百分点。一方面，在海洋船舶领域，江苏省聚焦于发展高技术含量与高价值的船舶制造，并致力于提高船用设备的配套水平，强调推进散货船、集装箱船和油轮这三种主要船型向超大型、智能及环保方向发展，同时不断加强在气体运输船和特种工程船等新型船舶的设计与建造方面的创新能力。2023 年，江苏省累计交付 23 艘散货船、2.4 万标准箱超大型集装箱船以及多艘 LNG 双燃料动力船，高端船型建造领域优势凸显。另一方面，在高端海洋工程装备领域，江苏省建成我国首个实现海陆一体化运营的智能海上油气处理设施“海洋石油123”，并交付了我国自主开发的“华西1600”自升式海上风力发电安装平台。此外，连云港流体装卸设备有限公司还独立研发并制造了世界上首台“智能船用装卸臂”，展现了江苏省在海洋产业转型升级方面取得的显著进展，助力江苏省海洋产业驶向“高端航道”。

3.“政产学研用”融合协同，海洋科技向“新”远航

江苏省持续推动海洋科技创新能力提升，以项目为抓手，以“科创+产业”为路径，助力全省重大涉海创新成果落地。一方面，江苏省积极推动沿江科研优势与沿海制造业基础的良好融合，构建了涉及海洋科技的产学研融合、产业链上下游协同以及大中小企业合作的创新体系。2023年4月，由江苏海洋大学牵头发起，联合南通大学、盐城工学院等多家高校、研究机构和企业，在连云港市成立了江苏省涉海产学研合作联盟。同一时期，连云港市政府与中国科学院声学研究所签署了战略合作框架协议，旨在共同推动“智慧海洋工程装备研发及产业化项目”，建立一个世界级的智慧海洋技术与装备测试实验中心、高端装备制造基地以及产业孵化平台。另一方面，江苏省高度重视科技创新在海洋经济发展中的作用，并于2023年5月成立了江苏省海洋信息技术与装备创新中心。该中心旨在构建以企业为主体、产学研结合的创新体系，打造海洋信息产业高地，提升我国海洋信息技术与装备的全球竞争力；该中心还将与行业龙头合作，推动可再生能源技术发展及海洋高端装备制造平台的建设。江苏省通过加强“政产学研用”的融合协同，显著提升了涉海科技创新能力，为海洋经济的高质量发展奠定了坚实的基础。

4.坚持绿色低碳发展，打造美丽海湾生态名片

江苏省在促进海洋产业发展的同时，坚持海洋生态环境保护并重的原则，夯实海洋产业的绿色发展底色。2023年，江苏省印发《江苏省近岸海域污染物削减和水质提升三年行动方案（2024—2026年）》，为打造美丽海湾，推进海洋生态保护与修复提供指引。江苏省以“山水工程”等6个国家级保护修复项目为抓手，统筹推进土地、矿山、海洋、湿地保护修复工作全面开展，推动连云港市海州湾国家海洋公园和临洪河口省级湿地公园成功入选国家首批陆生野生动物重要栖息地名录；连岛入选全国“和美海岛”。与此同时，江苏省以优化海洋生态为目标，推动海洋产业向绿色低碳方向发展。近年来江苏省努力调整货物运输结构，将水上绿色运输的比例提升至95.6%，并加速推进绿色低碳港口的建设，确保港口船舶水污染物处理率达到95%以上，由此南京港龙潭集装箱码头荣获五星级“中国绿色港口”称号。2023年，江苏省海洋风力发电量达到421.4亿千瓦时，较2022年增长3.2%，约等于减少了4200万吨的二氧化碳排放，标志着江苏省在海洋电力行业的绿色低碳转型方面取得了重要进展。

（二）上海市海洋经济发展特征

上海市位于中国“江海交汇，南北之中”的关键区位，地处长江黄金水道与东海交汇处，具有显著的地理优势。作为长江经济带和海上丝绸之路的重要节点，上海市拥有世界级河口海岸，承载了城市滨江沿海发展的重要空间。2023年，上海市海洋经济持续发力，在海洋科技创新、产业转型升级、业态融合发展、“蓝色软实力”稳步提升等方面取得亮眼成绩，为上海市加快建设现代海洋城市提供了重要支撑。

1. 海洋经济持续发力，现代海洋城市建设破题起势

上海市坚持稳中求进，海洋经济发展态势持续向好，现代海洋城市建设取得显著成效。《2023年上海市海洋经济统计公报》显示，上海市2023年实现海洋生产总值9901.6亿元，占全市生产总值21.0%，较2022年增长了9.4%，凸显了海洋经济在促进上海市经济结构优化、提升城市国际竞争力方面的关键作用。其中，海洋第一、二、三产业增加值分别占海洋生产总值的0.1%、27.1%和72.8%，海洋第三产业增加值高达7211.0亿元，成为推动海洋经济发展的主导力量。上海市坚持陆海统筹，促进海洋经济各方协调配合，现代海洋城市建设迈入了新的历史征程。2023年，上海市依托12家涉海科研院所、13所涉海院校、20余家市级涉海创新平台及21名涉海院士等海洋科技资源的强有力支撑，通过实施《上海船舶与海洋工程装备产业高质量发展行动计划（2023—2025）》等政策，有效促进了海洋经济的高质量发展。《新华–波罗的海国际航运中心发展指数报告（2023）》显示，过去四年，上海市在全球航运中心城市综合实力排名中稳居第三位，在港口条件、航运服务和综合环境等方面处于领先水平。此外，上海市还注重海洋经济的可持续发展，通过制订海洋生态保护修复行动方案，加强了海洋资源的节约集约利用和海洋环境的保护。《2023 年上海市海洋生态预警监测公报》显示，上海市海域生物群落结构稳定，沉积物质量总体为优，典型生态系统状况亦较为稳定，显示出海洋生态系统较强的韧性。

2. 传统海洋产业稳中求进，新兴海洋产业加快构建

海洋交通运输业、海洋旅游业等传统优势海洋产业的经济贡献度持续上升，海洋新能源、海洋环保技术等新兴产业迅速崛起，呈现出海洋传统产业与海洋新兴产业并重的结构特征，上海市现代海洋产业体系加快构建。2023 年，上海市海洋产业增加值 2502.7 亿元，同比名义增长 14.8%，是海洋经济持续恢复向好的重要推动力。其中，海洋交通运输业占比最大，2023 年实现增加值 1146.7 亿元，连续三年突破千亿关卡，占全市海洋产业增加值 45.8%，同比名义增长 3.1%，起到了“稳”的作用；其次是海洋旅游业，2023 年实现增加值 1047.1 亿元，占全市海洋产业增加值 41.8%，同比名义增长 30.5%，是增速最快的海洋产业，起到了“进”的作用。综合来看，海洋交通运输业和海洋旅游业合计占全市海洋产业增加值的 87.6%，充分表明了上海市在海洋服务业领域具有强大的竞争力和发展潜力，尤其是航运和旅游的深度融合，不仅带动了相关产业链的发展，也促进了城市经济结构的进一步优化。同时，海洋产业加快绿色转型升级。2023 年 5 月，上海电气海上风电累计并网容量突破 1000 万千瓦，成为上海电气深耕海上风电市场的一个里程碑。同年 9 月，由上海电气主导的亚洲首制海上风电 SOV 运维母船下水，成为目前全球范围内解决深远海运维的最佳方案之一，有效缓解了中国主流海上交通船窗口期短、效率低、恶劣海况适用性差等多个痛点。

3. 首个航运期货成功上市，蓝色金融迈出坚实步伐

作为国际金融中心，上海市通过创新涉海金融服务，有效赋能海洋经济发展。首个航运期货品种成功推出，上海市在蓝色金融赋能海洋经济方面迈出坚实步伐。2023 年 8 月 18 日，集运指数（欧线）期货作为国内首个航运期货，正式在上海国际能源交易中心挂盘交易，当日主力合约 EC2404 开盘价 770 点，收盘价 916.3 点，该品种成交量 36.9 万手，持仓量 1.6 万手，累计交易额高达 165.6 亿元。作为中国航运金融衍生品市场的重要突破，集运指数（欧线）期货不仅为航运企业和投资者提供了有效的风险管理工具，还促进了航运市场的透明度和规范化发展，对于提升上海市国际金融中心和国际航运中心的地位具有重要意义。与此同时，上海市多家金融机构相继推出蓝色金融服务，为海洋经济的持续发展提供了坚实保障。其中，交通银行不仅开发了“交银金融租赁”产品，还与中国外运及全球各主要运力供应商、仓储机构等开展合作，拓展金融租赁服务场景，助力全球最大级别集装箱船“MSC TESSA”号与“MSC IRINA”号成功交付，为航运企业提供高效便捷、成本节约、风险可控的金融服务方案。浦发银行上海分行依托总部在上海的区位优势，加大海洋清洁能源领域资源配置，跟踪海洋生态保护修复项目融资需求，推动建设船舶与海洋工程装备综合产业集群，重点支持了东海大桥海上风电、洋山深水港区四期工程等项目。

4. 特色海洋文化百花齐放，“蓝色软实力”稳步提升

上海市特色海洋文化百花齐放，海洋文旅融合趋势显著增强，“蓝色软实力”稳步提升。2023 年，上海市积极营造市民关心海洋、认知海洋、经略海洋的文化氛围，不仅启动了“大海洋出版工程”、授牌成立了第二批海洋意识教育基地，还举办了包括中国航海日上海主题活动、上海青少年海洋知识传播行动、首批海洋科普社区服务站启用活动在内的各类海洋文化活动和展览，极大地促进了海洋文化的传播与交流，推动了文化与旅游的融合发展。2023 年 7 月，在上海港国际客运中心码头举办的高规格“船艇开放”活动中，“海巡 01”轮、“雪龙 2”号极地科考破冰船、“申城之光”轮等多艘国内外顶尖船舶供市民游客免费参观，有效激活了公众对海洋文旅的热情。与此同时，上海市还充分利用其丰富的海洋旅游资源，打造了一系列具有海洋特色文化的旅游产品和旅游线路。其中，2023 年 9 月，上海吴淞口国际邮轮旅游度假区开发运营管理有限公司正式揭牌，20 个重大项目在“2023 吴淞口论坛”正式发布，致力于全方位满足游客的消费需求。同年 11 月，国产首艘大型邮轮“爱达·魔都号”命名交付，并于12月24日首次运营试航，不仅加速了上海邮轮经济复苏，还带动了海洋文化与旅游经济的融合发展，为上海带来了新的经济增长点，展示了上海在国际邮轮市场中的竞争力。

（三）浙江省海洋经济发展特征

浙江省作为全国海岸线最长的省份，是海上丝绸之路的重要节点，拥有26万平方千米的广阔海疆，具备良好的海洋资源优势。近年来，浙江省作为海洋大省始终将打造海洋强省作为推动经济高质量发展的重要任务，并形成了以建设全球顶级海洋港口为主导、以构筑现代海洋产业体系为驱动力、以强化海洋科教和生态文明建设为支撑的海洋经济发展良好格局。

1. 海洋经济发展亮点突出，海洋产业新优势加快显现

浙江省始终坚持着“向海而兴”的发展理念，系统性推进海洋强省建设，海洋产业取得突破性进展。2023年，浙江省海洋生产总值突破1.1万亿元，比2022年增长8.5%，稳居全国第一方阵，海洋经济发展亮点突出。现代装备制造业由大到强。2023年，浙江省规上船舶企业共完工413.8万载重吨，同比增长28.2%；新承接船舶742.3万载重吨，同比增长29.3%；手持订单1136.3万载重吨，同比增长36.3%；三大造船指标占全国比重分别为9.7%、10.4%和8.1%。货物贸易出口总值跃居全国第二。2023年，宁波舟山港货物吞吐量达13.2亿吨，同比增长4.9%，常年位居全球首位；集装箱吞吐量达3530万标准箱，同比增长5.9%，稳居全球第三，拥有300余条集装箱航线，将200多个国家和地区的600多个港口织点成网，成为全球重要港航物流中心、战略资源配置中心和现代航运服务基地。海工装备制造再获突破。2023年，先后交付国内首台LNG运输船货物深冷铝制板翅式热交换器、首台大功率高压共轨柴油发动机、国际技术领先的海工专用系泊聚酯缆等一批优质产品，展现了浙江省船配产品在细分产品市场的领先地位。此外，浙江友联承接“招商海龙5”和“招商海龙6”钻井平台的升级改造，完成国内首艘高效节能型可折叠翼型风帆改装项目，填补了行业空白。浙江省通过不断提升海洋产业新优势，持续激发海洋经济的增长潜力。

2. 甬舟一体化纵深推进，共同走出海洋经济“先手棋”

浙江省第十五次党代会报告明确指出要“推动宁波舟山共建海洋中心城市”。2023 年，浙江省进一步加强甬舟海洋经济核心区建设、发挥中心城市带动作用，甬舟一体化建设取得明显成效，海洋中心城市建设稳步推进。一方面，甬舟两地基础设施互联互通持续强化。2023 年 4 月，甬舟铁路开始建设，通车后将大幅缩减两地通勤时间，极大推动甬舟一体化建设。同时，甬舟两地大批重大基础设施项目也取得突破性进展，舟山市大陆引水三期工程建设项目（宁波陆上段、金塘岛引水工程）已实现宁波陆上段泵站工程完工；六横公路大桥一期和二期项目均已完成基础施工；甬舟高速公路复线已完成招标工作；两地的海上物探工作也已获批，正在加速推进建设。另一方面，宁波、舟山两市海洋经济融合取得新进展，海洋文化的经济价值持续开发。2023 年，宁波和舟山同时举办了亚运会水上运动赛事、亚洲帆船锦标赛等国际赛事，全面推行“生态 + 旅游”“生态 + 体育”等多元发展模式，开发了多项海洋休闲度假产品。与此同时，甬舟两地协同创新产业体系也在加速构建。浙江省不断加强城市基础设施建设，推进港口城市一体化发展，增强了国际海洋竞争与合作的新优势，为加快建设海洋强国注入了浙江动力。

3. 数字赋能世界强港，“数海”结合成就新篇章

浙江省宁波舟山港处于“丝绸之路经济带”和“21 世纪海上丝绸之路”交会点，是“航运浙江”计划的重要主体。2023 年，宁波舟山港牢固树立数字赋能和信息共享理念，在智慧航运、数字物流、智能基础设施建设方面取得不俗成就。第一，智慧绿色港航发展稳步推进。2023 年宁波舟山港新投用大型港口装卸设备全部采用电力驱动，集装箱及 5 万吨以上干散货泊位岸电覆盖率达 98%，宁波数字港航服务平台也于同年上线运行，航运大数据中心覆盖全球 240 余个国家航运数据，海丝指数影响力持续提升，数字强港大脑建设有序推进，为浙江省港航服务业的提质增效奠定了基础。第二，数字物流平台搭建成果斐然。2023 年，宁波舟山港利用“四港”联动智慧物流云平台等打通港口生产运营全过程，实现港口船舶等泊时间缩短 10%，平均在泊效率提升 10.5%，其中以梅东公司在泊效率的提升最为明显，不仅推动了物流效率的提升，还进一步巩固了宁波舟山港作为全球重要港航物流枢纽的地位。第三，港口智能基础设施不断优化。2023 年，宁波舟山港梅东公司建成全球最大规模远控自动化设备集群，实现超千万级自动化集装箱码头混线作业；鼠浪湖公司建成全球唯一双 40 万吨级离岛作业自动化散货码头，宁波舟山港大型设备自动化率达 35%，推动港口数字化与智能化，发挥港口在海洋经济发展中的核心作用。宁波舟山港通过落实数字强港建设，进一步夯实其世界一流强港的地位，也为未来的智慧港口和数字物流建设提供了宝贵的经验和创新示范。

4. 海洋治理模式不断创新，打造蓝色循环新样本

浙江省始终秉持“绿水青山就是金山银山”的发展理念，不断推进海洋治理模式的创新。第一，依托“蓝色循环”污染治理体系和“海洋云仓”项目，2023 年全年减少碳排放约 2684 吨，实现了碳减排的新突破。同时，海洋塑料污染治理模式的创新也获得了 2023 年联合国“地球卫士奖”。第二，开发迭代了“浙里蓝海”应用场景，实现省、市、县三级贯通，汇聚各类涉海信息 15 万余条，完成全省 4453 个入海排污口分类调整和“一口一档”基础信息维护。第三，完成多个海洋生态保护修复项目。2023 年玉环市完成海岸线整治和修复 7.4 千米、盐沼整治和修复面积 3.89 公顷，以及红树林修复 40 公顷，有效修复了受损的海岸带和海岛生态环境，保护了生物多样性，增强了岸线的稳定性和自然灾害的防护能力。第四，构建了海域空间利用新模式，象山县试点实施“养殖用海 + 光伏发电”“海塘建设 + 电缆管道”“跨海大桥 + 养殖用海”等立体分层设权，累计盘活海域发展空间 759.78 公顷，打通了海洋生态资源价值转化通道，挖掘了海洋生态产品价值。2023 年 4 月，象山县完成了全国首单“蓝碳”拍卖，建立了全国首个跨省联合共建的蓝碳生态碳账户，完成了全省首例“蓝碳 + 产权 + 司法”生态补偿交易，推进了海洋资源开发管理从单纯的资源管理向资源、资产、资本“三位一体”综合管理的转变。

三、东部海洋经济圈海洋经济发展趋势

（一）江苏省海洋经济发展趋势

1. 数字技术赋能智慧海洋建设，打造海洋经济发展新引擎

江苏省将充分利用数字技术加速推进智慧海洋建设，有力推动智慧海洋成为海洋经济高质量发展的新引擎。《江苏省自然资源厅关于组织开展江苏省自然资源科技创新平台建设工作的通知》强调，要加强大数据、人工智能、物联网等新兴技术在自然资源管理中的应用。为了构建智慧化的海洋经济体系，江苏省计划建立一个集成海洋经济运行监测、产业发展政策、项目投融资信息等多方面数据的综合性海洋产业信息平台，通过数字化赋能，实现政府、企业、金融机构与研究机构之间的"精准对接、直达快享"。与此同时，江苏省将进一步推动省海岸带资源与环境海洋工程研究中心等机构的实际运作，加快推进南京江北新区北斗产业园区的建设，促进海洋信息集成与终端设备的研发及应用，以此来塑造具有江苏特色的专业海洋通信导航和海洋气象服务品牌。此外，江苏省还将积极培育智慧港口和智慧海洋牧场，构建"全海域、全天候"的海洋产业互联网，并推进智慧海洋观测系统产业创新中心的建设，推动海洋通信、海缆制造、海洋监测、海事管理等领域的新技术应用。未来，江苏省将依托现有数字发展优势，持续激发海洋经济的发展活力。

2. 海洋产业链培育壮大，海洋强省建设将取得新突破

江苏省着眼于十大海洋产业链，推动海洋优势产业与海洋新兴产业协同发展，致力形成结构合理、创新能力突出的现代海洋产业体系，助力海洋强省建设取得新突破。《江苏省海洋产业发展行动方案》（以下简称《行动方案》）明确，江苏省坚持优势产业和短板弱项并重，将十大海洋产业链作为下一步主攻方向。其中，在传统优势产业方面，江苏省将做大做强海洋工程装备制造业、海洋船舶工业等产业，瞄准动力定位、锚泊系统等核心技术，

提升浮式油气生产储卸平台等总装平台的集成能力，推进南通、连云港等地的海洋工程装备产业基地建设；支持南通、泰州、扬州等地打造世界级先进船舶装备产业集群，并大力发展近海和深远海风电，探索海上“能源岛”建设，推动盐城、南通、连云港沿海新能源产业的高端化发展。在海洋新兴产业方面，江苏省将重点发展海洋技术服务业、海洋信息服务业以及海洋药物和生物制品业等，促进涉海研发设计、检验检测认证、科技咨询服务等技术服务业的成长，以提高科技与产业的协同效应。此外，江苏省还将加快海洋渔业、海洋交通运输业和海洋旅游业等相关产业的融合发展，推动世界级滨海生态旅游带的建设，促进“渔业＋旅游”“海上风电＋旅游”等多产业融合发展，打造蓝色海洋经济综合体。

3.“123”引培工程将不断推进，厚植海洋新质生产力发展新沃土

江苏省正通过培育新质生产力集群和创新平台，系统布局、重点突破，释放海洋经济发展新动能。《行动方案》中明确“123”引培工程行动，致力于到2025年初步培育形成具有一定影响力的10家海洋产业特色园区、20家涉海创新平台、30家海洋产业重点企业。第一，打造海洋产业特色园区，作为新质生产力集群的重要组成部分。计划培育形成边界明确、产业特色突出、企业协同发展的海洋产业特色园区，完善配套功能，为全省海洋经济的发展提供强有力的支持，并促进海洋产业集中、集群和集约化发展。第二，建设高水平海洋创新平台，进一步提升新质生产力发展水平。计划培育形成在全国有影响力的涉海创新平台，构建以实验室为引领、技术创新中心为骨干、新型研发机构为支撑的创新平台体系。同时，支持深海技术科学太湖实验室连云港中心创建海上大科学装置，推动苏州创建海底通信与探测全国重点实验室，以提升全省的科技创新能力。第三，引培海洋产业优质企业，作为新质生产力集群的核心力量。构建一个多层次的企业培养体系，旨在促进各类企业的协同发展，特别是突出龙头与链主企业在行业中的引领作用。目标是扶持那些创新能力突出、市场份额大，并且掌握关键技术，在供应链中具有重要地位的企业，以此增强海洋产业的整体竞争力。通过实施“123”培育计划，江苏省将打造出一批具有良好产业根基和增长潜力的特色海洋产业园区、创新平台以及重点企业，进而推进海洋产业的高品质发展。

4. 海洋合作将持续深化，擦亮海内外区域联结新窗口

第一，江苏省将充分利用其在“一带一路”倡议、长江经济带发展及长三角一体化等国家战略中的区位优势，建设高水平的海洋开放合作平台，以促进省内海洋产业的融合与发展。通过深化海洋国际合作，充分利用自身的海洋位置优势，加快推进中哈（连云港）物流合作基地、上合组织（连云港）国际物流园及中韩（盐城）产业园的建设，开辟特色商品进出口的新通道。同时依托南通的船舶与海工产业以及连云港的医药产业，进一步吸引海外优质企业参与江苏省海洋产业的发展。第二，加强国内涉海交流合作，深度融入全国海洋经济整体布局，加强与广东、山东等国内海洋经济发达省份的合作；与长三角地区深度对接，强化本省港口与上海港和宁波舟山港的合作，推动江苏省海洋经济的全面提升。第三，推动省内沿海沿江腹地海洋产业的联动，支持宁镇扬、沪苏通、锡常泰、连盐通、连淮盐等毗邻地区供应链的协同发展，推动腹地主动嵌入海洋产业链条。同时，进一步打造“研发+制造”“总部+基地”等区域合作模式，推动沿江地区的重大涉海创新成果在沿海地区的产业化落地。通过深化国内外海洋合作，积极打造开放合作载体平台，推动海洋产业的联动和融合发展，提升江苏省海洋经济竞争力。

（二）上海市海洋经济发展趋势

1. 国际航运中心优势凸显，海洋综合竞争力进一步增强

作为国际航运中心，上海市未来将继续立足全球海洋竞争发展新形势，强化自身地位并提升城市能级与核心竞争力。2023 年 12 月 18 日举行的十二届中共上海市委四次全会提出，上海市的重要使命在于构建国际经济、金融、贸易、航运和科技创新中心，将城市发展与国家战略需要紧密结合，通过推动“五个中心”联动发展，上海市将持续提升城市能级和核心竞争力。在航运中心建设方面，随着上海市连续四年位列全球航运中心城市综合实力第三名，上海国际航运中心正由“基本建成”迈向“全面建成”。为此，上海市将加快港口的现代化、智能化建设步伐，进一步提升港口作业效率和服务质量，积极与国际航运组织、港口城市建立更紧密的合作关系，推动国际航运规则的制定与完善，提升上海在国际航运领域的话语权和影响力。从发展规律看，航运与贸易相伴而生，是国际经济的核心组成部分，金融、科技创新则是其背后重要的支撑力量，“五个中心”的功能和定位相互交融、有机统一。上海市未来将立足全球海洋竞争发展新形势，对接国家重大发展战略，以强化“四大功能”、深化“五个中心”建设为依托，打造航运资源配置硬实力、科技创新驱动力、绿色低碳承载力、城市发展协同力、海洋事务治理影响力，“五力”齐聚，进一步提升城市能级与核心竞争力，共同促进海洋经济的进一步发展。

2. 科技创新将不断增强，进一步打造海洋产业发展高地

上海市未来将进一步促进海洋科技创新，助力打造海洋产业发展高地。2024 年 3 月举行的上海市建设现代海洋城市工作领导小组会议提出，上海市将着力推进现代海洋产业体系建设，做大做强海洋先进制造业，培育壮大海洋新兴产业和未来产业，推动传统产业转型升级，大力发展海洋新质生产力。为进一步扩大海洋产业优势，未来上海市将继续在强化基础设施保障和推进产业政策两方面有效发力。在基础设施保障方面，《5G 网络近海覆盖和融合应用“5G 揽海”行动计划（2023—2024 年）》指出，上海市将加速实现 5G 网络的近海覆盖与融合应用，助力海洋科学技术创新和智慧海洋基础设施建设，为海洋产业高质量发展奠定坚实基础。在产业政策方面，《上海船舶与海洋工程装备产业高质量发展行动计划（2023—2025 年）》提出，至 2025 年，上海市计划初步发展成为全球范围内原创技术策源和绿色智能引领的船舶与海洋工程装备产业高地。通过在海洋新基建、海洋新兴产业和未来产业等领域的持续发力，上海市海洋科技创新水平将稳步提高，并通过推动涉海产业的转型升级和海洋新质生产力的培育，打造海洋产业发展高地。

3. 文旅政策将持续发力，海洋旅游业进一步强势复苏

上海市具备丰富的海洋资源与文化底蕴，随着文旅政策的持续发力，上海市海洋旅游业有望保持强劲的复苏态势。上海市正着力建设国际旅游开放枢纽，依托虹桥交通枢纽、浦东国际机场和吴淞口国际邮轮港，预计建设成为国际旅游重要门户、国内旅游集散枢纽和具有全球竞争力的邮轮母港。《推进国际邮轮经济高质量发展上海行动方案（2023—2025年）》明确，上海市将致力于壮大邮轮总部经济、强化邮轮制造体系、夯实港口枢纽功能、细化邮轮配套服务和优化邮轮产业生态五个主要领域。预计到2035年，上海市不仅能晋升至国际一流邮轮枢纽港行列，还有望成为具备全球影响力的邮轮旅游目的地和拥有国际资源配置能力的亚太区域邮轮经济中心。在“144小时”过境免签政策、“邮轮15天”团队游客入境免签政策的叠加下，上海市产业政策和文旅政策的组合拳效应将会在近期凸显，有望为海洋旅游业的强劲复苏提供持久动能。“爱达·魔都”号作为首艘国产大型邮轮，于2024年元旦从上海启航，并以此为母港开展商业化运营。在“爱达·魔都”号的带动下，皇家加勒比游轮、地中海邮轮等国际上最大的邮轮公司纷纷回归上海邮轮港。邮轮资源的集聚预示着上海市海洋旅游业的复苏。未来，上海市凭借重要的海洋枢纽地位，将继续以邮轮经济为抓手，促进文旅深度融合，推动海洋旅游业高质量发展。

4. 制度保障将不断完善，全方位推进海洋经济提质增效

上海市将进一步提升海洋管理工作水平，通过不断优化制度保障，助力海洋经济高质量发展。2023年12月，习近平总书记在上海考察时强调，上海要聚焦建设国际经济中心、金融中心、贸易中心、航运中心、科技创新中心的重要使命，加快建成具有世界影响力的社会主义现代化国际大都市。海洋经济作为“五个中心”建设的重要领域，《上海市2024年海洋管理工作要点》中明确提出未来将重点做好以下几方面的工作。一是进一步夯实现代海洋城市建设工作机制和规划体系，认真落实现代海洋城市建设重点任务的同时，全力推动涉海法规规划落地落实；二是进一步强化海域海岛监督管理，加强海洋领域科技与信息化支撑，基本建成海洋综合管理业务平台；三是进一步推进海洋生态文明建设，继续加强海洋观测能力建设，不断提升海洋灾害防御能力；四是进一步激发海洋经济创新活力，持续健全海洋经济运行监测评估体系，切实强化海洋经济服务能力；五是进一步提升海洋服务能力和文化宣传水平以及进一步强化海洋行业党建引领。通过上述几个方面的制度保障，上海市未来海洋管理工作将进入更高质量的新阶段。同时，为全面提高水务海洋管理精细化水平，上海市制订了《上海市水务海洋管理精细化工作三年行动计划（2024—2026年）》，旨在强化海域海岛海岸线立体化监管，推进海洋经济活动单位名录更新，全面提高水务海洋管理精细化水平，更好地通过优化制度保障来进一步系统推动海洋经济的高质量发展。

（三）浙江省海洋经济发展趋势

1. 山海资源优势持续显现，将推动“蓝色经济”持续发力

建设海洋强省，是习近平同志在浙江省工作期间亲自谋篇布局、亲自开篇破题的一篇大文章。20多年来，浙江省发挥山海资源优势，坚持陆海统筹，持续推进海洋强省建设，推动实现海洋经济的蓝色崛起。为进一步维持上升趋势，浙江省发布《浙江省海洋经济高质量发展倍增行动计划》，力争在2030年前实现海洋经济总量翻番，海洋生产总值达到3400亿元，海洋数字经济增加值突破200亿元的目标。为顺利实现这一目标，浙江省未来将进一步推进山海协同，推动“山”“海”两地合作共建，以海洋资源优势缓解山区县产业基础薄弱、体量小、技术缺、资源少等突出问题，减轻海洋城市土地资源紧张问题，畅通由“山”到“海”的产业链与供应链，全面优化整体营商环境，推动临港产业集群建设，加快培育临港国际金融中心。此外，为更好地服务海洋强省目标，浙江省成立了海洋经济发展厅，不仅有助于实现海洋产业、海洋港口、海洋渔业、海洋科技与海洋执法等涉海领域的聚合，还承担组织实施海洋经济发展战略和规划重大项目、重大平台、重大政策的职能。这一机构的设立将进一步发挥政府在海洋经济发展中的引导作用，利用政策推动海洋经济持续发力。

2. 陆海产业对流加速，现代临港产业集群建设将不断推进

浙江省长期致力于深化甬舟温台临港产业带发展，现代临港产业集群的建设将持续推进。《浙江海洋强省建设“833”行动方案》明确，浙江省将围绕八大行动，培育建设30个海洋特色产业重点功能区块，滚动实施300个左右海洋经济重大建设项目，力争到2027年，建成一批世界级临港先进制造业和海洋现代服务业集群，基本形成现代化海洋产业体系。在海洋产业方面，大力发展海工装备、海岛旅游、远洋渔业等现代海洋产业，打造多元化的海洋产业体系，丰富临港产业集群的广度，利用多层次和全门类的产业链和供应链带动浙江省海洋经济的发展。在基础设施建设方面，通过重大项目用海用岛、历史围填海处置等关键举措，加快实施营商环境“简易办”改革，进一步做好渔业养殖、交通港口码头、海塘安澜等项目的用海保障，并落实用海用岛审核和使用金减免审核“双审合一”，为基础设施建设提供支撑。在海洋先进制造业方面，加快促进海洋先进制造业发展，进一步激发海洋先进制造业新动能。2024 年浙江省总投资 80 亿元的“4+1”专项基金计划正式落地舟山，将重点投向炼油化工、精细化工、高端新材料等领域，旨在培育一批先进制造业与战略性新兴产业，增强临港产业集群的国际竞争力，为浙江省海洋经济的发展创造崭新内核。

3. 海事管理行动不断深化，海洋灾害防御能力将持续提升

海洋经济的高质量发展离不开高质量的海事管理活动，浙江省将进一步推进智能化海事管理系统的建设，深化海洋环境保护与资源管理的协同合作，加强海洋安全技术的研发和应用，确保海洋经济在可持续和高质量的轨道上稳步发展。在海洋资源保护方面，围绕 2024 年政府工作报告计划安排，编制出台浙江省海岸带规划和沿海五市市级海岸带规划，对海岸带地区保护与开发活动进行统筹安排，进一步明确海岸带空间用途管制规则，完善近海污染治理体系，防控人为海洋灾害，形成海岸带规划“编制—实施—管理”工作闭环，强化海洋要素对经济发展的支撑作用。在综合海事管理方面，浙江省海事局正积极开发建设数字化平台，共享国内集装箱枢纽港数据信息，发挥数据的规模效应。同时，还将推出跨港口协同联动班轮计划，落实常态化航路干预提醒、联合巡航执法、联合宣教等举措，提升航运业海洋灾害防控水平，减少因灾经济损失。在海洋灾害预警预报方面，计划实施海洋灾害综合防治体系工程，重点提升观测监测、预警预报、数据传输和风险管控四大能力，实现全省海洋灾害防治能力跃升、体系迭代。同时，还将持续优化海洋观测（监测）网络，深入开展涉海重大工程和关键承灾体的海洋灾害风险预警，进一步完善海洋灾害防御的全链条闭环管理机制。

4. 航运与金融深融共促，航运能级将进一步强化

浙江省将进一步推动航运金融产品和服务的多样化，完善涉海金融服务体系，提升金融对海洋经济的整体服务能力和效率。为进一步延续航运金融的良好发展势头，舟山市于2023年推出《舟山市加快推进航运金融发展三年行动方案（2024—2026年）》，明确了舟山市航运金融领域的三大发展目标和六个方面23条举措，包括提供信贷产品服务、加大信贷支持投入、推动航运保险发展、探索国际贸易融资结算新模式等，旨在进一步发挥金融支持世界一流强港、江海联运服务中心和国际海事服务基地建设的重要作用。宁波市将进一步推进航运金融市场建设，提升宁波航运金融的能级。宁波北仑金融监督管理局计划在2024年持续推动金融机构创设港航企业专属金融产品，常态化开展需求排摸和融资对接，为港运企业打开绿色通道；农发行宁波分行正积极对接北仑区白峰街道进港路沿线物流园区项目，将加快提升北仑港区物流产业体系集成能力和智治水平，以数智化推进宁波市航运金融建设。加快港航金融、保险等高端服务要素集聚，强化金融赋能，进一步壮大海洋产业规模，优化港航产业链、生态链和价值链，致力于打造具有一流竞争力、高端服务力、要素集聚力的港航核心功能区，全力锻造航运能级新势力。

执笔人：王　垒（中国海洋大学）

3
南部海洋经济圈海洋经济发展形势

一、南部海洋经济圈海洋经济发展现状

（一）南部海洋经济圈海洋经济发展规模

南部海洋经济圈包括福建、珠江口及其两翼、北部湾、海南岛沿岸及海域，在行政区划上对应福建、广东、广西和海南 4 个省（区）。该区域海域辽阔、资源丰富、战略地位突出，是我国对外开放和参与经济全球化的重要区域，是具有全球影响力的先进制造业基地和现代服务业基地，也是我国保护开发南海资源、维护国家海洋权益的重要基地。

1. **海洋生产总值**

2019—2023 年，南部海洋经济圈海洋生产总值稳中有升，年均名义增速为 5.8%，高出同期全国整体增速 0.5 个百分点。经初步核算，2023 年，南部海洋经济圈海洋生产总值达 35727 亿元，同比名义增长 5.5%，占全国海洋生产总值的 36.1%，占区域国民生产总值 15.9%，海洋经济总量继续领跑全国（图 3-3-1）。

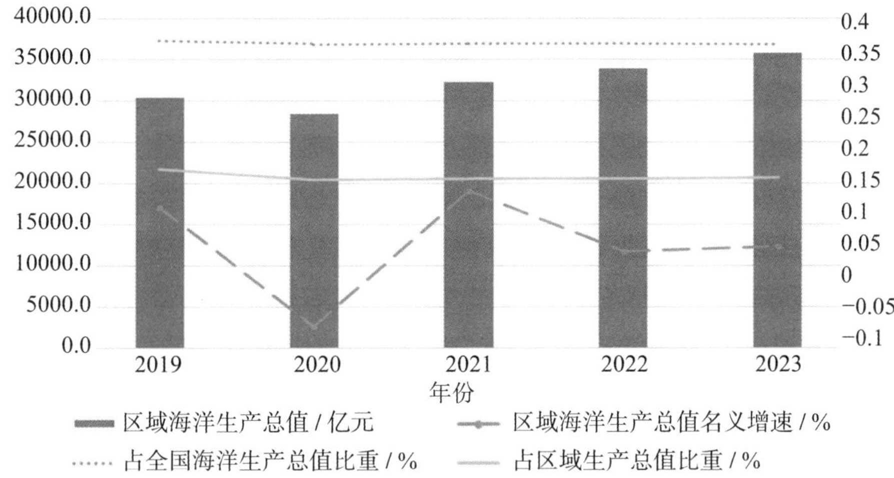

图 3-3-1　2019—2023 年南部海洋经济圈海洋经济发展趋势

（数据来源：历年《中国海洋统计年鉴》《中国海洋经济统计公报》及各沿海地区公开数据）

2. 海洋产业增加值

2019—2023 年，南部海洋经济圈海洋产业增加值整体保持稳定增长，年均名义增速 5.7%，高出同期全国增速 1.2 个百分点，占地区海洋生产总值的比重稳定在 40% 左右（图 3-3-2）。

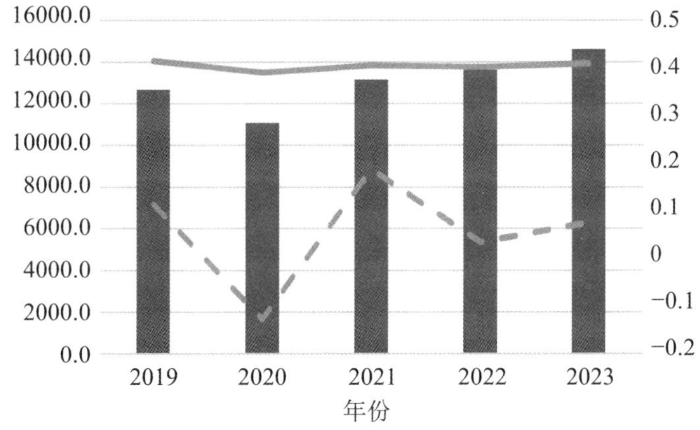

图 3-3-2　2019—2023 年南部海洋经济圈主要海洋产业发展趋势

（数据来源：历年《中国海洋统计年鉴》《中国海洋经济统计公报》及各沿海地区公开数据）

（二）南部海洋经济圈海洋经济发展结构

1. 海洋产业结构

2019—2023 年，南部海洋经济圈海洋产业结构稳定保持“三二一”的格局。在海洋传统产业加快升级改造、海洋新兴产业动能不断集聚的背景下，海洋第二产业占比明显上升，海洋第一、三产业占比相对稳定（图 3-3-3）。

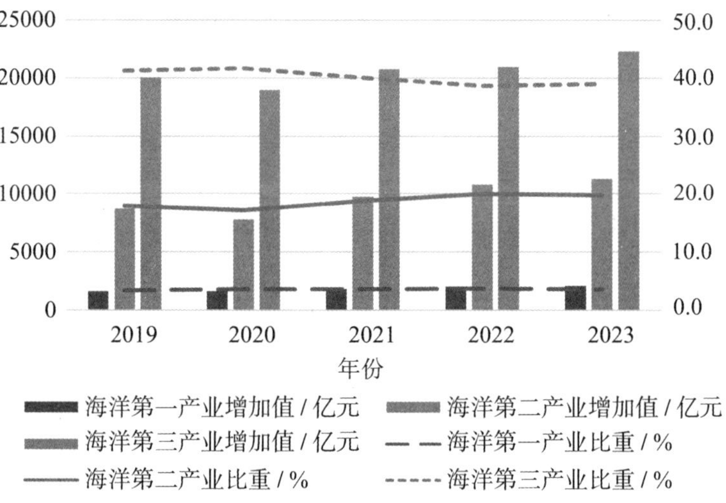

图 3-3-3 2019—2023 年南部海洋经济圈海洋三次产业发展趋势
（数据来源：历年《中国海洋经济统计年鉴》《中国海洋经济发展报告》及各沿海地区公开数据）

2. 海洋经济空间结构

南部海洋经济圈以广东为核心引擎，福建、广西与海南各具发展特色。2019—2023 年，福建、广东、广西、海南四个省（区）海洋生产总值占南部海洋经济圈海洋生产总值的比重基本保持稳定，形成广东领先、福建次之、广西与海南相近的发展格局。2023 年，福建、海南和广西海洋生产总值占比均有所上升，分别上升 0.25%、0.55% 以及 0.31%（图 3-3-4）。

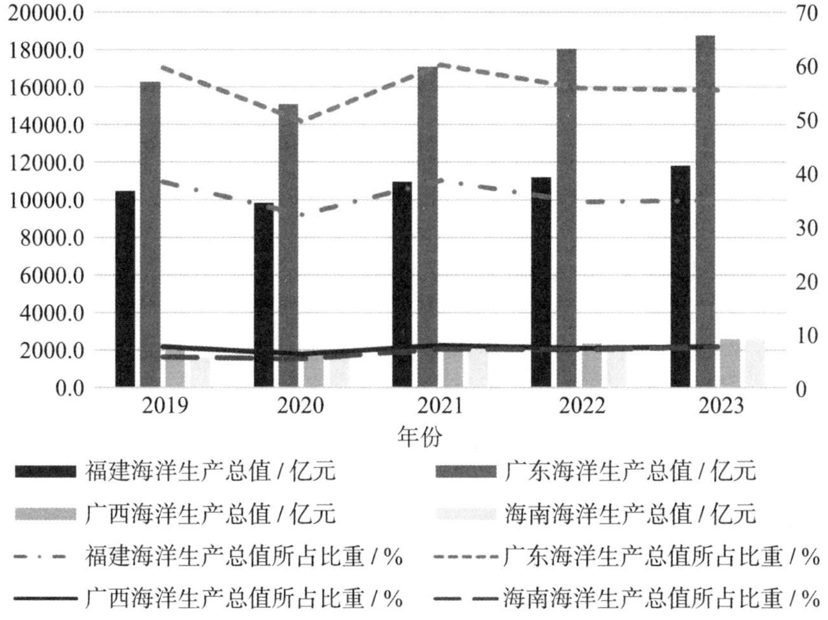

图 3-3-4　2019—2023 年南部海洋经济圈海洋空间结构发展趋势
（数据来源：历年《中国海洋经济统计年鉴》《中国海洋经济发展报告》及各沿海地区公开数据）

二、南部海洋经济圈海洋经济发展特征

（一）福建省海洋经济发展特征

2023 年，福建省海洋经济高质量发展成效显著，海洋生产总值达到 1.2 万亿元，连续 9 年保持全国第三位，占全省地区生产总值的 21.7%。水产品总产量 890.2 万吨，同比增长 3.3%，居全国第三；水产品出口额 73.1 亿美元，占全国水产品出口总额的 36.8%，居全国第一；海水养殖产量 579.8 万吨，居全国第二；年均繁育鱼、虾、贝、藻等苗种接近 2 万亿单位，规模居全国首位。

1. 智慧升级深远海养殖，福海粮仓提质增效

福建作为全国水产养殖大省，大力扶持深远海养殖平台建设，推动海水养殖向智能化、生态化、集约化、规模化转型，加快建设福海粮仓。我国最大的深远海半潜式养殖平台——“宁德 1 号”顺利投放，具有可升降、抗台风、避赤潮及智能化养殖等特征，填补了国内深远海自动化养殖大黄鱼的空白，是海水养殖转型升级的重要里程碑。海上福州“百台万吨”深远海养殖工程加快推进。其中，全国首座半潜式渔旅融合平台、全省首个深海智慧渔旅平台——“闽投 1 号”运营投用，具有智慧渔业、深海养殖、产研基地、休闲渔旅四大功能，预计可年产优质大黄鱼 600 吨，经济价值近亿元；“乾动 2 号”海鱼养殖平台正式下水，搭载智能养殖、检测等现代化渔业生产设备，实现养殖数据无线传输，标志着深远海智慧养殖平台模式已进入快速复制阶段。截至 2023 年底，福建投建深远海养殖平台已达 18 座，养殖总水体超 47 万立方米，规模居全国前列。

2. 推进风电科技创新，绿色能源高质量发展

福建以项目开发带动海上风电产业发展，积极推进规模化集中连片海上风电开发，加快海上风电绿色能源高质量发展。海上风电项目规模不断扩大。莆田平海湾海上风电场 DE 区项目、平潭 A 区海上风电场项目获省发展改革委批复，闽南区域首个海上风电项目——漳浦六鳌海上风电场二期项目开工建设。大容量机组研发制造及运营能力达到国际领先水平。全球首台 16 兆瓦超大容量海上风电机组成功并网发电，该机组是目前全球范围内已投产的单机容量最大、叶轮直径最大、单位兆瓦重量最轻的海上风电机组，年均生产“绿电”超过 6600 万千瓦时；全球首台 18 兆瓦海上直驱风电机组下线，是目前已下线的全球单机容量最大、叶轮直径最大的直驱海上风电机组，关键部件叶片、发电机等完全实现国产化。可再生能源核心技术取得重大突破。无淡化海水原位直接电解制氢海试成功，实现了海上风电可再生能源与海水直接制氢的一体化技术体系。

3. 核算交易双轮驱动，蓝碳潜能不断释放

福建发挥海洋生态资源优势，深入开展海洋碳汇核算，探索海洋碳汇交易试点，提升海洋碳汇服务功能。在海洋碳汇核算方面，漳州在全国率先完成地市级海水养殖碳汇核算，建立了全国首个地市级渔业碳汇资源库。在海洋碳汇交易方面，东山县检察院积极探索蓝碳司法新途径，设立蓝碳司法助力乡村振兴示范基地和蓝碳交易平台，开创全国首个海洋碳汇现场实地认购案例；连江县发放全国首张蓝色碳票，可实现碳交易价值近 55 万元；《福州市连江县海洋碳汇管理暂行办法》正式施行，进一步健全海洋碳汇交易机制。截至 2023 年三季度末，厦门产权交易中心作为全国首个海洋碳汇交易平台累计交易海洋碳汇 13.89 万吨。

4. 加强项目科学谋划，打造海洋生态修复新范式

福建积极对接中央政策，加强项目储备，健全项目遴选评审机制，科学谋划、实施了一批重大海洋生态保护修复项目，筑牢海洋生态安全屏障，打造海洋生态修复新范式。莆田、福州、厦门、宁德 4 个海洋生态保护修复项目入选 2023 年中央财政支持的海洋生态保护修复项目，获得奖补资金总额 14 亿元，入选项目数和资金规模居全国首位。其中，莆田湄洲岛海洋生态保护修复项目旨在构建全岛生态安全屏障，改善区域海洋生态环境质量，提高海洋生态系统碳汇能力；福州市滨海新城海洋生态保护修复工程着力改善水体和岸滩环境质量，加强海湾生态系统保护修复；厦门市海洋生态保护修复项目主要改善同安湾和大嶝海域生态环境，增强海岸生态减灾能力，维护生物多样性；宁德海洋生态保护修复工程项目包括红树林滨海湿地修复、潮沟疏通、入海污染物控制、互花米草及岸线整治。截至 2023 年底，福建共有 15 个项目通过竞争性评审争取中央资金 37.54 亿元。

（二）广东省海洋经济发展特征

2023 年，广东省海洋经济发展态势持续向好。经初步核算，全省海洋生产总值 18778.1 亿元，连续 29 年位居全国第一；海洋生产总值占全省地区生产总值的 13.8%，对地区经济名义增长贡献率达 11.0%，拉动地区经济名义增长 0.6 个百分点。全省海洋三次产业结构比为 3.3∶31.4∶65.3，以海洋旅游业、海洋交通运输业为代表的第三产业占比最高；以海洋工程装备制造、海洋药物和生物制品、海洋电力、海水淡化为代表的海洋新兴产业发展迅猛，产业增加值为 257.7 亿元，同比名义增长 22.2%。

1. **升级海水养殖装备，现代化海洋牧场初具规模**

广东落实国家粮食安全战略，不断提升渔业技术装备智能化水平，大力推进现代化海洋牧场建设，助力粤海粮仓高质量发展。一方面，深远海养殖装备制造业迅速发展，大批领先全球的渔业装备、智能化养殖平台投入使用。风渔一体化智能装备“明渔一号”整体建成，在全球范围内首次实现了绿电一体化直供养殖的低碳渔业模式；全国首台“广东造”自升式桁架类网箱“联塑 L001”在湛江下水，实现了专业海洋工程技术与海洋养殖技术深度融合；广东最大海上养殖平台“海威 2 号”建成投产，标志着深远海养殖迈入无人值守的时代。同时，全球首创的水体自然交换型深远海养殖工船“九洲一号”、全球首例全悬浮定深高抗台风养殖平台“海塔一号”、国内首台配备可自主升降折叠网箱的新型数字智能化深海养殖平台“珠海琴”等大批项目开工建设。另一方面，现代化海洋牧场建设不断提速。2023 年，现代化海洋牧场开工项目达 40 个，总投资超 120 亿元，涵盖海洋种苗培育、装备制造、智能化养殖平台的研发建设等方面。截至 2023 年底，广东已建成万山海域海洋牧场、遂溪江洪海域海洋牧场、南澳岛海域海洋牧场等 15 个国家级海洋牧场示范区，所占海域面积超过 12.5 万平方千米，海洋牧场面积稳居全国第一。

2. **推进风电项目落地，海上风电基地加速建设**

广东依托丰富的风能资源，持续提升海上风电装机容量，全力打造千亿级海上风电产业集群，积极探索“风能 +”产业协同创新模式。海上风电项目加速落地。16 个海上风电项目入选广东省发改委 2023 年重点建设项目计划；惠州港口二海上风电场按期并网，成为粤港澳大湾区第一个百万千瓦级海上风电场；青洲一、二海上风电场首批风机并网发电成功，实现了全球首个 500 千伏交流海上升压站、世界首根 500 千伏交流三芯海缆的创新应用；汕头打造全国首个集研发设计一体化、工艺流程一体化、生产制造一体化、检测认证一体化的海上风电装备制造产业园，助力世界级风电产业集群建设。截至 2023 年底，广东新增海上风电装机容量超过 200 万千瓦，累计建成投产装机容量超过 1000 万千瓦，全省海洋电力业增加值达 73.9 亿元，同比名义增长 13.9%。“海上风电 +”产业协同创新发展。“导管架风机 + 网箱”风渔融合一体化装备 MyAC-JS05 在明阳阳江青洲四海上风电场完成装吊，标志着全国首个“海上风电 + 海洋牧场 + 海水制氢”项目顺利建成，实现了海上风电与海洋资源综合开发利用的融合式发展。

3. 聚焦海洋科技创新，“广东造”挺进深远海

广东深入实施创新驱动发展战略，布局海洋科技产业平台，加强原创性、引领性科技攻关，推动船舶与海洋工程装备制造产业向智能化、高端化方向发展。海洋科技平台能级不断提升。2023 年，全省海洋领域存量建设国家重点实验室 1 个、省重点实验室 49 个，省实验室 1 个、涉海省级工程技术研究中心 50 个。科技成果加速转化，大批“广东造”海工重器取得创新性成果。全球首艘智能型无人系统科考母船“珠海云”交付使用，获得中国船级社颁发的首张智能船舶证书；20 千瓦海洋漂浮式温差能发电装置完成海试，成为我国首个在实际海况条件下实现海洋温差能发电原理性验证和工程化运行的设备；我国自主设计建造的亚洲第一深水导管架“海基二号”成功封顶，刷新了高度和重量两项亚洲纪录；珠海成功研制出领先世界的 3500 米超深海底油气管道，开创了我国制造直缝埋弧焊管适用于深海的先河。2023 年，广东海洋工程装备制造业增加值达 115.3 亿元，较 2022 年增长 48.0%，增速远高于全国平均水平，是广东省增速最快的海洋产业。

4. 强化红树林保护修复，海洋生态环境显著改善

广东以红树林营造修复作为海洋生态修复的总抓手，高质量实施红树林营造修复项目，积极探索以红树林为代表的蓝碳碳汇产品开发交易，开辟红树林碳汇价值实现的新路径。红树林修复标准体系初步建立。相继出台《广东省万亩级红树林示范区建设工作方案》《广东省红树林保护修复专项规划》《关于开展红树林及历史遗留矿山生态修复奖惩工作的通知》，明确了红树林保护修复的基本原则、行动目标和任务安排。生态保护与碳汇经济实现双向“增值反哺”。深圳发布全国首个以保护生物多样性和应对气候为目标的《红树林保护项目碳汇方法学》，明确了红树林保护项目碳汇的碳计量方法以及监测程序；全国首单城市红树林碳汇指数保险落地，旨在以金融服务创新的形式支持红树林及生物多样性保护；全国首单红树林保护碳汇成功拍卖，蓝碳交易价格创历史新高。截至 2023 年底，广东新营造红树林约 2656 公顷、修复现有红树林约 2010 公顷，海洋生态系统质量和稳定性持续提升。

（三）广西壮族自治区海洋经济发展特征

2023 年，广西壮族自治区海洋经济发展整体回升向好，呈现基础稳、活力强、后劲儿足的良好态势。全年实现海洋生产总值 2568.4 亿元，同比名义增长 9.3%，增速比 2022 年提高了 3.9 个百分点，海洋经济对全区经济增长贡献率达 24.2%。海洋一、二、三次产业占比分别为 9.7%、27.6% 和 62.7%。

1. 推进重大项目建设，港口辐射力显著增强

广西持续加强港口建设，通过高质量建设重大项目、打造标杆工程，不断完善各港区布局，增强港口货运能力，为服务西部陆海新通道建设、高水平打造北部湾国际门户港提供了坚实支撑。2023 年，钦州港项目大榄坪南作业区 9 号 10 号泊位工程顺利竣工验收，该项目可满足全球最大的 20 万吨级集装箱船舶靠泊要求，标志着钦州港建成全球首创 U 型工艺、全国首个海铁联运自动化集装箱码头（二期）；北部湾港北海铁山东港区实现开港，并新增一条从玉林及桂东南“直通海港”的大通道，“一路一港一航道”基础设施体系初步形成；钦州港金鼓港区金鼓江作业区 11 号泊位工程、钦州港大榄坪港区大榄坪作业区 4 号 5 号泊位工程等一批项目开工建设。截至 2023 年，广西已开通内外贸集装箱航线 76 条，包括外贸集装箱航线 48 条、内贸集装箱航线 28 条，通达全球 100 多个国家和地区的 200 多个港口。北部湾港全年累计完成货物吞吐量 3.1 亿吨，同比增长 10.8%；集装箱吞吐量首次突破 802 万标准箱，同比增长 14.3%，货物吞吐量及集装箱吞吐量均稳居全国沿海港口前十。

2. 促进文旅深度融合，海洋旅游业复苏强劲

广西坚持政府引导与市场配置相结合，通过全面繁荣假日市场，扩大优质文旅产品服务供给，打造文化旅游强区。一方面，广西先后出台《广西壮族自治区人民政府办公厅关于加快文化旅游业全面恢复振兴的若干政策措施》和《关于推进文化旅游业高质量发展的若干措施》，从繁荣假日市场、产品供给、产业融合、商品开发、项目建设、宣传推广、规范市场、人才保障等方面提出一系列重要举措，有效推进了文旅消费市场的强劲复苏。据统计，北海银滩、涠洲岛、钦州三娘湾、防城港白浪滩等重要景区节假日接待游客量呈现“井喷式”增长，沿海三市累计接待游客首次突破 1.35 亿人次，同比增长 135.7%。另一方面，广西通过加大文旅市场优质产品和服务供给，积极打造“文旅 +”产业融合新业态。银滩国际帆艇码头、广旅冠岭港湾休闲游艇码头全面建成，北部湾邮轮帆艇产业开启新篇章；北海市承办“一带一路”国际帆船赛等国际性、全国性重大赛事 15 场，并上榜全国“十大旅游向往之城”；涠洲岛休闲体育旅游度假区获批国家体育旅游示范基地；银滩、老街分别升级为国家级旅游度假区、国家级旅游休闲街区；涠洲岛入选全国首批“和美海岛”，并被授予全国新时代“枫桥经验”先进典型称号。2023 年，全区海洋旅游业增加值达 475.7 亿元，连续 6 年成为广西海洋经济第一大产业。

3. 打造风电示范项目，海上风电实现零的突破

广西加快海上风电综合开发利用，优先推进钦州、防城港等近海海上风电开发建设，实现海上风电零的突破。2023 年，广西首个海上风电项目——防城港海上风电示范项目全面开工建设。该项目是我国在建单体装机容量最大、首例全部风机基础采用嵌岩导管架、国内首个零补贴的平价海上风电项目，全年陆续完成了海上工程开工、首台风机吊装、海上升压站吊装、首根 220 千伏海缆敷设等任务，创造了海上风电项目建设的广西速度。中船、远景、锦峰等重点企业在钦州形成了广西首个海上风电全产业链装备基地，致力于打造千亿元海上风电产业基地；广西远景智能风机叶片制造基地建成投产，成为广西首个也是唯一一个风机叶片制造基地。该基地以海陆智能风机叶片制造为核心，集制造、仓储、运输、检测、信息交流等功能，每年可生产海陆智能风机叶片 500 套；中船广西海上风电装备产业基地南翼项目 2 号码头和 5 号码头工程顺利完成主体工程，填补了广西没有大型海洋工程装备制造基地的空白；广西首批智能风机叶片从北部湾港钦州港区出海发运，标志着广西新能源产业由此走向全国。

4. 加强科创平台建设，科技赋能持续增强

广西坚持多措并举，推进海洋科技创新，打造现代海洋科技研发高地。依托中国海洋大学、自然资源部第一海洋研究所、自然资源部第四海洋研究所等国家级科研教育机构，不断推进海洋科技创新平台建设。广西现代海洋科技研究院在南宁高新区挂牌成立。截至 2023 年末，全区累计认定海洋领域自治区重点实验室、新型研发机构、科技创新合作基地等省级科技创新平台 33 家。联合科研院校和行业上下游企业等共同承担国家和自治区重大科技项目。广西首个海洋领域国家重点研发计划“海洋农业与淡水渔业科技创新”专项“北部湾陆海接力智慧渔场养殖装备与新模式”项目正式启动；国家重大科技基础设施“近海能源工程结构系统安全科学研究平台”（“海基一号”）完成选址。鼓励涉海企业技术创新平台建设，开展自主创新。截至 2023 年底，培育自治区涉海高新技术企业 35 家，玉柴、南铝、柳工、上汽通用五菱等一批向海骨干企业加速形成技术创新优势。

（四）海南省海洋经济发展特征

2023 年，海南省海洋生产总值为 2559 亿元，占全省地区生产总值的 33.9%。以海洋渔业、海洋旅游业、海洋交通运输业等为代表的海洋传统产业不断提质升级，全年共实现增加值 1323.2 亿元，同比名义增长 19.95%，占全省海洋生产总值的 51.7%。

1. 加强规范体系建设，休闲渔业发展进入快车道

海南高度重视休闲渔业发展，在全国率先构建起一整套完整的休闲渔业发展政策体系，为产业规范化、多元化发展奠定基础，休闲渔业经济动能显著增强。相继出台《海南省休闲渔业区域公用品牌管理办法（试行）》《海南省精品休闲渔业示范基地建设规范》《海南省精品休闲渔业示范基地认定和运行监测管理暂行办法》，界定了精品休闲渔业示范基地的定义、总体要求，明确了规划设计、建设内容、经营管理及综合效益等相关标准，加快休闲渔业区域公用品牌的创建、培育和管理，丰富了休闲渔业活动内容形式。

2023 年，休闲渔业政策红利逐步释放，全省休闲渔业总产值超 40 亿元，接待人数近 1400 万人次，分别较 2022 年增长 90% 和 73%；示范基地活动场所与服务设施年接待能力达到 1 万人次。

2.“旅游 +”“+ 旅游”融合发展，旅游业边界不断延伸

海南持续优化旅游产品供给，推动“旅游 +”和“+ 旅游”融合发展，旅游产业边界不断延伸。一方面，“旅游 +”产业链不断延伸，推出“旅游 + 演艺”“旅游 + 文创”“旅游 + 体育”等多重文旅“套餐”。同程音乐生活节、“沐光而行・星耀海口”演唱会、2023“回忆经典 唱响三亚”群星璀璨演唱会、白沙黎族自治县 2023 年国庆茶乡音乐会等多场音乐盛宴，观影观演等文娱消费受到游客热捧；博物馆、文化馆、历史建筑、书店书屋等各类文化旅游持续升温；第十四届环海南岛国际公路自行车赛、“海口杯”帆船赛、海南尾波冲浪挑战赛、海南（三亚）徒步健身大会等体育赛事相继举行。携程数据显示，“双节”期间，“音乐节”“演出”等关键词搜索量同比分别增长 4 倍多、3 倍多。另一方面，“+ 旅游”促进多产业融合发展。海南最大的休闲渔业交易中心——三亚崖州中心渔港水产品交易中心改造项目（一期）启动试营业，打造集海钓游玩体验、海鲜美食盛宴、海洋文旅展示于一体的渔旅融合商业综合体，开拓了“渔业 + 旅游”的产业融合发展模式。2023 年，全省接待游客人数 9000.62 万人次，实现旅游收入 1813.09 亿元，同比分别增长 49.9% 和 71.9%。

3. 优化服务举措，游艇产业高质量发展

海南以海口和三亚为重点，不断加大对游艇产业的政策扶持力度，推动游艇产业链条化、数字化、集约化发展。三亚以创新引领制度建设，出台《游艇勘验服务规范》《游艇评估服务规范》《游艇交易鉴证服务规范》，建立国内首个二手游艇规范交易团体标准，规范二手游艇交易；首创游艇等船舶“多证合一”改革和旅游船舶“一船一码”智慧监管模式；集全流程行业数据于一体的游艇旅游综合服务平台启动试用、三亚国际游艇中心投入使用。截至 2023 年底，三亚登记游艇总量达 1367 艘，新增登记 230 艘；游艇出海 17.88 万艘次，接待游客 123.94 万人次，同比分别增长 76% 和 91%。其中，三亚中央商务区作为唯一以邮轮游艇产业为主导产业的海南自贸港园区，多渠道进行全球精准招商。截至2023年底，吸引80余家游艇产业链企业注册，与8个海外排名前十的知名品牌代理商或厂家签约意向入驻，中国知名游艇厂家运营总部超过半数入驻。海口通过"展+会+赛"模式，着力打造集名品展示、商贸对接、交易合作、行业交流、文化体验等功能于一体的知名游艇展会品牌，成功举办第三届消博会游艇展暨中国（海口）国际船艇及生活方式展。

4. 借助政策优势，打造国际航运枢纽

海南利用区位优势和自贸港政策优势，大力推动国际航运枢纽建设，助力"海上丝绸之路"蓬勃发展。自由贸易港航运政策制度集成创新成效不断显现。洋浦港入选全国港口型国家物流枢纽，吸引近500家航运相关市场主体落户；登记国际运输船舶43艘，国际船舶总吨位跃居全国第二位。港航产业实现跨越发展。新开通11条集装箱班轮航线，累计开通45条内外贸航线，其中外贸航线15条，覆盖东南亚主要国家，已形成联结东南亚、辐射亚欧的外贸航线布局。港口集疏运体系不断完善。洋浦区域国际集装箱枢纽港扩建工程开工建设，能够满足目前国内设计规范中最大集装箱船的靠泊需求；洋浦疏港高速公路开工建设，将有效联动现有的西环普速铁路和待建的儋州机场，构建多式联运的综合立体交通网。

三、南部海洋经济圈海洋经济发展趋势

（一）福建省海洋经济发展趋势

1. 坚持科技兴海，壮大海洋创新动能

根据《2024年福建省人民政府工作报告》《福建省海洋经济促进条例》，福建将坚持科技创新驱动，构建以企业为主体、市场为导向、产学研用深度融合的海洋科技与产业协同创新体系。一是发挥企业主体作用。深入实施海洋龙头企业培优扶强行动，加强海洋科技型企业培育，加大对重点企业的扶

持力度，引导涉海企业加大技术创新和研发投入，提升自主创新能力。二是发挥平台载体作用。统筹和整合涉海高校、科研院所及企业创新资源，健全多层次海洋科技创新平台体系，推进海洋领域省创新实验室筹建，支持建设海洋领域产业技术研发和中试服务平台。三是发挥人才支撑作用。加强海洋类高等学校建设，优先打造海洋优势学科，鼓励有条件的高等学校在海外建立合作机构或者与海外高校联合培养海洋人才。

2. 发挥“数据要素 ×”效应，建设智慧海洋工程

依据《福建省新型基础设施建设三年行动计划（2023 建省新型基年）》《2024 年数字福建工作要点》，福建将发挥“数据要素 ×”效应，加快建设技术先进、模式创新、服务高效的创新基础设施体系。一是建设省海洋与渔业数据中心。加强海洋各类数据的汇聚、储存、管理和应用，构建智慧海洋大数据中心，并接入省公共数据汇聚共享平台。二是完善海洋信息综合感知网，打造覆盖台湾海峡的“空天地海”立体观测体系。三是推进“宽带入海”工程。加快建设海洋卫星通信网，拓展海洋智慧旅游、智能养殖、智能船舶等应用服务，支持福州、宁德、漳州等地开展“5G+智慧海洋”示范应用。

3. 深化闽台海洋领域合作，建设两岸融合发展示范区

根据《中共中央　国务院关于支持福建探索海峡两岸融合发展新路建设两岸融合发展示范区的意见》，福建将发挥厦门与金门、福州与马祖融合发展示范效应，推进闽台海洋融合实践，建设两岸融合发展示范区。一是推进闽台海域基础设施互联互通，优化闽台海空直航网络，推动闽台海空航线与国际物流大通道对接，促进海铁联运发展。二是探索闽台海洋产业合作新模式，支持闽台港航企业合作，鼓励台湾渔民和中小企业在闽发展。三是推进闽台科技协同创新，加强闽台在海洋资源开发、海洋环境协同保护、海洋综合管理、海洋文化等领域的交流合作。

（二）广东省海洋经济发展趋势

1. 坚持“疏近用远”，打造广东特色现代化海洋牧场

根据《广东省现代化海洋牧场建设实施方案》《关于加快海洋渔业转型

升级 促进现代化海洋牧场高质量发展的若干措施》，广东将坚持“疏近用远、生态发展”，打造具有广东特色的现代化海洋牧场。一是逐步引导近岸浅水养殖用海腾退空间，科学划定禁养区、养殖区、限养区，实现禁养区海上养殖有序疏退，推动养殖用海向深水远岸布局。二是加快近岸传统渔排升级改造，推广应用绿色环保新材料、新装备，重点发展抗风浪强的新型桁架类网箱、新型重力式深水网箱，引导养殖主体向深远海、产业园区转移。三是依托“大渔带小渔”的产业链利益联结机制，推动海水养殖转型升级，助力现代化海洋牧场建设。

2. 发展风电集群，探索“海上风电 +”多元发展模式

根据《广东省推进能源高质量发展实施方案（2023 东省推进能年）》，广东将以海上风电为核心，推动风电产业集群化发展，主动探索“海上风电 +”的多元化发展模式。一是做大做强海上风电装备制造业，加快形成集整机制造与叶片、电机、齿轮箱、轴承等关键零部件制造，以及大型钢结构、海底电缆等加工生产为一体的高端装备制造基地。重点推进阳江青洲、汕头勒门、汕尾红海湾等项目建设，加速建设中山风电机组研发中心、阳江国际风电城、汕头国际风电创新港、汕尾海上风电装备制造及工程基地和揭阳海上风电运维基地，力争新增装机规模突破 200 万千瓦。二是支持海洋资源综合开发利用，推动海上风电项目开发与海洋牧场、海上制氢、观光旅游、海洋综合试验场等相结合，充分利用风电场中间空置海域，提高海域资源的利用效率，打造生态和效率并举的可持续发展新业态。

3. 健全修复机制，构建海洋生态新格局

根据《广东省红树林保护修复专项规划》，广东将加快健全红树林生态修复常态化、长效化的多元工作机制，积极探索红树林资产化、资本化的转化路径，确保高质量完成红树林营造修复工作。一是积极构建“两核五区多点”的红树林保护修复新格局，突出“两核”引领，夯实“五区”功能提升，“多点”示范红树林保护修复成效。二是以红树林保护及质量提升工程、万亩级红树林示范区创建工程、红树林监测评估体系建设工程、“红树林 +”可持续利用示范工程和红树林宣教品质提升工程等重点工程为抓手，在全省范围内全面开展红树林保护修复。重点推进 4 个万亩级红树林示范区建设，推动打造深圳国际红树林中心和湛江红树林之城，推广“红树林种植–养殖耦合模式”，并开展红树林碳汇交易，打通社会资本参与红树林保护修复路径。

（三）广西壮族自治区海洋经济发展趋势

1. 创新滨海旅游新模式，打造滨海旅游强区

根据《广西海洋经济发展“十四五”规划》《关于推进文化旅游业高质量发展的若干措施》，广西将继续整合北部湾全域旅游资源，培育滨海旅游新业态，促进海洋旅游与文化体育融合发展，高质量打造北部湾滨海旅游度假区。一是加强北海、钦州和防城港在旅游资源开发、设施配套、市场开拓等方面联合与协作，创新“海 + 江”“海 + 山”“海 + 边”滨海旅游新模式，持续打造北部湾休闲度假游、海上丝路邮轮游、中越边关跨国风情游、滨海湿地和自然保护地生态游等特色精品旅游线路，建设北部湾国际滨海度假胜地。二是推动文化、体育、旅游深度融合发展。依托国际赛事，大力发展滨海和海上体育运动产业，打造北部湾海洋运动品牌；加强文化资源活化利用，重点打造海上丝绸之路旅游文化品牌。

2. 壮大风电产业链，打造北部湾海上风电基地

根据《广西可再生能源发展“十四五”规划》《广西大力发展向海经济建设海洋强区三年行动计划（2023—2025 年）》，广西将在北部湾海域重点推进规模化、集约化海上风电发展模式，打造北部湾海上风电基地。优先开发近海风电资源，加快推进钦州、防城港海上风电示范项目建设，带动海上风电产业落户广西，形成以主机、塔筒、叶片装备制造为核心，发电机、齿轮箱等配套产业以及海上光伏、海洋牧场及海水制氢等延伸产业融合发展的产业集群，构建集勘探设计、装备制造、科研检测、施工运维、养殖旅游等为一体的全产业链条，打造形成北部湾千万千瓦海上风电基地和千亿级海上风电产业集群。

3. 深化与东盟合作，推动区域经济发展新战略

广西将持续加强与东盟国家在海洋领域的合作，构建中国—东盟蓝色经济伙伴关系，实现从陆地到海洋一体化合作的新格局。创新中马“两国双园”、广西—文莱经济走廊等合作机制，探索共建海洋产业跨区域跨境产业链供应链，推动建立中国—东盟海洋产业联盟；推动加强中国—东盟海洋数字技术交流，共同推动区域海洋开发和保护，共建面向东盟的智慧海洋国际合作平台；加快推进中越友谊关和浦寨智慧口岸，持续打造面向东盟的国际寄递枢纽，高水平共建西部陆海新通道；积极参与国际海洋技术标准和行业规则制定，探索在海洋预警监测、海洋生态环境保护等低敏感领域与东盟国家开展实质性合作。

（四）海南省海洋经济发展趋势

1. 坚持产业强海，加快构建现代海洋产业体系

根据《高质量发展海洋经济推进建设海洋强省三年行动方案（2024—2026年）》，海南将充分发挥自身优势，提升海洋传统优势产业，壮大新兴产业，培育未来产业，加快构建现代海洋产业体系。推动海洋渔业、海洋旅游业、海洋交通运输业和海洋化工业等传统产业向高端化、智能化、绿色化方向转型；培育壮大深海油气、海洋清洁能源、海洋工程装备、海洋生物制造、现代海洋服务业等海洋新兴产业，打造多个产业集群；前瞻布局深海、极地等海洋未来产业，推动海洋新业态新模式新产品蓬勃发展。

2. 实施科技兴海，打造深海科技创新策源地

海南将践行以创新引领现代化产业体系建设的要求，积极打造海洋科技创新平台体系，持续增强海洋科技创新能力，为实现海洋经济高质量发展贡献新质生产力。加快搭建高能级深海科技创新载体平台，支持三亚崖州湾科技城等科创平台建立“政、产、学、研、金、用、介”深海科技创新协调联合体，成立三亚海洋实验室，建设国家海洋科技创新平台海南基地，深化“智慧海洋”建设；强化科技成果转化，建设海南国家科技成果转移转化示范区，开展科技项目成果市场化评价试点，赋予科研人员职务科技成果所有

权或长期使用权试点改革；强化发展人才支撑，加强海洋领域院士工作站、博士后工作站等人才载体建设，引进海洋领域高科技人才和高水平创新创业团队。

3. 促进开放活海，推动蓝色经济一体化

海南将坚持开放为先，着力扩大高水平对外开放，推动海南海洋经济深度融入国内国际双循环。促进区域联动发展，加强海南自贸港与北部湾经济区、粤港澳大湾区对接，探索建立以“粤港澳技术 + 海南资源 + 国内市场”为特征的海洋产业体系与服务体系；利用区域全面经济伙伴关系协定（RCEP）等自由贸易协定，深化与东盟国家的交流合作，重点推进海陆交通基建建设、能源资源开发与利用、海洋科技等方面的合作；参与全球海洋治理，引进国际海洋事务机构落户海南，实施“联合国海洋科学促进可持续发展十年”海洋负排放国际大科学计划，建设南中国海区域海啸预警中心。

执笔人：郭　晶（中国海洋大学）

4
粤港澳大湾区海洋经济发展形势

2024 年是《粤港澳大湾区发展规划纲要》发布五周年。五年来，大湾区经济总量显著增长，由 10 万亿元跃升至 14 万亿元，其中海洋经济是推动区域高质量发展的核心驱动力。大湾区拥有 2200 多千米的绵长海岸线和丰富的海域资源，为其发展海洋经济提供了得天独厚的自然条件。加之世界级港口的支撑，以及高度发达、完善的供应链与产业链体系，为海洋经济的繁荣构建了坚实的平台。此外，大湾区在海洋科技创新、海洋生态环境保护及海洋旅游开发等多个方面均取得了显著成就，为海洋经济的高质量发展提供了支撑。

2024 年 1 月 23 日，广东省省长王伟中作《广东省政府工作报告》时指出，广东加强陆海统筹、山海互济，海洋强省建设迈出重大步伐。香港在 2023 年 10 月 25 日发布的《行政长官　2023 年施政报告》中强调参与及推动粤港澳大湾区建设，将香港打造成为领先国际航运中心，推动大湾区航运协作，以产业导向推动航运发展，促进海运及港口业数据共享，提高码头营运效率，推动渔农业可持续发展。澳门在 2022 年 11 月 15 日发布的《2024 年财政年度施政报告》中说明已经就《海洋功能区划》《海域规划》和《海域使用管理法》文本草案依法征询中央政府意见，逐步完善智慧海事系统（澳门版）。

一、粤港澳三地海洋经济发展现状

（一）广东海洋经济总量与结构[①]

广东海洋经济的空间布局主要由珠三角区域、粤东及粤西三大板块构成，其中珠三角区域占据核心地位，该区域涵盖广州、深圳、珠海、惠州、东莞、中山、江门，这些城市也是粤港澳大湾区 9 个珠三角城市中的 7 个沿海城市。尽管佛山与肇庆不直接临海，但它们通过河流与海洋相连，形成了便捷的水陆交通网络，体现了大湾区经济的独特优势。

2023 年，广东省海洋生产总值达到 18778.1 亿元，与 2022 年相比名义增长率达 4.0%，占地区生产总值的 13.8%（表 3–4–1）。广东省海洋生产总值占全国总量的 18.9%，持续巩固了其作为全国海洋经济领头羊的地位，连续 29 年位居全国首位。

表 3–4–1　2019—2023 年广东海洋经济总量

主要指标	年份				
	2019	2020	2021	2022	2023
海洋生产总值 / 亿元	16286.4	15089.0	17098.1	18059.6	18778.1
海洋生产总值占地区生产总值比重 / %	15.1	13.6	13.7	14.0	13.8

数据来源：根据《广东海洋经济发展报告（2024）》数据整理。

2023 年广东省海洋三次产业结构比为 3.3：31.4：65.3。其中，海洋第一产业增加值占海洋生产总值的比重同比下降 0.1 个百分点，海洋第二产业比重同比下降 0.4 个百分点，海洋第三产业比重同比上升 0.4 个百分点（表 3–4–2）。

① 珠三角地区的生产总值占据广东省总量的 80%。鉴于获取市级海洋生产总值具体数据的难度，此处采用广东省整体的海洋经济数据作为对粤港澳大湾区内地城市进行替代性分析的依据。

表 3-4-2 2019—2023 年广东海洋产业结构

主要指标	年份				
	2019	2020	2021	2022	2023
海洋第一产业比重 / %	2.9	3.2	3.1	3.4	3.3
海洋第二产业比重 / %	26.9	24.8	29.4	31.8	31.4
海洋第三产业比重 / %	70.2	72.0	67.5	64.9	65.3

数据来源：根据《广东海洋经济发展报告（2024）》数据整理。

（二）大湾区珠三角城市的海洋经济发展现状

1. 作为中心城市的广深海洋经济

在大湾区的发展布局中，广州、深圳、香港与澳门作为四大核心城市，各自担当关键角色，协同促进区域的蓬勃发展。其中，广州与深圳共同构筑了大湾区海洋经济发展的“双引擎”，引领该领域实现创新与飞跃。

（1）广州

广州不断推进海洋规划政策体系的完善，发布了包括全面建设海洋强市的高层次战略规划在内的一系列政策文件。这些文件详细规划了空间发展布局、科技创新、产业发展、生态文明建设、海洋管理以及海洋开放合作等多个方面的具体措施。2024 年 4 月 13 日，广州市政府印发实施《广州面向 2049 的城市发展战略规划》，明确面向湾区的“两洋南拓、两江东进、老城提质、极点示范”空间发展方针，旨在以湾区为导向，强调经略海洋，致力于打造一个创新引领型的全球海洋中心城市。2024 年 9 月 15 日，国务院批复《广州市国土空间总体规划（2021—2035 年）》，将“彰显海洋特色的现代化城市”作为广州六大城市性质之一，进一步凸显了广州在海洋发展方面的战略地位。

广州正加速构建“海洋创新发展之都”，成立了广州海洋产业创新联盟，深化海洋产业资源共享与合作，促进海洋科技创新及成果转化。南沙区科技兴海产业示范基地——深蓝智谷孵化器正式登记成立，标志着又一关键创新平台的诞生。同时，国内首艘自主研发的“梦想”号大洋钻探船圆满完成试航，彰显海洋科技实力。截至2023年底，广州已汇聚58家涉海科研机构、42个省部级及以上海洋科学实验室，以及10个国家级海洋科技创新平台，海洋科技创新资源持续向广州聚集。

广州作为国际大港的地位进一步巩固。2023年，南沙港区四期工程（一期）顺利竣工并投入运营，粮食及通用码头、桂山锚地扩建工程等项目相继建成，五期工程及20万吨级航道等项目前期工作正加速推进。航运方面，广州港2023年新增外贸航线7条，货物吞吐量和集装箱吞吐量分别稳居全球第五和第六位。在多个国际排名中，广州亦表现优异。在2023年中国经济信息社发布的国际都市游船活力指数中，广州荣获全国首位、全球次席；在世界银行等机构联合发布的“全球集装箱港口绩效指数”中，广州港在货物吞吐量前十的港口中位列第三；在新华·波罗的海国际航运中心发展指数中，广州持续保持全球第十三的排名。

（2）深圳

深圳持续优化其作为全球海洋中心城市建设的政策支撑体系。2023年5月15日，深圳市规划和自然资源局印发了《深圳市海洋发展规划（2023—2035年）》，明确描绘了构建全球海洋中心城市的“深圳方案”；11月22日，《深圳市促进海洋产业高质量发展的若干措施》出台，自2024年1月1日起实施，旨在增强海洋经济主体的集聚效应，加速海洋科技研发与成果转化，推动海洋产业创新升级与生态优化。

深圳在港口服务功能上的持续优化取得了显著成效。截至2023年，深圳港的国际班轮航线已遍布全球逾100个国家和地区，覆盖300多个港口，其集装箱吞吐量连续十年稳居全球前四。同年，深圳国际船舶登记中心正式运营，标志着港口服务迈入了新阶段。此外，深圳新增12个组合港与内陆港，货物吞吐量实现5.2%的增长，集装箱吞吐量达2988万标箱，单箱货值亦提升6.0%。大鹏LNG走廊累计接卸量突破1.2亿吨，持续领跑全国。前海合作区汇聚了近500家重点航运相关企业，形成了涵盖港口运营、船舶运输、管理及船员服务的强大集群效应。

深圳成功举办 2023 中国海洋经济博览会。2023 年 11 月 23 日，以“开放合作，共赢共享”为核心主题的中国海洋经济博览会在深圳举行，吸引了来自 16 个国家和地区的 658 家海洋领域的重点企业、机构及组织线下参展，参展数量刷新历届纪录，实现了超过 60% 的同比增长。同期举办的 2023 深圳市海洋产业招商大会也取得了丰硕成果，共达成了 13 项签约及意向合作，总金额接近 6 亿元。此外，大会还组织了海洋中小企业与科技成果投融资路演活动，成功对接了约 47 亿元的融资需求。在博览会期间，还发布了《2023 中国海洋经济发展指数》等一系列重要成果，为海洋经济的持续发展提供了有力的数据支持和方向指引。

在蓝色金融服务体系构建上，深圳亦表现不俗。中国建设银行深圳分行设立海洋产业经营中心，专项支持涉海项目，并成立海洋渔业支行。招商银行则创新发行全球首笔蓝色浮息美元债券，引领蓝色金融市场新风向。中国平安财产保险股份有限公司推出多款蓝色保险产品，涵盖渔业、海洋牧场、船舶建造及远洋船舶等多个领域，并成功承保全国首单红树林碳汇指数保险，为深圳蓝色经济提供了坚实的金融后盾。

2. 节点城市的海洋经济

在大湾区的 7 个节点城市中，包括 5 个沿海城市——珠海、东莞、惠州、中山和江门，以及佛山和肇庆 2 个内陆城市。这些城市在海洋经济领域各自发挥专长，协同并进，共同促进大湾区海洋经济的繁荣与发展。

（1）珠海

珠海海洋产业正加速提质增效进程，全力构建现代化海洋牧场体系。依托现代化装备技术深入推动深远海养殖，万山与外伶仃海域的国家级海洋牧场示范区建设步伐加快，迄今已落成 6 座人工鱼礁区；珠海积极探索“标准海”供应模式，有效保障用海需求；粤港澳大湾区海产品交易中心顺利启航，洪湾中心渔港亦成功晋升为国家中心渔港。海洋旅游领域展现出强劲复苏态势，全年海岛游客量高达 163.6 万人次，同比增长 116.1%。在基础设施建设上，金海大桥作为全国首条公铁同层跨海大桥已竣工；金湾高栏港终端投用了全国首个气田地下数智化系统；金湾“绿能港”的 5 座全球最大 LNG

储罐主体结构已完工。海洋科技创新实力不断增强，截至2023年底，珠海已拥有28个海洋领域创新平台，涵盖省级实验室1个、市级以上新型研发机构3个及工程技术研究中心24个。为推动海洋产业进一步发展，珠海市成立了海洋发展集团，并积极推进蓝海科技产业园、白蕉海鲈产业中心等项目，同时启动了珠海海发蓝色种业产业园的建设。此外，珠港澳海洋风险监测预警研究中心正式挂牌，国内首台兆瓦级漂浮式波浪能发电装置“南鲲”号亦投入试运行。

（2）惠州

惠州正加速构建世界级绿色石化产业高地。2023年，该市规模以上石化工业实现增值512.4亿元，同比增长5.1%。2019—2023年，惠州大亚湾经济技术开发区连续五年蝉联“中国化工园区30强”榜首；埃克森美孚化工研发中心成功入驻大亚湾，进一步促进了石化全产业链的完善与升级。同时，惠州市积极推进现代化海洋牧场建设步伐，发布《惠州市现代化海洋牧场种业振兴工作方案》，并揭牌海水经济鱼类种业创新基地，有力推动了现代渔业的规模化发展。惠州还致力于海洋资源的综合开发，创新性地推动“海上风电+海洋牧场”等特色产业的融合发展。2023年11月24日至26日，在广州市南沙区广东国际渔业高科技园举办的第四届中国水产种业博览会暨首届广东（国际）现代化海洋牧场产业大会上，惠州的黄金鲹脱颖而出，被选为广东省现代化海洋牧场的主推养殖品种。惠州港通过编制专项工作方案及修编总体规划，积极促进从单一的产业港向产业与贸易港并重的转型升级，深度融入深港口岸经济带。2023年，惠州港的货物吞吐量达到9158万吨，实现了1.7%的增长；集装箱吞吐量显著增长至54.6万标准箱，增幅高达29.5%。

（3）东莞

东莞海洋科技创新能力持续增强，小豚智能的“航行控制系统”荣获2023年船舶工业“强链品牌”称号，多款海洋机器人已被首批纳入东莞市机器人标杆与应用场景推荐目录，海洋创新药物与生物制品重点实验室被评为市级工程技术研究中心及重点实验室。在海洋工程项目上，梅沙大桥与华阳湖大桥顺利通车，宏川码头新增 2 万吨级泊位投入运营。海洋文旅融合进一步加深，滨海湾新区成功举办多项特色活动。2023 年 6 月 20 日，《虎门镇历史文化旅游发展总体规划（2023—2040）》顺利通过专家评审会，旨在构建涵盖历史文化旅游、生态旅游、工业旅游、商贸旅游四大特色的旅游产业体系。2023 年，东莞虎门的鸦片战争博物馆累计接待观众超过 517 万人次，创下历史新高。

（4）中山

中山海洋高端装备制造加速发展。全球首台风渔一体化智能装备“明渔一号”成功建成，国内首艘 500 千瓦氢燃料电池动力工作船“三峡氢舟 1 号”已交付使用，最大海上风电机组顺利下线。截至 2023 年底，中山神湾磨刀门水道沿岸的船艇制造企业年总产值接近 27 亿元。在海洋文旅融合领域，中山依托翠亨新区，成功签约并引入 8 个重点文旅项目，总投资额达 19.53 亿元，旨在打造湾区新型消费模式。此外，中山市博物馆的展览荣获全国优胜奖，进一步提升了城市的文化影响力。交通体系建设方面，中山正加速融入大湾区交通网络，深中通道于 2024 年 6 月 30 日正式开通，深江铁路中山段、南中城际等项目也在有序推进中。同时，新增的 5 条“组合港”航线显著提升了货物运输效率，为区域经济发展注入了新活力。

（5）江门

江门海洋传统产业正加速转型升级，现代化海洋牧场与广东（江门）渔港经济区的高质量发展正全力推进。江门海洋集团有限公司的成立，标志着江门在种苗培育、深海养殖、精深加工、装备制造、融资租赁服务及海上风电等六大领域，已成功构建起“六位一体”的现代化海洋牧场全产业链布局。黄茅海跨海通道等关键海洋工程项目建设步伐加快，崖门出海航道二期试航圆满成功，实现了 1 万吨级船舶全潮通航与 2 万吨级船舶乘潮通航，华津码头启用显著增强了江海联运的效能。在滨海旅游领域，江门正加速构建多元化、高品质的产品体系，以提升滨海旅游消费的整体体验。川岛旅游度假区遵循“一门户、两古港、三海湾、四组团”的发展蓝图，不断优化旅游交通服务，并启动了台山川岛浪漫海岸项目，旨在通过文旅项目的串联，打造独具特色的精品旅游线路。台山上川岛荣获全国“和美海岛”的美誉，启超故里·小鸟天堂与华侨城古劳水乡成功晋级为国家 AAAA 级旅游景区。

（6）佛山

非沿海城市佛山尽管位于内陆，但在 2023 年的海洋经济发展方面也取得了显著成就。佛山海洋船舶与工程装备制造业正蓬勃发展，国内顶尖的油电混合动力自航自升式海上风电安装平台——“精铟 03”号已成功交付。该平台专为复杂海洋环境设计，实现了海上风电勘察与施工管理的无缝对接，提升了作业效率。同时，佛山正积极布局海洋照明产业，聚焦于养殖照明、渔业集鱼照明及深海装备照明三大关键领域。目前，已研发出新型养殖光照智能系统以及 1000 W LED 集鱼灯，其万米级 LED 深海照明装备更是在“奋斗者”号全海深载人潜水器上成功应用。此外，精铟海洋工程装备产业园项目已正式拉开帷幕，该项目旨在构建一个集孵化与加速功能于一体的海洋工程装备基地。通过整合产业链上下游资源，并设立专项投资基金，为入驻项目提供强有力的资金支撑与产业赋能，从而加速佛山海洋船舶与工程装备制造业的集群化发展与转型升级。

（三）香港海洋经济发展状况

香港，凭借其得天独厚的深水良港、卓越的营商环境及高效的港口运营效率，在国家航运竞争力日益增强的背景下，正积极参与和融入粤港澳大湾区海洋经济高质量发展进程。其独特的地理位置与丰富的资源禀赋，不仅为国家海洋强国战略的实施提供了重要支撑，还显著提升了香港在国际航运领域的影响力，巩固了其全球顶尖国际航运中心的地位。这一系列举措，不仅加深了香港与内地经济的融合互动，更为区域乃至全球海洋经济的繁荣注入了新动力。2024 年 7 月 18 日，党的二十届三中全会审议通过的《中共中央关于进一步全面深化改革、推进中国式现代化的决定》中明确指出，发挥“一国两制”制度优势，巩固和提升香港国际金融、航运、贸易中心地位，这为香港的长远发展指明了清晰路径。

依托香港作为国际金融、航运及贸易中心的显著地位，其海洋经济中涉海金融业与航运服务业展现出尤为突出的比较优势。以香港船舶服务业为例，尽管 2022 年集装箱码头与货运码头的运营商收入相比 2021 年分别下降了 8.4% 和 5.3%，但在其他关键领域均呈现出积极增长态势。具体而言，香港远洋货轮船东与运营商、珠三角港口间轮船船东与运营商、港内水上货运服务，以及航空与海上货运代理的收入，同比分别增长了 3.8%、41.8%、36.4% 和 8.5%（表 3-4-3）。这表明，即便部分细分领域面临挑战，香港海洋经济的核心板块仍具备强劲的增长动力与韧性。

表 3-4-3 2017—2022 年香港船务服务业收入情况

类别	收入/亿港元						2022 年较 2021 年增长率/%
	2017 年	2018 年	2019 年	2020 年	2021 年	2022 年	
船务代理 / 管理人，海外船公司驻港办事处	76.3	79.4	75.4	74.8	85.1	114.6	34.7
远洋货轮船东 / 营运者	691	843	959.3	1124.4	2154.6	2237.2	3.8
货柜码头及货运码头运营者	82.8	82.0	76.3	74.9	82.4	75.5	−8.4
往来香港与珠三角港口的轮船船东及营运者	66.6	62.4	57.3	38.0	34.7	49.2	41.8
港内水上货运服务	10.4	11.5	11.5	10.3	10.7	14.6	36.4
中流作业及货柜后勤活动	51.4	50.9	52.0	52.0	56.7	53.7	−5.3
航空及海上货运代理	1206.5	1245.6	1222.8	1452.1	2623.7	2845.9	8.5

数据来源：根据香港特区政府统计处“运输、仓库及速递服务业的业务表现及营运特色”《2022 年在选定细致行业组别内的所有机构单位主要统计数字》整理。

注：该报告最新一期 2023 年 12 出版，收录 2022 年相关数据。

根据2022—2023年香港船务基础数据的综合分析，相较于2022年，2023年多项关键指标显著下滑，涵盖机构单位数目、就业人数、业务收益指数、吞吐量及出口量。其中，业务收益指数尤为突出，从2022年的211.8大幅下降至2023年的114.8，降幅显著。然而，在逆境中亦透露出复苏的曙光。2023年，进出香港船只数量回升至近18.5万船次，基本恢复至2020年疫情前水平；进出港乘客数量激增，从2022年的3.3千人次大幅跃升至8071千人，增长率高达24357.6%，彰显了市场强劲的回暖趋势。此外，水上运输进口额亦有所增长，达到5.67亿港元，同比上升21.6%；而出口额则出现下滑，降至2.21亿港元，同比下降34.9%（表3-4-4）。综上所述，尽管香港船务业在部分领域承受压力，但在特定方面仍展现出显著的复苏与增长潜力。

表3-4-4　2018-2023年香港船务基础信息

类别	年份						2023年较2022年增长率/%
	2018	2019	2020	2021	2022	2023	
机构单位数目/个	3220	3263	3231	3184	3155	3146	−0.3
就业人数/名	35912	34631	32749	32555	31949	30899	−3.3
业务收益指数	97.9	98.1	108.5	201.7	211.8	114.8	−45.8
进出香港船只/船次	350410	322628	174959	123801	132177	184582	39.6
进出香港乘客/千人次	25603	16072	1029	281	33	8071	24357.6
货柜吞吐量/千个标准货柜	19596	18303	17969	17798	16685	14401	−13.7
水上运输进口/亿港元	8.55	12.72	8.54	10.01	4.67	5.67	21.6
水上运输出口/亿港元	5.42	6.94		2.26	3.40	2.21	−34.9

数据来源：根据香港特区政府统计处《服务业统计摘要，第12章水上运输服务业》中表12.1、表12.2、表12.3、表12.6、表12.9整理获得。

（四）澳门海洋经济发展状况

澳门拥有 79.5 千米的海岸线及 85 平方千米的管理海域，面积有限且水深条件受限，海域开发利用展现出复杂多样的特征。为促进经济适度多元化发展，澳门特别行政区政府于 2023 年 11 月 1 日正式颁布了《澳门特别行政区经济适度多元发展规划（2024—2028 年）》。该规划明确强调，充分利用澳门丰富的海域及滨水空间资源，开发多样且吸引人的活动，以推动滨海旅游产品的创新与发展，进而促进海上旅游业的繁荣。此举旨在通过优化海域资源利用策略，为澳门经济多元化发展注入新动力。

2023 年，澳门旅游业显著回暖，全年入境旅客人数高达 2821.3 万人次，实现了 394.9% 的大幅增长，标志着澳门已有效摆脱新冠疫情的阴霾。尤为瞩目的是，旅游消费总额激增 292.2%，达到 712.45 亿澳门元，不仅超越疫情前水平，且入境旅客数量也恢复至 2019 年的七成。在此复苏背景下，海陆入境旅客的增长尤为亮眼，同比增长率高达 2128.3%，达 369.9 万人次。同时，陆路入境旅客以 2238.4 万人次占据主导，增长 4129.0%（表 3-4-5）。这彰显了澳门旅游市场的强劲复苏态势，为海上旅游市场的进一步发展奠定了坚实基础。

表 3-4-5　2019—2023 年澳门旅游业和运输仓储业

类别	年份					2023 年较 2022 年增长率/%
	2019	2020	2021	2022	2023	
旅游消费总额（不含博彩业）/ 亿澳门元	606.69	119.38	244.53	181.65	712.45	292.2
旅游游客总人次 / 万人	3940.6	589.68	770.6	570.0	2821.3	395.0
海路入境旅客人次 / 万人	626.76	42.63	20.08	16.60	369.9	2128.3
陆路入境旅客人次 / 万人	2930.2	504.57	700.4	529.3	2238.4	4129.0
空路入境旅客人次 / 万人	383.67	43.64	50.14	24.11	213.0	783.5
运输业总额增加值总额 / 亿澳门元	84.43	28.97	34.38	28.82	—	—

（续表）

类别	年份					2023 年较 2022 年增长率/%
	2019	2020	2021	2022	2023	
陆路运输增加值总额 / 亿澳门元	29.01	21.45	19.15	18.83	—	—
水路运输增加值总额 / 亿澳门元	3.27	−1.67	−0.78	−0.63	—	—
航空运输增加值总额 / 亿澳门元	9.84	−5.07	0.64	−1.96	—	—
运输相关及辅助服务增加值总额 / 亿澳门元	42.59	14.26	15.38	12.58	—	—

数据来源：根据澳门特别行政区政府统计暨普查局《澳门资料》《旅游会展及博彩—旅游统计表 7》《运输、仓储及通讯业调查》相关数据整理。

二、大湾区海洋经济发展的特色与趋势

粤港澳大湾区作为我国海洋经济开放合作的前沿阵地以及应对全球竞争的关键区域，在“9+2”城市群框架内，展现出了海洋经济发展的独特优势与广阔的合作前景。其海洋经济的发展特征主要体现在以下几个方面。

首先，政策体系日臻完善，海洋经济高质量发展动力强劲。国家对粤港澳大湾区的战略地位高度重视，已批复并实施了一系列旨在加速大湾区海洋经济发展的政策措施。这些政策广泛涵盖了海洋产业扶持、创新体系构建及区域协同合作，构建了一个全面且具有前瞻性的政策框架。在此框架下，2023 至 2024 年，大湾区内的各城市政府积极响应，相继发布了海洋经济发展的专项规划或措施。例如，广州出台了《广州面向 2049 的城市发展战略规划》，深圳则制定了《深圳市促进海洋产业高质量发展的若干措施》，彰显了各地对海洋经济发展的深刻认识和长远规划。同时，香港在财政年度施政报告中，澳门在首次发布的多元产业规划中，也均明确了对海洋经济的支持与重视。这一系列密集出台的政策举措，不仅为大湾区海洋经济的蓬勃发

展奠定了坚实的政策基础，还为其持续快速发展注入了源源不断的动力，推动大湾区海洋经济高质量发展。

其次，海域资源共享，海洋产业协同布局加速发展。粤港澳大湾区在海洋产业合作上展现出前所未有的紧密性，各城市共同探索海洋资源的可持续开发与利用路径。产业布局上，大湾区已初步形成以广州、深圳、香港为核心，东西部协同的特色海洋产业格局。西部区域依托其坚实的工业基础，聚焦于海洋工程装备与生物医药等高端制造业，力求打造国际领先的海洋产业高地；东部区域则利用优越的地理位置和现代服务业优势，重点发展海洋电子信息与涉海金融服务等新兴领域，为海洋经济注入创新动力。同时，全域积极发展滨海旅游业，依托大湾区独特的海洋资源，打造世界级滨海旅游胜地。这种梯度化、差异化的产业布局，促进了海洋经济的多元化与高层次发展，增强了湾区内部的经济联系与互动。它不仅推动了海洋服务业的深度整合，实现了产业链上下游的紧密合作与共赢，还促进了海洋资源的科学配置与高效利用，加强了对海洋生态环境的保护，为大湾区海洋经济的可持续发展奠定了坚实基础。通过海域资源共享与产业协同布局，粤港澳大湾区正逐步构建一个开放、协同、绿色的海洋经济发展新生态。

最后，高水平对外开放，大湾区海洋经济国际化进程提速。粤港澳大湾区是我国经济最为活跃、创新能力最强的地区之一，更是连接国内外市场、促进经济全球化的重要桥梁。港澳两地作为大湾区内的自由贸易港，凭借高度自治权、独特的法律体系以及全球领先的金融体系和外汇管理机制，在“一带一路”倡议中扮演着不可或缺的桥梁与纽带角色。作为国内国际双循环的重要节点，大湾区不仅为我国的经济全球化战略提供了坚实支撑，更为国际分工合作搭建了广阔平台。在这里，国内外企业可以充分利用大湾区的资源、市场和技术优势，实现优势互补、互利共赢。大湾区海洋经济作为区域经济发展的重要支柱，正加快“走出去”的步伐。通过与“一带一路”沿线国家和地区开展广泛的海上经贸合作和产能对接，大湾区不仅进一步巩固了双边和多边的海洋经济利益关系，还推动了海洋产业的高质量发展和国际化进程。这种高度的国际化水平，不仅提升了大湾区在全球海洋经济领域的影响力，更为其未来的可持续发展开辟了更广阔的空间和更深的合作层次。

三、大湾区海洋经济发展面临的挑战

尽管粤港澳大湾区在海洋经济发展和合作方面取得了显著成就，但仍面临多重制约因素和挑战，亟待有效解决。

首要且根本性的挑战在于粤港澳大湾区海洋经济发展中，统筹规划不足与产业政策同质化现象严重。这一挑战深刻影响大湾区海洋经济的长远发展，成为实现区域经济一体化与提升全球竞争力的关键障碍。大湾区作为一个由多城市组成的庞大城市群，其海洋经济应基于合理分工与高效协作，通过优化资源配置与产业布局，实现整体效益最大化。然而，大湾区在海洋产业统筹发展上力度薄弱，各城市发展目标高度趋同，尤其在珠三角，多个城市的海洋经济规划主导产业方向近乎一致。这种缺乏差异化和互补性的布局，不仅分散了海洋资源，重复投入要素，还削弱了区域协同与整体竞争力。更严重的是，城市间在海洋经济发展上协调不足，导致港口间多竞争少合作，造成了资源的浪费，并阻碍了规模效应与协同效应的充分发挥。

其次，涉海生产要素的流动受限，阻碍了资源配置效率的提升。在“一国两制、三关税区、三货币”的独特框架下，大湾区需克服基础设施、体制机制及社会文化理念全面联通的难题。然而，制度差异、社会经济发展水平不均及行政壁垒等因素显著限制了海洋人才、技术及资本等关键生产要素的流动。这不仅造成资源浪费与错配，还削弱了市场化资源配置机制的有效性。具体而言，跨境涉海基础设施供给不足是显著问题，大湾区内部城市间基础设施建设水平不一，跨境互联互通有待加强；城际行政边界效应明显，阻碍生产要素跨区域自由流动；海洋人文环境在港澳与珠三角城市间的沟通不畅亦不容忽视，历史、文化及制度差异导致人文环境差异大，制约了沿海旅游及相关行业的健康发展，也影响了大湾区海洋经济的区域协同与整体发展。

最后，海洋产业链上下游配套不足的问题尤为显著，亟须深度延伸与整合。大湾区内部各城市间海洋经济发展不均衡，西部城市相较于东部及中部，其海洋经济规模和实力明显滞后。这种不均衡不仅体现在经济总量方面，更显著体现在产业链构建与完善方面。跨境交易成本高企及制度差异增加了额外成本，导致大湾区海洋产业链上下游环节配合不紧密，难以实现高效协同与融合。这降低了海洋资源利用效率，严重制约了产业链的整体竞争力。此外，海洋科技创新合作的不紧密也是一大瓶颈，大湾区尚未形成高效的产学研用一体化体系，创新链与产业链融合度不足，使得海洋科技创新成果难以迅速转化为实际生产力，阻碍了海洋产业的转型升级和高质量发展。由于缺乏跨区域、跨行业大企业（集团）的引领与带动，大湾区海洋经济发展可能陷入“低端锁定”与“高端封锁”的双重困境，即低端产业难以升级至高端，被固化在低附加值、低技术含量的环节，而高端产业则因技术门槛高、创新难度大，难以突破进入高端市场。

四、推动湾区海洋经济的措施建议

为了促进海洋经济实现高质量发展，粤港澳大湾区必须持续优化合作机制，强化配套设施之间的互联互通，优化资源分配与利用，同时加大海洋科技创新力度并拓宽国际合作渠道，以此提升海洋经济的新质生产力。

其一，推动粤港澳大湾区海洋经济的协同发展，首要在于构建并完善顶层协商与合作机制。具体而言，设立由中央政府主导的海洋经济发展协调领导小组，负责制定并协调长期战略与短期政策，确保政策的一致性与连贯性。同时，成立海洋经济发展委员会，成员涵盖粤港澳三地政府、涉海企业、非营利组织及学术界代表，作为常设机构，负责利益协调、冲突解决，形成有效的海洋经济合作协调机制。在此基础上，探索在现有制度框架内建立多层次、多维度的合作体系，涵盖基础设施建设、海洋产业协同发展、科技协同创新等领域，以优化合作环境与机制。通过定期高层会议、设立专项工作小组、开展联合研究等途径，强化政府间及企业间的沟通与合作，共同促进海洋经济的高质量发展。

其二，加快涉海基础设施的互联互通是构建粤港澳大湾区海洋经济开放合作新格局的关键。首先，以推进海洋交通基础设施共建为抓手，构建人才、技术、资本等生产要素在大湾区中流动的连接基础，这包括优化港口布局，整合港口资源，强化港口间的国际协作，共同打造世界级港口群，提升湾区的海洋产品与要素的国际流通水平。其次，推动共建统一的海洋大数据平台，整合海洋数据资源，实现海洋数据的共享与应用。通过实施大湾区“智慧海洋”工程，建设海洋综合监测网络，提高海洋管理的智能化和精细化水平。最后，还应加强跨境交通基础设施的建设和互联互通，提高大湾区内部的联通效能和跨境效率，通过建设跨海大桥、海底隧道等重大项目，打破地理上的隔阂，促进人才、技术、资本等生产要素的自由流动和优化配置。

其三，激发粤港澳大湾区各城市海洋产业特色并构建全方位的海洋科技合作创新生态圈是区域海洋经济高质量发展的核心策略。首先，充分发挥广州、深圳、香港、澳门四大中心城市的引领作用，同时激发其他节点城市的活力，形成紧密的上下游产业链协同，增强海洋产业的竞争力和国际影响力。其次，加速培育具备完整创新体系和强大市场竞争力的海洋产业领军企业，这些企业应能引领大湾区海洋产业链整合与拓展，并重点发展海洋新兴产业。通过深度融合人工智能、大数据、云计算等前沿技术，推动海洋经济数字化转型与智能化升级，促进产业融合，提升海洋新质生产力水平。最后，以四大中心城市为核心，依托珠江口东、西岸的科技产业园，构建科技创新走廊，实现从海洋科技基础研究到应用开发，再到产业化推广的全链条突破，并同时利用横琴、前海、南沙三大平台的示范效应，通过市场机制激发创新活力，带动全区海洋科技应用创新，共同构建一个开放、协同、高效的海洋科技合作创新生态体系，为粤港澳大湾区海洋经济的高质量发展提供强大动力。

执笔人：刘成昆（澳门科技大学）

专题篇

Ⅳ

1
海洋新质生产力赋能海洋强国建设的基础、困境和路径选择

摘要： 海洋与人类生存息息相关，与国家兴衰紧密相连，世界强国必然是海洋强国。加快形成和发展海洋新质生产力是推进海洋强国建设的内在要求。新质生产力为海洋强国建设提供了新动能，驱动了海洋经济创新发展、绿色发展，推动了现代海洋产业体系构建，提升了国际竞争力。基于当前海洋强国建设总体情况分析，破解海洋新质生产力发展中的瓶颈，必须坚持自主创新发展，聚焦海洋战略性新兴产业和未来产业培育壮大，海洋生产要素优化配置，运用宏观、系统和前瞻的战略思维，积极培育和发展新质生产力，为建设海洋强国注入强大动能。

关键词： 新质生产力；海洋强国；高质量发展；科技创新

党的二十大报告提出，“发展海洋经济，保护海洋生态环境，加快建设海洋强国”。习近平总书记曾强调，“海洋是高质量发展战略要地”，“坚持陆海统筹，坚持走依海富国、以海强国、人海和谐、合作共赢的发展道路，通过和平、发展、合作、共赢方式，扎实推进海洋强国建设”。建设海洋强国是习近平新时代中国特色社会主义事业的重要组成部分，是实现中华民族

伟大复兴的重大战略任务。

2023 年 9 月 6 日至 8 日，习近平总书记在黑龙江考察调研期间指出，要整合科技创新资源，引领发展战略性新兴产业和未来产业，加快形成新质生产力，增强发展新动能。自此“新质生产力”这一新词汇跃入大众视野。随后，国内学者从不同角度对新质生产力展开了研究。然而在现有研究成果中，对于海洋领域如何发挥新质生产力作用的研究十分有限。为理清新质生产力与海洋强国建设之间的内在逻辑，本报告对海洋新质生产力的基本理论进行了阐述，分析了新质生产力推进海洋强国建设的现实基础，基于此，提出加快发展海洋新质生产力、推动海洋强国建设的实践路径。

一、海洋新质生产力的内涵与特征

生产力理论是马克思主义经济理论体系的核心范畴，也是历史唯物主义的根本理论基石。生产力作为人们在劳动生产中利用自然、改造自然以满足人的需要的客观物质力量，其发展水平和质量是衡量社会进步的根本尺度。

新质生产力蕴含丰富的思想内涵与鲜明的时代特征。习近平总书记深刻指出，新质生产力“由技术革命性突破、生产要素创新性配置、产业深度转型升级而催生，以劳动者、劳动资料、劳动对象及其优化组合的跃升为基本内涵，以全要素生产率大幅提升为核心标志，特点是创新，关键在质优，本质是先进生产力”。

海洋新质生产力是新质生产力在海洋领域的具体呈现，由海洋技术创新突破、海洋生产要素创新性配置、海洋产业深度转型升级催生而成，从而推动海洋经济高质量发展的先进生产力质态。海洋新质生产力的实质在于以科技创新推动产业创新，并不断加强二者的深度融合，改造提升传统产业、积极培育战略性新兴产业、引领发展未来产业，围绕高质量发展拓展经济增长空间。

“海纳百川，取则行远。”开放包容是海洋的一个基本属性。人们在创造美好生活的过程中，不断地探索海洋的生物多样性、地质活动、化学和物理规律等，同时，海洋与生态保护、经济发展、灾害防治、国防建设等各个领域普遍关联和交互，认识和经略海洋始终是一个系统性课题。

因此，海洋新质生产力具备高技术、高效能、高质量等特征的同时，也有别于其他产业的新质生产力。一是从资源特性上看，海洋新质生产力的资源潜力更多元。海洋能源、矿产、生物、空间等海洋资源具有广阔性、多样性和复杂性等特点，其开发和利用可以推动海洋产业的多元化可持续发展。二是在技术应用方面，海洋新质生产力对技术的要求更高。由于海洋环境的特殊性，如高盐度、高压力、强腐蚀，对设备的耐腐蚀性、密封性、稳定性等要求极高。同时，海洋资源的勘探、开发和利用也需要借助先进的海洋工程技术、深海探测技术等。三是在协调发展方面，海洋新质生产力更有辐射效应。海洋的开放性和新质生产力以创新为主导的特性相结合，能够使得资源在区域间更加高效合理地流动和配置，促进产业链的深度融合和拓展，形成优势互补、互利共赢的发展格局。四是从对国家经济和安全的影响来看，海洋新质生产力更具战略意义。面对资源、战略通道、科技、地缘政治等多重国际竞争，海洋新质生产力的发展有助于构建技术优势，提升竞争质量和水平，促进国际合作和影响竞争格局，推动构建和谐的海洋秩序。

二、海洋新质生产力赋能海洋强国建设的现实基础

海洋新质生产力的形成并非单一因素作用的结果，是由海洋科技的革命性突破、海洋领域生产要素的创新性配置等多方面相互促进、相互配合、共同催生而成。

（一）海洋科技创新能力日益提升，为海洋新质生产力发展提供了技术保障

创新是引领发展的第一动力。多年来在创新驱动发展战略引领下，我国海洋科技创新能力稳步增强，重大科技成果相继推出，为海洋新质生产力提供强大科技支撑。一方面，海洋领域重大创新平台不断完善，相继成立崂山

国家实验室、汉江国家实验室，建设形成海岸和近海工程、深海载人装备等11个国家重点实验室，布局建设广东大亚湾海洋生态系统国家野外科学观测研究站、海南三亚海洋生态系统国家野外科学观测研究站、海南西沙海洋环境国家野外科学观测研究站等7家国家野外科学观测研究站。省部共建国家海洋综合试验场（威海）投入业务运行，国家海洋综合试验场（深海）和国家海洋综合试验场（珠海）建设取得阶段性进展。海水淡化与综合利用示范基地、海洋药物和生物制品中试孵化等产业公共服务平台建设稳步推进。另一方面，海洋领域重大科技成果不断涌现。深海关键技术装备实现无人、载人谱系化发展，“深海勇士”号、“海马”号、“潜龙二号”共同形成我国4500米级深海多功能作业能力，“奋斗者”号创造了10909米中国载人深潜的里程碑式纪录，“海斗一号”填补了我国万米级作业型无人深水器的空白。海洋油气勘探开发实现从水深300米到3000米的飞跃，天然气水合物实现从探索性试采向试验性试采的重大跨越。海洋可再生能源利用领域，我国自主研发的兆瓦级潮流能发电机组连续运行时间保持世界领先；20千瓦海洋漂浮式温差能发电装置完成海试，首次在实际海况条件下实现海洋温差能发电原理性验证和工程化运行；我国首台自主研发兆瓦级漂浮式波浪能发电装置“南鲲”号完成研建，正开展发电试验。

（二）海洋产业发展实力不断增强，为海洋新质生产力发展提供了产业基础

经过多年发展，我国海洋经济初步形成了以海洋渔业、海洋船舶工业、海洋油气业、海洋交通运输业、海洋旅游业等主要产业为核心，以海洋科研、教育、管理和服务业为支撑，以材料生产、装备制造、金融保险、经营服务等上下游产业为拓展的海洋产业体系，涵盖劳动密集型、资本密集型、知识密集型、技术密集型等产业类型。根据国家海洋信息中心发布数据，2023年我国海洋生产总值达99097亿元，较2022年增长6%，高于国民经济增速0.8个百分点。特别是近年来我国海洋战略性新兴产业快速发展，海水淡化工程规模持续增长，截至2023年底日产淡水能力较2020年增长52.8%。海上风电累计装

机容量位居全球首位，自主研发的兆瓦级潮流能发电机组连续运行时间保持世界领先。壳聚糖、海藻酸钠等海洋生物原料级产品产量占全球份额超过80%，我国自主研发的海洋药物占全球已上市品类的近30%，海洋糖类药物研发进入国际先进行列。船舶制造高端化、智能化、绿色化发展扎实推进，已进入产品全谱系化发展新时期，海洋工程装备总装建造步入世界第一方阵，国际市场份额继续保持全球领先。良好的产业发展基础加速新兴和前沿技术从创意到产品的产业化过程，推动海洋新质生产力的加快形成与发展。

（三）超大规模的市场需求，为海洋新质生产力发展提供了丰富的应用场景

海洋新质生产力的发展涉及供需双侧。从市场需求角度来说，当前随着我国综合国力的不断攀升，工业化、城镇化进程持续加快，人们生活水平、消费水平、消费层次与理念的加速提高，海洋经济高质量发展对新技术、新产品、优质服务的需求快速提升，为海洋新质生产力发展提供了巨大的发展空间。例如，人们对健康、长寿的追求日益提高，将会催生海洋药物和生物制品业的加速发展。陆地资源和近海资源的逐渐匮乏，将会推动深海生物资源、矿产资源、空间资源的探知与开发，以及各类海洋装备和仪器设备研发制造的提速。环保要求的提高和资源、能源利用瓶颈的限制，对海水利用、海洋新材料、海洋新能源、海洋环保等产业的需求也会越来越高。随着人们对物质文化生活和精神文化生活需求的变化与提升，邮轮游艇旅游、海上体育竞技、深海远海探险游等新兴业态将会不断壮大。此外，随着以物联网、云计算、大数据、3D打印技术等为代表的数字技术的快速发展，数字技术创新在各海洋产业领域的渗透、覆盖和应用赋能效应也会逐步扩大，将有力促进海洋产业数字化转型，不断创造新业态、新模式。

三、海洋新质生产力赋能海洋强国建设面临的困难与瓶颈

加快海洋新质生产力的形成与发展壮大是加快海洋强国建设的关键举

措。尽管我国海洋新质生产力发展取得了一些成绩，形成了一定的基础，但依然存在诸多困难和制约瓶颈，主要表现在以下方面。

（一）科技自主创新能力有待提升，关键核心技术存在“卡脖子”风险

关键技术能否取得整体性、创新性突破，不仅关系到我国海洋产业发展韧性与安全，也关乎海洋强国目标的实现。近些年，在海洋强国战略和创新驱动战略的双重支持下，我国海洋科技领域取得了大量基础研究成果，部分领域接近了发达国家水平，海洋探测、极地科考、海洋装备研发制造、海洋生物资源开发等领域的科技创新水平大幅提高。但是总体来说，我国海洋基础研究依然较为薄弱，海洋科技与国际领先水平整体差距在 10 年左右，核心技术与关键共性技术自给率低。如海工装备本土配套率不足 20%，80% ~ 90% 的深海技术与装备依赖进口；海洋种业中大西洋鲑等养殖品种仍依赖挪威进口，优质种质资源大多集中在欧美等发达国家手中；海洋新材料中高端产品和核心技术依赖进口，国外船舶涂料企业占我国市场份额的 80%；海水淡化国产反渗透膜、高压泵、能量回收装置的关键性能指标与国际先进水平差距明显。另外，海洋科技成果转化不足，技术装备缺乏应用场景，难以有效实现更新迭代与市场化应用，缺少高质量海洋科技成果推广应用平台，以及可承接成果转化应用和产业化的龙头企业，难以形成实验室到产业化的良性循环。如在海洋药物和生物制品领域，全国可提供全流程服务的中试孵化平台仅有 2 家，且市场化运行能力有待提升。

（二）资金获取来源较为单一，有效的投融资机制欠缺

海洋新质生产力以高新技术为首要特征，技术研发和产业培育壮大需要大量的资金投入。同时海洋新质生产力还具有高风险的特征，对投融资保障机制要求较高。近些年，我国加大对海洋新兴产业的支持力度，通过建设海洋创新示范城市、设立海洋可再生能源专项等举措为海洋新兴产业创新发展提供资金支持。但仅以中央财政投入为主，社会资本投入较少，海洋新兴产

业自主“造血”、保障资金持续性支持的能力仍明显不足。究其原因主要是社会投资机构对海洋新兴产业和新兴业态的发展路径和潜在风险了解不够深入，开发的针对性产品较少，而且新产业新业态在创新创业阶段都是规模较小的中小企业，信用评级不高、投资收益前景不明朗，直接从银行贷款难度较大。从多年来针对海洋中小企业的投融资专题路演成果来看，仅有一成的海洋中小企业获得过机构投资。

（三）产业结构高级化程度偏低，产业链条构建不完备

近年来，作为我国海洋新质生产力的载体，海洋战略性新兴产业的发展尽管取得了明显的成效，发展速度明显高于传统海洋产业，但仍然处于发展初期或萌芽起步期，总体发展规模仍不大，且缺乏具有国际竞争力和影响力的行业龙头企业，竞争力强的行业品牌和拳头产品更是屈指可数。在数字化、低碳化技术革命和产业变革的大背景下，海洋传统产业转型升级压力加大。海洋数字信息共享不足，制约了海洋的数字化发展。从产业链构建来说，海洋战略性新兴产业和未来产业的产业链条尚未构建完备。如深海矿产资源开发，上游的装备制造领域多数关键设备依赖进口，中游存在深海采矿装备在研发和试验阶段与实际应用阶段的对接障碍，商业化开发始终难以实施，下游的配套服务也不健全。另外，还有一些海洋未来产业尚处于设想、孕育阶段，从发现、培育到产业化还有较为漫长的路要走。

（四）海洋人才欠缺，高层次人才匮乏

海洋新质生产力具有典型的技术知识密集型特征，要实现海洋新质生产力的持续增长和培育壮大，必须有充足的人才储备作为保障。当前我国海洋领域战略科学家、海洋科技领军型人才和海洋产业高技能人才短缺，面向海洋科技创新的新学科、新问题、新需求出现，海洋人才队伍体系建设有许多不足，人力资本要素潜力尚未充分发挥，有利于创新创业的体制机制还不完善，创新环境有待进一步优化。

四、海洋新质生产力赋能海洋强国建设的实现路径

充分挖掘海洋新质生产力是我国抢占未来竞争制高点和构建国家竞争新优势的重要方向，也是推动海洋强国战略落实的坚实基础。基于海洋强国建设现状和基础、面临的困难与瓶颈，可以从以下几个方面来推动海洋新质生产力发展，赋能海洋强国建设。

（一）以科技创新自立自强驱动海洋新质生产力跃升

当前，世界百年未有之大变局加速演进，随着新一轮科技革命的快速迭代升级与突破，科技在生产力构成要素中的主导作用愈发突出。习近平总书记强调，科技创新能够催生新产业、新模式、新动能，是发展新质生产力的核心要素。这就要求我们加强科技创新特别是原创性、颠覆性科技创新，加快实现高水平科技自立自强……打好关键核心技术攻坚战，使原创性、颠覆性科技创新成果竞相涌现，培育发展新质生产力的新动能。我们要坚持自主创新与开放创新协同共进，着力提升我国在全球海洋科技创新网络中的话语权与主导力。

一是加强海洋领域核心关键技术攻关。加强原创性、颠覆性技术突破和前沿战略技术储备，着力突破海洋环境安全保障、深海矿产勘探开发、极地活动、海洋可再生能源开发等领域关键技术装备瓶颈。二是优化海洋科技资源配置。优化海洋科技创新平台布局，加快推进深海空间站、海洋综合试验场等重大创新平台建设，推动海洋调查船、深海潜水器、中试和定型平台等科技资源共享共用，建立适应海洋新质生产力发展的新型科研组织模式和资源配置方式。三是围绕产业链部署创新链。畅通科技创新与产业创新循环，推动创新链、产业链、资金链、人才链深度融合，加快海洋科技创新成果向现实生产力转化。推动海洋战略性新兴产业公共服务平台扩展功能、提升水平，强化海洋科技成果转化市场化服务。探索构建“产业创新＋企业创新”平台体系，为科技型初创企业提供覆盖全生命周期的创新创业服务。四是发挥企业在创新中的作用。强化企业创新主体地位，提升产学研合作效率，打

造一批创新能力强的海洋产业龙头和专精特新企业，推动构建以企业为主体的海洋科技创新体系。

（二）以数字化、智能化、绿色化赋能海洋新质生产力规模壮大

近年来，伴随人工智能、生命科学、新能源等前沿技术的发展，全球产业体系数字化、智能化和绿色化发展态势加速推进。要加快推进海洋产业数字化、智能化和绿色化转型，积极开辟海洋经济发展新领域新赛道，补齐短板、拉长长板、锻造新板，构建创新驱动、绿色智能、协同高效的现代海洋产业体系。

一是强化数字赋能，提升海洋产业生产效率。促进现代信息技术与海洋产业深度融合，拓展海洋产业应用场景，发展智能制造、智慧港口、智能航运、智慧旅游等。强化海洋数据要素供给，推进智慧海洋、透明海洋建设，加强海洋气象水文、海底地形地貌、航路航线、海洋遥感、船测数据、浮标数据等数据资源共享共用。二是培育壮大海洋战略性新兴产业，塑造发展新优势。着力提升深远海养殖、海洋油气等装备制造自主化水平，加快海洋清洁能源多元化开发应用，推进海上风电集群化开发，推动海洋能和海水淡化规模化利用，加快海洋药物和生物制品产业化开发，加速海洋战略性新兴产业融合集群发展。三是加速布局未来产业，抢占海洋领域发展先机。组织实施海洋未来产业孵化和加速计划，加大量子技术在海洋防灾减灾、预警预报、应急处置、海洋基础调查等领域的研究与应用，加强海洋领域生命科学研究和技术研发，前瞻布局深海开发（如深海潜水器、深海智能无人平台、深海矿产资源开发等）、海洋新材料（如金属陶瓷深钻材料）、海洋生物（如深海基因技术、海洋药源生物育种）、海洋新能源（如海水制氢）、海洋＋人工智能（如海洋数字孪生）、海洋物联网等未来产业。利用冷泉系统、天然气水合物钻采船等大科学装置加快推进可燃冰产业化开采。四是推广绿色低碳循环发展方式，厚植发展底色。加快生产方式绿色转型，应用绿色科技创新成果和先进绿色技术改造提升海洋船舶工业、海洋交通运输业等传统产业，培育壮大海洋领域减污降碳新兴产业。强化海洋资源综合利用，完善

海洋循环产业链条。推进海洋产业多元融合发展，促进海洋生态产品价值实现。推进海洋碳捕捉利用封存、储能等绿色基础设施建设布局，探索建立我国蓝碳定价机制，推动海洋领域增汇减排、碳汇核算交易。

（三）以创新配置海洋生产要素释放海洋新质生产力活力

习近平总书记强调："生产关系必须与生产力发展要求相适应。发展新质生产力，必须进一步全面深化改革，形成与之相适应的新型生产关系。""要深化经济体制、科技体制等改革，着力打通束缚新质生产力发展的堵点卡点。"要全面深化体制机制改革与开放，强化科技、人才、资金、资源和生态环境等方面的支持与保障，推动海洋资源、劳动力、资本、科技、管理、数据等要素实现便捷化流动、网络化共享、系统化整合、协作化开发和高效化利用。

一是构建多层次海洋人才梯队。围绕深远海先进装备研制应用、极地探测与作业装备研制应用、海洋新材料、海洋生物、海洋新能源等重点领域，引进和培育一批具有颠覆性科学认识的海洋战略科学家、原创性技术创造能力的一流科技领军人才和青年科技人才。围绕海洋物联网、海洋智能制造、人工智能等先进技术领域，锻造一批卓越工程师和高技能人才。二是深化海洋科技与人才体制机制创新。推动完善海洋领域前沿科学研究的央地协同、军民协同、政企协同机制，强化科技创新政策合力。针对海洋产业发展需求，调整、优化海洋学科设置和实践教育导向，探索职普融通、产教融合、科教融汇机制，加大紧缺型、复合型、交叉融合型海洋科技人才培养，建立健全"产学研"转化接力机制。进一步完善人才激励、收入分配、科技成果转化和人才流动机制。三是强化海洋资源要素保障。坚持陆海统筹，加强海洋空间规划与用途管制，优化现有用海用岛制度，探索建立更灵活、更具弹性的海域海岛资源配置机制，保障新产业、新业态、新模式发展资源要素供给。统筹协调各行业用海用岛需求，强化渔业养殖、海上光伏、海上风电等行业用海的精细化管理，推进海域立体分层设权，促进海洋资源集约高效利用。四是保护和改善海洋生态环境。抓好海洋环境整治和风险防范，加强对红树林、珊瑚礁、海草床等典型海洋生态系统、生物物种及遗传资源的保护与修复，着力提升海洋生态系统质量和稳定性，为海洋新质生产力发展提供持续可利用的基因资源、健康安全的生态环境和独特别致的景观文化，夯实人与自然和谐共生的发展基底。五是完善海洋经济治理体系。充分发挥新型举国体制作用，重点突破海洋经济高质量发展的重点领域和关键环节，破解政策标准约束、强化规划指导，清除海洋新技术、新产业管制或扶持的政策盲区和死角，破除妨碍涉海民营企业参与市场竞争的制度壁垒，如支持涉海民营领军企业组建创新联盟和创新联合体。发挥蓝色金融牵引作用，加大对海洋科技创新及其成果转化、海洋资源可持续利用、海洋生态环境保护等领域的支持力度。六是推进高水平对外开放。不断扩大制度型开放，深度参与全球海洋治理，用好国际国内两个市场、两种资源，充分参与全球海洋产业分工与合作，形成更强大的海洋新质生产力，不断提升中国的国际吸引力、影响力和带动力。

执笔人：朱　凌（国家海洋信息中心）
胡　洁（国家海洋信息中心）
耿立佳（自然资源部东海发展研究院）
王卓娅（国家海洋信息中心）

2
新质生产力与现代海洋城市发展

摘要： 建设现代海洋城市既契合了拓展海洋经济发展空间、建设海洋强国的战略任务，也是中国式现代化的有机组成部分。面向海洋领域加快发展新质生产力、高质量建设现代海洋城市，是当前各沿海城市必须承担的时代使命。本报告基于现代海洋城市的“海洋化”与“现代化”两大特征，将新质生产力的本质内涵嵌入“对象—理念—空间”三个维度，对新质生产力推动现代海洋城市发展问题进行了解析。现代海洋城市发展以“海洋经济—海洋科技—海洋生态—海洋文化—海洋治理”五大子系统为对象，以“创新—协调—绿色—开放—共享”为理念，以“地理—要素—产业—网络—生活”空间拓展为路径，回答现代海洋城市“是什么”的问题。之后围绕现代海洋城市的三维内涵探索新质生产力推动现代海洋城市发展的基本路径，全方位反映现代海洋城市发展的系统性、先进性、开放性、辐射带动性，回答新质生产力如何推动现代海洋城市发展的问题，为进一步推进海洋强国战略切实落地提供理论指导。

关键词： 现代海洋城市；新质生产力；海洋经济发展空间

一、引言

海洋是高质量发展战略要地，是拓展经济社会发展空间的主要载体。海洋经济是推动我国经济高质量发展的关键引擎，发达的海洋经济是建设海洋强国的重要支撑。近年来，国家出台了一系列文件，助力海洋经济高质量发展。2021 年 4 月，中央进一步提出“支持深圳、青岛等强化海洋功能和特色，带动形成一批现代海洋城市”。现代海洋城市的提出立足于高质量发展的新阶段，服务于构建“以国内大循环为主体、国内国际双循环相互促进”的新发展格局，是深化海洋强国建设的新举措。党的二十届三中全会强调，当前和今后一个时期是以中国式现代化全面推进强国建设、民族复兴伟业的关键时期。在此背景下，建设现代海洋城市不仅能够挖掘海洋经济新的增长点、推动海洋资源的节约利用、助力海洋生态文明的建设，更可以使其成为推进中国式现代化建设、实现全面建成社会主义现代化强国的重要空间载体。

现代海洋城市建设在时间轴线上表现为海洋城市生产力不断提升的现代化过程，新质生产力对挖掘海洋城市可持续发展的新动能、探索海洋城市高效发展的新模式、建立海洋城市开放发展的新格局具有重要助推作用。然而，目前学术界对新质生产力推动现代海洋城市发展的路径探索明显不足。与现代城市和海洋城市不同，现代海洋城市兼具陆海经济关联的特殊性和现代城市发展的动态性，使得现代海洋城市的研究需要建立一套在新时代背景下符合海洋城市特殊发展规律的理论框架。解读现代海洋城市的内涵，掌握现代海洋城市的发展要义，探寻现代海洋城市的成长脉络，是建设现代海洋城市的基础。这就引出了几个值得深思和探讨的现实问题：一是现代海洋城市的核心内涵是什么？只有厘清现代海洋城市的深刻内涵，才能精准把握现代海洋城市的规划、建设、治理方向。二是现代海洋城市的发展路径是什么？只有明晰新质生产力与现代海洋城市发展的关联逻辑，才能准确识别现代海洋城市发展过程中的短板和长板，推进现代海洋城市建设进程。基于此，本报告试对上述问题展开初步探讨。

二、 现代海洋城市的概念演进与辨析

海洋城市是高质量发展海洋经济的重要空间载体，在海洋经济成为我国经济新的增长点的背景下，青岛、天津等沿海城市相继在“十四五”规划中提出“建设现代海洋城市”的发展目标。但目前学术界针对现代海洋城市内涵的研究并不多，大部分文献聚焦于全球海洋中心城市。考虑到现代海洋城市是“现代城市”和“海洋城市”的耦合，本报告将梳理学术界对现代城市、海洋城市和全球海洋中心城市的内涵界定，给出现代海洋城市的概念演进脉络。

（一）现代城市的内涵

截至目前，关于现代城市的内涵，学术界并没有统一的定义，现有研究多从城市现代化的视角进行阐释，认为现代城市是城市自身运动的高级阶段和城市存在的高级形式。从发展特征来看，城市现代化具有相对性、动态性和阶段性的特点；从发展对象来看，城市现代化包含经济、文化、社会、生态、管理等各个子系统的现代化；从发展过程来看，城市现代化是指城市的生产生活方式等由传统社会向现代社会发展的历史转变过程。本质上，城市现代化是以先进的科学技术和高度发达的社会管理能力为内在推动力，从而使城市各个子系统不断优化的过程，具体表现为经济繁荣、科技创新产业链条完备、物质和精神文明高度发展、城市生态平衡、综合管理体系先进。

（二）海洋城市的内涵

海洋城市最先是一个地域性概念，随着各国对海洋发展支持力度的加大，海洋城市的内涵不断丰富。目前，学术研究中主要从以下几个方面进行了界定。首先，从地理特征上看，海洋城市是指凸显面向海洋的“外向型”发展特征，汇聚海陆双向资源与空间，实现海陆互为腹地、互动发展的城市。其次，从城市功能上看，海洋城市在原有城市功能的基础上增加了海洋功能，即经济社会等各方面的发展与海洋紧密相关的城市。最后，从海洋城

市涉及的海洋子系统来看，主要包括海洋经济、海洋科技、海洋空间、海洋生态、海洋文化、海洋治理等，这些子系统相互交织，共同促进海洋城市的发展（陆杰华等，2020）。

（三）全球海洋中心城市的内涵

全球海洋中心城市的概念源自2012年国际咨询机构“梅农经济”发布的《全球领先的海事之都》研究报告，衡量指标涉及国际声誉与地位、海洋金融与法律完善、海洋科技实力与发展前景、港口与物流业基础设施质量和效率、城市吸引力与竞争力并存五方面（崔翀，2022）。在此基础上，国内学者进一步剖析了全球海洋中心城市的内涵。从发展特征上看，海洋性、中心性和全球性是全球海洋中心城市的基本特征。其海洋性特征主要体现在海洋资源丰富、海洋经济实力雄厚；中心性特征主要体现在海洋及相关产业辐射带动作用明显；全球性特征主要表现为在参与国际合作中发挥着重要引领作用（钮钦，2021）。从发展对象上看，全球海洋中心城市是依托并综合发展海洋经济、海洋资源、海洋生态、海洋文化、海洋科技、海洋旅游等海洋相关领域，逐步形成增长极，集聚、吸引相关资源，以进一步辐射带动所在及邻近区域社会经济发展的城市（狄乾斌和周杰，2022）。

（四）现代海洋城市的概念由来与辨析

海洋城市是赋能海洋强国战略的基本单元，在海洋经济成为国民经济新增长点的背景下，“现代海洋城市”这一耦合了“现代城市”和“海洋城市”概念的名词应运而生。有关现代海洋城市内涵的直接阐述，目前仍停留在政府公文表述中。2022年4月，青岛市委、市政府颁布《关于加快打造引领型现代海洋城市助力海洋强国建设的意见》，提出要紧紧围绕建设引领型现代海洋城市目标，加快建设国际海洋科技创新、全球现代海洋产业、国际航运贸易金融创新、全球海洋生态示范、全球海洋事务交流“五个中心”。此外，天津、厦门等沿海城市在海洋经济发展“十四五”规划中均指出，要建成经济领先、科技创新、区域协调、开放合作、生态宜居的现代海洋城市。

通过对现有研究及政府公文的梳理，将全球海洋中心城市和现代海洋城市的特征进行比较可以发现，全球海洋中心城市的重点在于“全球化”和“中心化”，强调在海洋相关领域具有核心竞争力和广泛影响力、在一定区域内起枢纽作用的城市建设。现代海洋城市的建设则更侧重于“现代化”。“现代化”则赋予了海洋城市更明确的发展目标，即以完备海洋功能和具备鲜明海洋特色的海洋城市为空间载体，推进具有中国特色的海洋城市现代化建设。随着海洋城市单元内的物质文明、政治文明、精神文明、社会文明、生态文明水平的不断攀升，现代海洋城市空间集聚与外溢效应不断扩大，国内及国际影响力也在不断增强。

三、新质生产力的内涵与外延

（一）新质生产力的概念由来

生产力是推动人类社会发展和进步的最终决定力量。近年来面对新轮科技革命和产业变革，推动生产力变革和生产关系重塑成为世界各国的必然应对之举，无论是大力发展新技术、新产业、新业态，还是传统行业实施绿色化、低碳化、数字化，都是将提高生产力的新水准和新质态作为根本遵循。这种情况下，新质生产力应时而生。

2023 年 9 月，习近平总书记在黑龙江考察时首次提出“新质生产力”概念。2023 年 12 月，中央经济工作会议明确提出，要以颠覆性技术和前沿技术催生新产业、新模式、新动能，发展新质生产力。2024 年 3 月，政府工作报告中再次强调“大力推进现代化产业体系建设，加快发展新质生产力”。2024 年 7 月，党的二十届三中全会明确提出，“健全因地制宜发展新质生产力体制机制”，“促进各类先进生产要素向发展新质生产力集聚”。新质生产力是一个具有动态性、时代性和战略性的新概念，是要素新优势、产业新形态、发展新路径、竞争新优势的集成表述，代表着更创新、更高阶、更可持续的生产力发展方向（李政和崔慧永，2024）。

（二）新质生产力的内涵探讨

“新质生产力”概念一经提出，学术界就对其科学内涵展开了积极讨论。学者们主要从生产力理论发展的纵向脉络出发，追溯历次科技革命和产业变革对生产力质变的影响，探讨新质生产力在当前经济社会转型中显现和演进的逻辑。新质生产力是马克思主义生产力理论的创新与发展（胡莹和方太坤，2024）。新质生产力的内涵主要体现在“新”与“质”两个方面。首先，新质生产力的“新”在于以创新引领变革。它通过技术革新促进传统生产力质态转变（任保平和豆渊博，2024）。以数字技术为基础的数字经济，核心特征与新质生产力高度契合，是推动新质生产力形成和发展的重要引擎（焦方义和杜瑄，2024）。其次，新质生产力的“质”在于生产力要素质的提升。生产力三大基本要素及其优化组合的新质跃升是其基本内涵（蔡万焕和张晓芬，2024），它外显于构成要素质量提升，即劳动者素质持续提升、劳动资料改进与广泛应用、劳动对象不断扩张、科学技术突飞猛进、管理水平显著提升等（管智超等，2024）。本质上，新质生产力是传统生产力的跃迁（郭朝先等，2024；张姣玉和徐政，2024）。它超越依靠大量资源投入、高能耗生产方式，摆脱传统生产力增长路径，突出科技创新主导作用，更符合高质量发展要求、更体现融合交叉发展特征（张林和蒲清平，2023）。

新质生产力是数字时代生产力发展质态的转变的复杂过程（姚树杰和王洁菲，2024）。它是以科技创新为主导，符合新发展理念和高质量发展要求的生产力。新质生产力特点是创新，关键在质优，本质是先进生产力。加快培育和发展新质生产力是推动高质量发展的内在要求和着力点。

四、新质生产力驱动下的现代海洋城市内涵探讨

现代海洋城市的发展需要以海洋资源为依托，尊重现代城市建设与海洋经济发展的基本规律。本报告在对现有文献和政府公文梳理的基础上，基于系统论、空间论、可持续发展理论，构建现代海洋城市的“对象—理念—

空间”（Object–Concept–Space，即 O–C–S）三维内涵解析框架，从三个维度充分反映现代海洋城市发展的系统性、先进性、开放型、辐射带动性等特征。现代海洋城市是“现代城市”和“海洋城市”的耦合，其内涵应充分体现“现代化”和“海洋化”特征。其中，“现代化”的特征契合了走中国式现代化道路的现实背景，具体表现为以海洋城市为空间载体，以新发展理念为指引，依托新质生产力供给新动能，推动海洋城市向工业化、信息化、数字化等迈进。“海洋化”的特征凸显为城市具有完备海洋功能和鲜明海洋特色，具体表现为海洋空间布局、海洋经济发展、海洋科技创新、海洋生态文明、海洋综合治理等方面的更新迭代和转型升级。

面向海洋领域加快发展新质生产力，高质量建设现代海洋城市是当前各海洋城市必须承担的时代使命。在海洋领域，新质生产力是以海洋经济运行的要素、技术、产业、制度等为载体，以科技创新为引领，以实现“创新、协调、绿色、开放、共享”等多重质效为目标导向，从微观、中观、宏观三个层面重塑海洋经济发展的新动能、新业态、新模式，达到海洋经济生产力“新”和“质”双线能级跃迁。新质生产力在时代背景下赋予现代海洋城市“现代性”与“海洋性”新内涵。培育和发展新质生产力能够有效推动现代海洋城市发展（图 4–2–1）。

本报告从现代海洋城市发展的对象、理念、空间三个维度进行阐释：第一，在对象维度上，现代海洋城市以“海洋经济—海洋科技—海洋生态—海洋文化—海洋治理”五大子系统为发展对象，通过产业关联网络形成各个子系统的协调发展、相辅相成，彰显城市的海洋发展特色。第二，在理念维度上，现代海洋城市应贯彻落实“创新、协调、绿色、开放、共享”的现代化发展理念，依靠科技创新，以创新发展为动力，以陆海统筹为引领，以绿色治理为标准，以开放合作为手段，以共建共享为目的。第三，在空间维度上，现代海洋城市以“要素—产业—网络—地理—生活”空间拓展为发展路径，推动全要素生产率提高、现代海洋产业体系形成、立体互联互通网络链接、区域间辐射带动、生活品质跃升。

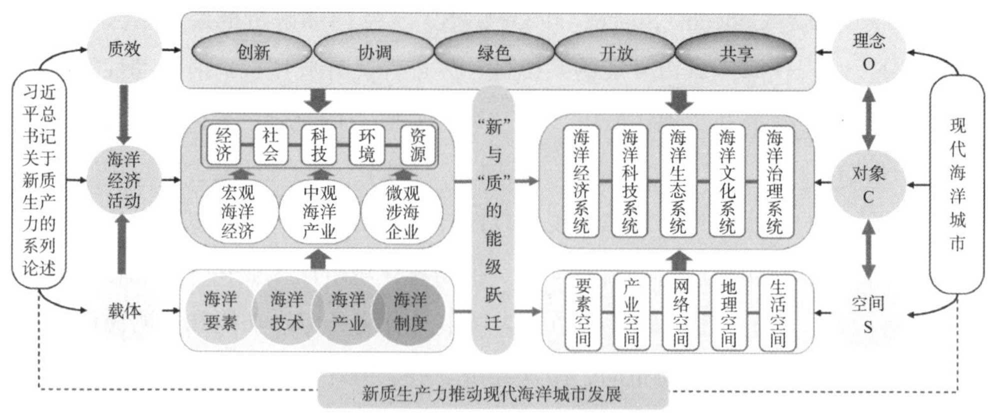

图 4-2-1　新质生产力助推现代海洋城市发展的解析框架图

（一）从对象维度阐释现代海洋城市内涵

基于系统论视角，现代海洋城市大系统可分解为五个相互影响的海洋子系统，分别是海洋经济系统、海洋科技系统、海洋生态系统、海洋文化系统、海洋治理系统。五大海洋子系统的发展通过参与主体、生产要素、生产、消费环节等元素串联，兼具个体独立性和整体统一性，只有统筹协调各个海洋子系统的发展，才能在构建新发展格局的时代背景下形成现代海洋城市高质量发展的合力（丁黎黎，2020）。因此，需要立足于五大海洋子系统，从对象维度来阐释现代海洋城市内涵。

1. 海洋经济系统

海洋经济系统是现代海洋城市的核心系统，涉及生产、分配、交换、消费四大经济环节，涵盖政府、涉海企业等多个参与主体。从国内市场切入，现代海洋城市的海洋经济系统发展以海洋资源禀赋为依托，实现海洋传统产业转型升级、海洋新兴产业培育壮大、未来海洋产业布局建设（丁黎黎和张恒瑶，2022）；以海洋科技创新为引领，提高海洋经济增长的质量和效益。从国际市场切入，现代海洋城市的海洋经济系统发展以 RCEP 与"一带一路"共建为依托，打造蓝色海洋经济带，以积极有效引进外资、扩大对外投资为手段，实现海洋经济更高水平对外开放。

2. **海洋科技系统**

海洋科技系统是现代海洋城市的驱动系统，涉及研发和成果转化两大环节，涵盖高校、科研院所、涉海企业等参与主体。从国内市场切入，现代海洋城市的海洋科技系统发展应加速产学研融合，提高海洋科技成果转化率；强化原创性、颠覆性科技创新，推动海洋科技实现高水平自立自强；发挥对其他子系统的带动性，促进海洋经济、海洋生态、海洋文化、海洋治理的数字化、智能化升级。从国际市场切入，现代海洋城市的海洋科技系统发展应以构建新型海洋科技国际合作网络为目标，发展蓝色海洋科技伙伴关系，强化 RECP 与“一带一路”国家海洋科技协同创新，积极筹办海洋科技国际高端论坛，打造海洋科技国际合作高地。

3. **海洋生态系统**

海洋生态系统是现代海洋城市的承载系统，涉及海洋资源开发和环境保护两大环节，分别形成对海洋经济系统发展的支撑条件和约束条件。现代海洋城市的海洋生态系统发展由中国式现代化建设要求人与自然和谐共生的鲜明特征决定（周宏春和戴铁军，2023）。从国内市场切入，现代海洋城市的海洋生态系统发展以海洋资源集约节约利用为前提，依托海洋科技提高海洋资源利用效率，推进海洋经济绿色低碳转型。从国际市场切入，现代海洋城市的海洋生态系统发展以海洋生态保护国际公约为指导，构建区域性海洋环保组织，加强海洋生态保护国际合作（张卫彬和朱永倩，2020），共同解决海洋塑料污染、海洋变暖导致的极端气候等全球性海洋生态环境问题（郝海清和朱甜，2023）。

4. **海洋文化系统**

海洋文化系统是现代海洋城市的战略系统，涉及海洋文化传承、交流与传播三大环节。现代海洋城市的海洋文化系统发展由中国式现代化建设要求物质文明与精神文明相结合的核心要义决定。从国内市场切入，现代海洋城市的海洋文化系统发展以传统海洋精神为根基，借助现代科技文明创新海洋文化，发展具有城市特色的海洋文化产业，为海洋经济系统发展提供理论指导，以海洋生态文明建设为重点，向全民普及保护海洋生态的思想。从国际市场切入，现代海洋城市的海洋文化系统发展以海洋科技系统的技术、数据等要素为依托，促进海洋文化数字化国际交流与传播，以培养国际复合型高层次海洋人才为目标，建立海洋人才国际交流合作机制。

5. **海洋治理系统**

海洋治理系统是现代海洋城市的保障系统，涉及海洋法律完善、政策制度供给、管理体制改革等环节。参与主体主要包括政府部门、国际组织等。从国内市场切入，现代海洋城市的海洋治理系统发展以健全海洋法律制度为重心，完善地方性海洋法规，设计财政补贴、税收减免等激励机制（Gao et al.，2022），以深化海洋管理体制改革为着力点，为协调海上执法巡航、海洋权益维护等工作设立综合管理机构。从国际市场切入，现代海洋城市的海洋治理系统发展以构建海洋命运共同体为目标，促进实现海洋环境共同维护、海上安全共同保护，以深度融入全球海洋治理为支撑，提高在解决海洋生态环境恶化、海洋和平等全球性海洋问题中的话语权（马金星，2020）。

（二）从理念维度阐释现代海洋城市内涵

基于新发展理念视角，现代海洋城市发展必须贯彻落实“创新、协调、绿色、开放、共享”五大新发展理念，这亦是培育和发展新质生产力的基本遵循。一方面，新发展理念的提出深刻反映了现阶段我国经济发展面临的突出矛盾，为推进现代海洋城市发展注入了强大动力。另一方面，在海洋经济向增量提质迈进的过程中，贯彻新发展理念是全面推进现代海洋城市高质量发展的内在要求。因此，需要从理念维度阐释现代海洋城市内涵。

如前文所述，现代海洋城市是以“海洋经济—海洋科技—海洋生态—海洋文化—海洋治理”五大子系统为发展对象，在“创新、协调、绿色、开放、共享”五大新发展理念指导下建设的现代海洋城市。一是以“创新发展”为动力，以海洋科技创新驱动海洋经济发展，以科技创新投入驱动海洋科技实现引领性突破，依托海洋科技创新实现海洋生态环境治理现代化，以创新丰富海洋文化内容、发掘海洋文化潜力，坚持以建设海洋命运共同体的创新性理念推进现代海洋城市发展。二是以“陆海统筹”为引领，坚持陆海一体化协调发展的战略，加强海岸带协同治理，建立健全陆海统筹的生态保护和污染防治联动机制，统筹现代海洋城市的空间规划。三是以“绿色治理”为保障，加快推动资源型海洋产业的绿色转型，强化海洋生态监测，提升现代海洋城市生态福祉。四是以“开放合作”为手段，促进海洋贸易和投资自由化、便利化，深化跨境海洋产业链、供应链、资金链合作，在更高水平上扩大对外开放，形成现代海洋城市的对外合作网络。五是以“共建共享”为目的，培育海洋新兴产业和未来产业，创造更多涉海就业机会，打造现代海洋城市的共同富裕示范区。总的来说，现代海洋城市是创新发展的海洋科技策源地、陆海统筹的协调发展高地、绿色友好的海洋生态示范区、开放包容的海洋贸易合作区、共建共享的共同富裕先行地。

（三）从空间维度阐释现代海洋城市内涵

基于空间理论视角，本报告从城市的点、线、面、体四个层次，提出以要素为点、以产业和网络为线、以地理为面、以生活为体的现代海洋城市的空间构成。将现代海洋城市空间细分为“要素—产业—网络—地理—生活”五个子空间，作为承载新科技、新产业、新动能、新模式的关键载体。以新质生产力不断地拓展要素、产业、网络、地理、生活的新空间，助推现代海洋城市的高质量发展。

1.要素空间

现代海洋城市立足全球海洋竞争发展新优势，更加依赖新生产要素的投入、生产要素禀赋的动态升级以及要素组合方式的变革。新质生产力对传统要素和组合方式进行优化革新，推动现代海洋城市的要素空间拓展，形成以资源、资本、技术、劳动、数据等要素为依托的链式集成网络，实现要素自由流通、资源高效配置、经济循环畅通。现代海洋城市建设需要集约化利用海洋资源、逐步改善海洋生态环境；引导社会资本向海洋产业聚集，充分利用外资发展海洋经济；以创新推动技术要素更新迭代，充分释放技术要素对海洋经济的拉动作用；促进劳动力要素可自由流动，催生新型涉海就业岗位；形成海洋数据要素市场，利用数据要素提升城市综合治理能力。

2. 产业空间

现代海洋城市承载日益增多的海洋经济活动，更加需要以“节约空间”与“增加空间”为路径的产业空间拓展（易爱军等，2020）。新质生产力聚焦海洋传统产业升级、新兴产业培育和未来产业布局，推动海洋产业链强链补链延链，实现现代海洋城市的产业空间拓展。一方面，实现由海洋产业结构优化形成的“节约空间”，即海洋渔业、海洋运输业等传统海洋产业通过新旧动能转化实现产业转型升级。另一方面，实现由海洋产业链延伸形成的“增加空间”，即海洋产业链完备度和纵深度的拓展，延伸到海洋产业全链条布局，推进我国海洋产业在全球价值链中的地位提升。

3. 网络空间

现代海洋城市对接国内重大发展战略和国际经济贸易往来，更加重视科技创新驱动下的网络空间拓展。新质生产力通过科技赋能形成更高水平的网络连接效应，并驱使优质港口和物流系统迅速联通，使得现代海洋城市实现了网络空间的拓展，即以畅通的陆海空交通网络为基础，形成国内国际相连通的全球贸易网络。现代海洋城市主要以优质的港口设施和发达的物流体系为依托，不断拓展海上运输、物流、商贸通道，实现港口互联互通（王列辉和朱艳，2017），成为国际航运网络的关键节点和枢纽。以此为基础，现代海洋城市深度参与国际海洋经贸合作，合作范围日益扩大，形成蓝色伙伴贸易关系，实现国际贸易合作网络空间的扩张，在全球贸易网络中拥有更高的话语权。

4. 地理空间

现代海洋城市依托地理位置演变和环境气候供养，更加倚靠陆海资源便利和港城融合下的地理空间拓展。培育和发展新质生产力的过程中，利用发达数字技术敏锐捕捉地理区位特征，并充分发挥资源禀赋优势，使得现代海洋城市实现了地理空间的拓展，即充分利用衔接内外、联通陆海的地理优势，依托陆海景观资源，以高端的地理空间信息技术，实现海洋城市地理空间数字化。现代海洋城市建设不仅地理空间利用效率高，而且以产业带动发挥对周围地区的外溢性；陆海统筹一体化发展强，海洋开发区域由近岸近海向深远海拓展，实现海洋多层次纵深发展。

5. 生活空间

现代海洋城市事关人居环境和人类福祉，更加强调海洋生态保护高效和资源开发有度下的生活空间拓展。新质生产力通过先进技术带来的新兴业态和生活方式来拓宽文化产品和服务的边界，并提升文化创作效率和改进服务保障品质，使得现代海洋城市实现了生活空间的拓展，即为居民提供生态更宜居、环境更优美、服务更优质、治理更有效的高品质生活空间。现代海洋城市既有绿水青山，也有碧海银滩，形成海洋景观多元、海洋生物多样的生态空间；拥有优质的公共服务，医疗、教育、养老等社会保障体系，能创造宜业、宜居、宜养的社会空间；提供丰厚特色海洋文化体验，能营造丰富多彩的文化空间；实现良好的社会治理，能塑造配套完善、安全高效、舒适便捷的生活服务空间。

五、结束语

新质生产力是建设现代海洋产业体系的具体体现。现代海洋城市作为支撑海洋强国战略的重要空间载体，实现高质量发展在于推动新质生产力的形成。探讨现代海洋城市“是什么”，并基于新质生产力内涵探讨“怎么做”的重要理论问题，这是把握现代海洋城市发展脉搏，稳步推进现代海洋城市建设的应有之义。基于此，本报告梳理了国内外学者对海洋城市、现代城市、全球海洋中心城市的研究，认为现代海洋城市是“现代城市”和“海洋城市”的耦合，需要同时具备“现代化”和“海洋化”特征。尔后，本报告围绕新质生产力内涵，从建设现代海洋城市的“对象—理念—空间”三大模块切入，将新质生产力内涵与现代海洋城市发展相耦合，来思考新质生产力如何助推现代海洋城市发展的问题。

现代海洋城市的规划、建设与治理是一个长期、复杂的系统化过程，在发展策略选择上要结合海洋城市的特征，遵守国民经济和海洋经济的发展规律，统筹推进现代海洋城市建设。充分认识现代海洋城市的核心内涵，才能及时把握现代海洋城市的发展进程。本报告提出的新质生产力推动现代海洋城市发展的三维框架，为后续研究进行具体的现代海洋城市发展水平测度、准确识别现代海洋城市发展过程中的短板和长板，进行发展优势甄别和重点问题分析，挖掘现代海洋城市规划、建设与治理的突破口提供理论参考。未来，可按照“补短板、扬优势”的双向发展思路，因地制宜地探索现代海洋城市的建设路径，绘制现代海洋城市建设的整体蓝图，推动我国海洋强国战略切实落地。

执笔人：丁黎黎（中国海洋大学）
马　文（中国海洋大学）

（注：本报告部分内容已在《中国海洋大学学报（社会科学版）》2023年第6期发表）

3
中国海洋产业链供应链延链补链强链发展路径及对策建议

摘要：提升我国海洋产业综合实力是建设海洋强国的重要渠道。海洋产业是实现海洋经济高质量发展的重要支撑，在新发展格局和新质生产力大背景下，务实推动构建富有高效、韧性、价值的全球海洋产业链供应链，为促进中国海洋产业向高端化、高效化、绿色化发展提供动力，是深化我国与世界海洋产业之间的联系和互动的重要前提。目前，区域发展不均衡、要素结构落后、海运通道单一等是海洋产业链供应链健康、高效发展的限制因素，大大增加了海洋产业链供应链的脆弱性、低效性、危险性。未来，可通过指引海洋产业未来发展路径、鼓励涉海企业对外开放和贸易、加快海洋科技创新步伐、重视海洋产业的安全和稳定，实现中国海洋产业链供应链延链补链强链，不断塑造海洋经济竞争新优势，不断推动海洋经济高质量发展。构筑畅通高效、安全稳定、互利共赢的全球海洋产业链供应链体系，为促进我国海洋经济高质量发展、助力全球海洋经济高速增长、增进各国人民福祉作出贡献。

关键词：海洋产业；供应链；产业链；对策建议

一、中国海洋产业链供应链发展背景

2020 年 4 月，中央财经委员会第七次会议指出，要构建国内国际双循环相互促进的新发展格局。逐步形成以国内大循环为主体、国内国际双循环相互促进的新发展格局，事关我国经济社会全面转型、高质量发展的系统性深层次变革。中国拥有 1.8 万多千米大陆海岸线、1.4 万多千米岛屿岸线、300 多万平方千米主张管辖海域。新发展格局下，海洋作为高质量发展的战略要地，具有广阔的经济发展前景，在扩大内需、对外开放、保障粮食及能源安全等方面发挥着重要作用（吴云志和何婵娟，2024）。

近年来，中国海洋产业体系逐渐完善，海洋经济整体实力不断提升。2023 年，海洋经济发展迅速、量质齐升，拉动国民经济增长 0.4 个百分点。海洋一二三产业增加值分别占海洋生产总值的 4.7%、35.8% 和 59.5%（图 4-3-1）。分产业来看，海洋制造业增速高于全国，增加值为 29861 亿元，比全国制造业增速高 2 个百分点，为海洋经济高质量发展提供更好的支撑；海洋服务业增加值 58968 亿元，占国内生产总值比重为 4.7%，为海洋经济持续增长贡献更强的引擎。海洋能源、食物和水资源供给能力稳步提升，沿海各地区海上能源基础设施、深海养殖装备不断取得新进展，为海洋经济健康增长增添更稳定的基石。海洋产业成为实现我国海洋经济高速、高质、稳定发展的关键所在。我国海洋一二三产业主要包括以开发海洋资源和依赖海洋空间而进行的生产活动，以及直接或间接为开发海洋资源及空间服务的相关产业活动（纪建悦和孙筱蔚，2021）。目前，随着我国海洋经济规模的持续增长，海洋产业面临近岸海域资源衰退、环境污染、产业冲突加剧等问题（周守为，2022）。推动海洋一二三产业深度融合，在打造海洋产业链供应链延链补链强链上做文章，有利于中国开辟发展新蓝海，形成竞争新优势。产业链是供应链的物质基础，供应链是产业链的组成部分，产业链与供应链上下呼应、相辅相成、缺一不可。统筹规划发展高质量的海洋产业链供应链，有利于降低海洋企业成本，打造知名海洋产品，推动海洋企业的创新驱动和协调稳定健康发展，提升海洋产业的价值链和市场竞争力。

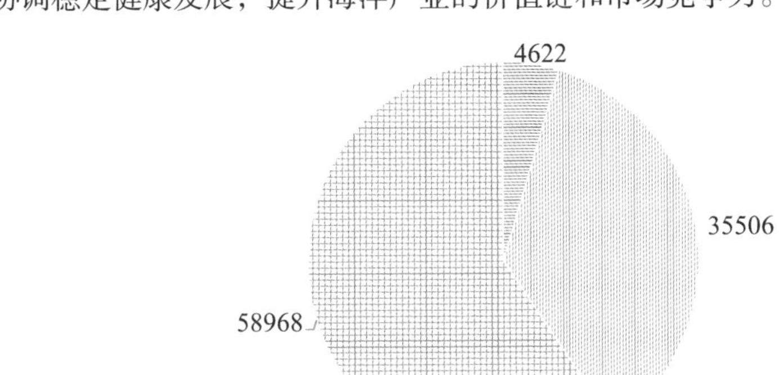

图 4-3-1　2023 年中国海洋产业增加值（单位 / 亿元）
（数据来源：自然资源部）

2024 年 2 月，中共中央政治局第十一次集体学习会议中，习近平总书记强调，发展新质生产力是推动高质量发展的内在要求和重要着力点。海洋经济高质量发展作为实现新质生产力健康发展的重要驱动力，可以推进海洋传统产业向“新”转型、培育壮大海洋新兴产业、布局建设海洋未来产业，从而提升新质生产力。实现海洋产业链供应链延链补链强链，才能真正提升海洋产业现代化水平，为构建现代化海洋产业体系打下坚实的基础，实现海洋经济高质、高量、高速发展（韩增琳等，2021）。中国海洋经济实力和产业基础相对完善，只有认真做好海洋产业链供应链延链补链强链的工作，才能着力打造世界级海洋产业集群、海洋战略性新兴产业集聚，实现海洋经济高质量发展。

二、中国海洋产业链供应链存在的主要问题

（一）区域发展不平衡不充分，影响海洋产业链供应链的区域布局优化

海洋区域经济第一梯队、海洋经济发展示范区、海洋产业集群正在形

成，但带动区域内、区域间的产业链供应链融通发展的能级有待进一步提升。各大海洋经济圈内部分化日趋明显，高端技术创新要素过度向经济强省倾斜，例如，广东、上海、山东科技实力水平靠前（图 4-3-2），在海洋发明专利授权数量、涉海高新技术企业规模等指标上具有领先优势。与此同时，各大海洋经济圈内各省间的“经济距离”也非常明显，后发省份赶超速度、力度较差，各省之间难以形成有效链接的产业链格局。各大海洋经济圈之间发展差异化日趋加大，海洋产业链供应链中的高端环节将逐步向人口聚集、人才密集的沿海省份延伸配置，并向沿海省份内一线、二线城市或省会城市集中。

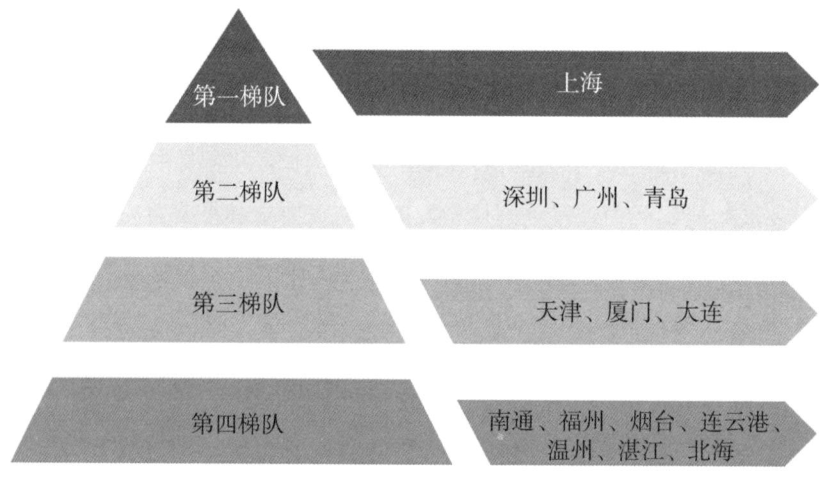

图 4-3-2　现代海洋城市发展能力排行

（资料来源：《现代海洋城市研究报告（2021）》，综合开发研究院发布）

（二）要素结构升级滞后、创新发展落后，影响海洋产业链供应链转型升级

全球海洋产业链供应链呈现分散化、多中心化、多极化等趋势。高端核心和高附加值科技及产品一直是各国抢占和竞争的焦点，以美国、日本、欧洲等为代表的发达海洋经济体，在海洋资源开发、海洋科技创新等方面已经积累了丰富的经验，提升了海洋产业控制力和附加值，对海洋核心技术和产

品推行零和博弈的“卡脖子”，造成中国海洋产业链供应链不安全、不稳定（张其仔，2022）。马来西亚、越南等东南亚新兴经济体成本优势逐渐显现，其一系列海洋产业扶助政策对中国海洋产业低端环节的价值链形成较大竞争，海洋传统制造业产业链供应链存在被替代或转出风险。海洋技术创新与产业链供应链存在不平衡，科技创新、高端技术应用与产业链供应链之间的滞后现象较普遍，海洋技术创新对外依赖性较强，部分领域依赖于美国及欧洲等地区的海洋经济发达国家，面临较大的“卡脖子”风险。

（三）海运通道单一、运输供给能力较差，限制海洋产业链供应链韧性和稳定

海上运输是我国对外贸易的主要运输方式，承担约95%的对外贸易运输量，在海洋产业链供应链稳定畅通中发挥了重要作用。红海危机、南海争端等国际事件让中欧海运供应体系不确定性增加，对我国国际海运能力造成严重威胁。在国际形势复杂多变的背景下，国家与地区的突发事件很容易通过贸易等途径蔓延至全球各地，进而通过海运迅速波及全球，引发全球供应链中断、商品短缺、物价波动等一系列连锁反应。马六甲海峡、红海海峡、霍尔木兹海峡等是我国的海上重要战略运输通道，这些海上通道一旦受阻或遭到破坏，必然会伤及中国海洋经济命脉，甚至威胁中国经济稳定性。对于高度依赖海上运输进行物资运输的海洋产业，交货时间的延长和不确定性可能增加供应链断裂风险，进一步影响涉海企业生产计划，大大增加了海洋产业链供应链的不确定性。

三、中国海洋产业链供应链发展路径

（一）向海图兴，延伸并增加产业链供应链长度

海洋产业链供应链向上下游延伸是确保产业链供应链安全稳定的关键。产业链供应链上游一般是提供原材料和零部件生产制造的行业，主要以供应

商为主。产业链供应链向上游延伸，着力补齐现存短板，在关系国家安全的海洋产业基础领域建立自足自给、安全可靠的生产供应体系，提升产业链供应链的完整性、稳定性，确保在关键时刻“不掉链子”。产业链供应链向下游延伸，是提高附加值的重要举措。根据微笑曲线理论，附加值更多体现在研发端和市场端，即产业链供应链下游阶段，通过市场拓展环节，瞄准新型消费升级和市场需求，以创新促进应用，以应用促进发展（金观平，2023）。通过延伸产业链供应链长度，提高产业安全性、稳定性，向中高端价值链迈进，有助于巩固存量，做大增量市场。例如，广东省加快海洋交通运输业、海洋油气业、现代海洋渔业和海洋船舶工业等海洋新兴业态的转型升级，延伸打造高端产业链；山东省烟台市通过建链成群的方式，统筹构建海洋垂直生态体系，打造海洋产学研联合体，推进平台共建共享。围绕港口运输、产业园区、公共服务等领域，加强海洋基础设施建设，谋划发展海洋数字经济、新能源、新材料等新兴产业，积极拓展深海矿产资源和海洋生物能源及蓝色碳汇等海洋潜力业态，打造具有国际竞争力的现代海洋产业体系。

（二）向海图存，补充并增强海洋产业链供应链稳定性

海洋的开放性和连通性决定了建设海洋强国必须立足国内、接轨国际。海洋产业的发展要将视野拓展到全球，这就要求我们既要注重产业上下游联动配合、加强相关产业之间的融合发展，也要不断扩大“海上朋友圈”，更要深度参与全球海洋治理进程，保障国家海洋利益。海洋产业链供应链补链的发展路径涉及政策支持、产业集群建设、科技创新、基础设施建设、国际合作以及品牌建设等多个方面。通过综合施策，可以有效提升海洋产业链的整体竞争力和韧性，推动海洋经济高质量发展。推动区域经济高质量发展能够构建完善的海洋产业链供应链生态体系。连云港市通过机制创新、要素集聚、平台搭建等方式，推动区域产业链供应链生态体系迭代升级。提升海洋产业链供应链稳定性，应推进海洋产业向高端化、集群化方向发展，提升整体竞争力。江苏省强调通过市场自发驱动让创新要素向海洋产业链的上下游流动，并通过政府的宏观调控、政策倾斜、财政补贴等手段，促进产业高端

化集群化发展。另外，加强海洋基础设施建设是提升产业链供应链韧性的基础。例如，惠州市在海洋经济“十四五”规划中提出统筹推进海洋产业基础高级化和产业链现代化，围绕港口航运、产业园区等领域加强基础设施建设。同时，利用数智化手段提升产业链供应链的现代化水平，以科技创新驱动关键核心领域延链补链强链。

（三）向海图强，强化并提升海洋产业链供应链价值水平

目前，我国海洋科技创新对海洋资源开发的引领和支撑不足，海洋科技成果转化率低，是海洋产业价值链“低端锁定”的首要原因。科技创新对海洋产业链供应链发展的重要性不言而喻（盛朝迅，2023）。它不仅是推动海洋产业快速持续发展的基础，也是促进海洋经济高质量发展的关键，同时还能够优化产业结构，最大限度地实现海洋产业链供应链延链补链强链，从而增强海洋产业国际竞争力以及促进可持续发展。科技创新对于推动海洋产业链供应链的发展具有不可替代的重要性，不仅能够提升海洋产业链供应链的整体竞争力和可持续发展能力，还能促进海洋产业的高质量发展，对于实现海洋强国战略具有重要意义（杨林和安东，2022）。江苏省聚焦十大产业链，实行链式招商引资，引进培育一批强链补链延链带动性、牵引性强的重大项目，建立总投资 10 亿元以上重大项目常态化的储备推进实施机制，引领海洋产业调结构增动能。各省份进一步明确本地海洋产业招商引资主攻方向，编制海洋产业投资地图和招商目录，建立海洋产业项目招引培育工作机制。

四、中国海洋产业链供应链延链补链强链对策建议

（一）构建更加清晰细化的产业链供应链路线图，指引海洋产业链供应链延链补链强链发展方向

第一，注重海洋传统产业发展地位，着力推进“强链”，强化产业链供应链竞争优势。一是着眼增加海洋传统产业竞争力和话语权，聚焦培育一批

能够在全球高端海洋产业链网络中，扎根较深、覆盖面广的海洋产业链核心科技节点企业。通过这些科技企业增强我国对海洋产业或涉海核心技术的把控能力，避免在某些优势领域话语权出现不强反弱等失衡现象。二是建立完善的产业链供应链管理体系，形成标准化的供应商评估监督机制，并培育良好的生产运营质量控制能力。同时，通过数智赋能提升海洋产业链供应链的现代化水平，以科技创新驱动关键核心领域强链补链。例如，江苏省已对初具形态的海洋产业链进行了补链强链，并进一步向高附加值环节延伸，形成了完整的产业链生态体系。三是各沿海省份应统筹推进海洋产业基础高级化和产业链现代化，推动产业全链条协同、集聚式发展，开展强链、补链、延链行动。此外，还需加强相关产业链之间的融合发展，发挥大项目大产业带动作用，补齐发展短板。在全球产业链供应链面临重构的背景下，增强海洋产业链供应链的韧性和竞争力显得尤为重要。通过增强“链主型”涉海企业的带动力，牵引上下游企业精准建链、补链、延链、强链，着力提升海洋产业链供应链的稳定性和竞争力。同时，还需抓住海洋产业链供应链关键环节，增强基础研发，提高核心竞争力，推动海洋经济高质量发展。

第二，提升海洋产业韧性和安全性，进行高效“补链”，补齐海洋产业链供应链短板和弱项。一是整合现有科技资源。充分发挥企业、科研院所、高校等各自优势，避免各科研机构低水平重复建设，造成科研资源浪费，尤其是发挥大型海洋科技型企业作为海洋战略科技力量的作用，鼓励各领域专业科技人员潜心研究关键共性技术、“卡脖子”技术等核心问题，提升科技创新链的效能。二是完善海洋产业链条，优化产业结构。积极做好海水淡化等产业的延链、补链、强链工作，保障海洋产业链供应链的安全。鼓励龙头涉海企业瞄准产业链高端环节，突破关键核心装备制造瓶颈，逐步解决关键装备受制于人的问题。强化海洋集群产业生态谋划设计，扎实推进延链、补链、强链项目落地，做强优势海洋产业长板，瞄准弱项补齐短板。探索供应链重组升级，构建自主可控、安全可靠的现代海洋产业体系。

第三，增加高附加值海洋产业数量，大力支持“延链”，拓展海洋产业链供应链长度。一是提升海洋产业价值，提高产品附加值是破解价值链“低端锁定”的重要方法以及海洋产业转型升级的重要途径。欧美发达国家在海洋产业中占据领先地位，十分重视产品的附加值，通过产业链向高端延伸强化了在海洋产业相关市场的垄断地位。我国海洋产业仍然有待于进一步提升，需要通过提高产品附加值实现产业链层级在全球跃升。二是推动高端化集群化发展，发展现代海洋产业体系。通过价值链纵向延伸模式、横向拓宽模式和网络结构模式，对各价值链驱动主导产业的延展与深化模式进行分析，并从系统增值角度提出管理对策，以提高海洋产业价值链的总体效益。对已初具形态的临海化工钢铁、海洋渔业和滩涂农业、海工装备制造等产业链供应链进行延链，并进一步向高附加值环节延伸。重点发展海洋工程装备制造、海水综合利用等新兴产业，同时优化提升海洋渔业、海洋交通运输业、海洋船舶工业等传统优势产业。

第四，加强国际海洋合作，积极参与国际分工。增强海洋区域内或区域间合作伙伴间战略互信与高效联动，保障海洋产业链供应链外循环多路径供给。灵活地运用“两手对两手”策略，提高我国对于海洋产业链供应链的控制力，不跟西方脱钩，而是要形成“你中有我，我中有你”的海洋产业链供应链格局。积极推动海洋经济开放合作，深化与“21 世纪海上丝绸之路”沿线国家和地区在海洋科技经济文化贸易方面的交流合作，打造开放型现代海洋产业体系。制定并实施一系列政策措施，加大对海洋新兴产业的扶持力度，如提供资金支持、技术认证等保障措施，以促进海洋产业延链补链强链，以实现海洋产业高质量发展。

（二）助力涉海企业“走出去”，完善海洋产业链供应链延链补链强链重点环节

首先，优化制度和政策体系，加大政策扶持力度。统筹研究制定并完善财税、金融、外汇、保险、人才等支持涉海企业“走出去”政策体系。实施政策快速、精准发布，避免政策不兑现纠纷。如在税收方面，加大对重点涉海企业“走出去”的税收优惠力度，准许涉海企业在其应纳税所得额中减除一定比例的对外投资风险准备金额度，或者是按照其对外投资的一定比例扣

除其应纳税额。在金融方面，改进促进涉海企业海外投资的金融扶持措施，扩充和完善金融工具的服务功能。增强进出口银行和出口信用保险公司的出口促进作用，逐步扩大涉海贷款额度和保险门类，降低涉海贷款和保险的准入门槛，优化涉海企业信用评估机制，对进出口态势良好涉海企业适度放宽担保贸易门槛。打造跨境涉海贸易综合服务平台，提供“海洋经济＋涉海信用保险＋涉海贸易融资＋法律援助”的全流程服务。以海洋产业需求为牵引，服务于海洋产业链供应链持续发展，加强涉海企业服务、商务、外事、财政等各相关部门协调联动，形成支持涉海企业“走出去”的强大合力，实现海洋产业链供应链延链补链强链全方位发展。

其次，丰富创新融资方式，拓宽涉海企业融资渠道。一是根据涉海企业的自身特征，尽可能帮助其利用中国进出口银行、地方商业银行等金融机构的专项资金，以缓解资金瓶颈问题。二是推动完善设立海洋产业境外投资产业基金与“一带一路”建设经贸合作专项基金，帮助企业利用好国家涉海基金，发挥各种基金的助力作用。三是推进科技型涉海企业利用知识产权质押贷款、关联企业联合发债等措施，多渠道解决企业“走出去”融资瓶颈。另外，引导和支持涉海企业与金融机构、中介组织等共同发起成立市海洋产业投资公司，打造具有战略平台性质的金融控股集团。

最后，组建专家队伍和专项服务小组，完善风险管理体系。涉海企业最大的顾虑来自风险管理体系，面对日益复杂的国际环境，完善相关风险管理体系势在必行。一是设立沿海重点区域投资环境综合评价小组，针对专门地区进行投资环境要素分析和综合评价，定期为涉海企业提供投资环境评价报告和风险提示，供企业参考。二是设立重点海洋行业分析与指导小组，通过对优势海洋产业和海外主要投资区域海洋产业政策进行梳理，做好海洋产业海外经贸合作目的地选择研究，形成海洋行业投资分析报告，帮助海洋优势产业企业找准海外经贸合作目的地，避免投资的盲目性。三是可以组织专家咨询团队，对重点涉海企业进行“一对一”指导帮扶，为企业海外业务拓展提供必要的智力支持。同时，建议充分利用国家部委、驻外使领馆、贸促单位、学研机构等已有的研究成果，组织专人搜集整理，提供给有需要的涉海企业参考，以“智”克“险”，完善涉海企业“走出去”风险防范和安全保障体系。

（三）注重海洋产业安全和稳定，保障海洋产业链供应链延链补链强链健康发展

首先，牢固树立海洋基础产业安全思维与红线意识，始终抓好海洋能源、食物和水资源产业安全和供给问题，坚持中国人的海洋基础产业要牢牢把握在自己手里，落实海洋产业安全问题党政同责，严格海洋安全问责制度，保证国家海洋发展的质量和安全。提高海洋产业链供应链的安全可控水平，全力提升关键材料、核心零部件及高端装备的自主研发能力，打造完整且具有韧性的海洋产业链供应链。例如，通过解决“卡脖子”技术问题，成功应用国产化浅水和深水水下采油树系统，以及自主研发的深水多功能管汇系统等，有力保障了海洋产业链供应链的安全。

其次，积极发挥海洋相关行业产业商会、协会、促进会等社团的组织作用，为海洋产业链供应链的安全稳定保驾护航。在新发展格局和发展新质生产力的大背景下，商会、协会、促进会等行业产业社团组织聚焦海洋战略性新兴产业，致力于补齐海洋产业短板、构建海洋产业平台，关注海洋生物质能、海洋能源、海洋生物医药等战略性海洋产业、基础海洋产业的发展，积极参与规划海洋产业布局、有效整合产业资源，不断构建海洋产业链供应链现代化体系，通过实现海洋产业链供应链完整来切实保障海洋产业链供应链的安全稳定。

最后，发挥沿海地区的资源比较优势，精准招商引资，引进培育一批海洋特色产业链条和龙头企业，并规划建设一批海洋产业特色园区。例如，山东省通过实施“一条龙”培育计划，加快现代海洋重点项目和产业集群的培育力度。加强基础设施建设，完善海洋产业供应链清单制度和企业数据库，加速“海洋产业链图景上网”，以实现全链条协同、集聚式发展。在具体措施上，可以借鉴青岛西海岸新区的做法，出台支持海洋产业强链补链的政策实施细则及资金管理办法。

（四）建设海洋产业相关智库，促进海洋产业链供应链延链补链强链整体发展

首先，注重海洋产业高精尖、高技能人才培育，从“海汇中国”转变为“海惠中国”，从而实现海洋产业链供应链延链补链强链。一是注重新型海洋产业智库人才队伍建设，吸引集聚一批高水平科技战略专家，培养一批懂科技、懂技术、懂科协、懂人才、懂政策的中青年研究骨干，做实做强海洋产业人才培育机制，为海洋产业链供应链延链补链强链输送优秀人才。二是注重“干中学”，让年轻研究人员能有更多的机会参与海洋重大课题研究，选派优秀研究人员到沿海地方政府和涉海企业挂职，增加实践经验，深入了解海洋产业发展现状，提高研究人员对海洋政策的理解和对现实情况的把握能力。三是采用灵活的小组模式，构建包含懂海洋、懂技术、懂管理、懂产业、懂理论的跨界课题小组，为海洋产业链供应链延链补链强链提供具现化土壤。四是加强专业化分工，实现智库与海洋产业的水乳交融，鼓励中国海洋大学等海洋强校、科研院所，根据自身优势、强势专业，培育特色学科专业化人才和实验室，争取做到“专人办专事”。

其次，建立海洋产业链供应链发展评价体系，为海洋产业链供应链延链补链强链提供发展环境。一是加强对海洋产业相关智库建设的科学规划和分类指导，区分政府智库与民间智库的咨询“赛道”，完善不同类型智库的差异化政策供给，做到政策发布落地生根，探索引入智库成果运用的第三方评估机制，突出效果导向、创新导向和价值导向。二是打造“海洋银行”，将相关成果存入“海洋银行”，作为信贷产品供社会目标群体自由选择，实现海洋产业高质量发展，使海洋产业链供应链延链补链强链发展壮大。通过做大海洋产业链供应链延链补链强链社会融资，促进中国海洋产业强势崛起。三是通过塑造一批具有典范性、代表性、特色性的成功海洋智库成果，吸引更多的目标群体和扩大社会融资渠道。整合高端人才的智力知识资源，在海洋产业链供应链延链补链强链中下功夫、抓亮点，促进海洋产业与智库的不断融合和更新。

最后，提高海洋产业智库建设的深度和广度，形成区域特色的新型海洋产业智库体系。一是区分在不同沿海省份具有历史优势的海洋产业，确定一批长期跟踪研究、持续滚动资助的海洋建设项目，以建设综合性、长久性海洋产业智库为主，拒绝实现“面子工程”。沿海地区政府应明确海洋产业自身强项和弱势，积极应对分工日益细化的复杂海洋经济社会环境，在海洋产业领域中实现精准定位，培育一批“专精特新”的新型智库，为海洋产业链供应链延链补链强链提供发展环境。二是加强我国海洋产业重点领域或特色领域的智库科学化设计与专业化建设，依托中国海洋大学、中国科学院青岛生物能源与过程研究所等高校科研院所的基础科研能力，借助中国海油等大型涉海上市企业的成果转化能力，进一步整合资源、优化布局，培育海洋产业新的增长点，形成重点突出、特色鲜明、结构合理的海洋产业链供应链现代化产业体系。三是打造海洋产业智库园区孵化器，为我国海洋产业崛起提供“智慧”基地，为帮助智库与海洋产业的水乳交融并实现产业升级，政府科技部门、工商部门、税务部门有必要对海洋产业智库园区孵化器特事特办，比如产业补贴、税收减免、政策倾斜，鼓励智库与海洋产业深度融合，为我国海洋产业链供应链高质量发展添砖加瓦。

执笔人：汪克亮（中国海洋大学）

4
风险叠加冲击下我国原油海运网络韧性提升路径分析

摘要： 原油海运贸易网络的强韧稳固是保证新发展格局顺利运转的关键点。面对波谲云诡的国际形势、复杂敏感的周边环境、艰难繁重的改革发展稳定任务，提升我国原油海运网络韧性，保障我国产业链、供应链以及价值链畅通，是当前高质量落实海洋强国、交通强国战略，助力中国式现代化建设的重要任务。本报告系统分析了当前国际国内发展形势，指出原油海运网络面临着地缘冲突叠加延宕、极端天气事件频发、海上事故致使海运“咽喉”堵塞、突发性公共事件冲击、国际航运保险制裁波及等多重风险因素叠加的冲击。这些外部因素均极大地影响了我国原油进口海上运输的可靠性，使我国能源安全面临前所未有之风险。为此，本报告根据全球船舶自动识别系统数据，提取中国从全世界港口进口原油的货流联系，并以此构建原油海运网络。随后，利用复杂网络和韧性三角理论构建了一种定量评估原油网络韧性的方法，分阶段对我国原油海运网络韧性表现进行了多方位评估。最后，基于评估结果对我国原油海运网络的关键节点及其运营瓶颈进行了识别与分析，并据此提出了一系列关于提升我国原油海运网络韧性的对策建议，以确保关键通道节点在遭受外部冲击时我国原油海运网络仍能具有高水平运营表现并稳定向国内市场供给原油资源。

关键词： 风险叠加；海运网络；韧性；提升路径

党的二十大报告指出，当前，世界百年未有之大变局加速演进，逆全球化思潮抬头、单边主义和保护主义思潮明显上升。面对波谲云诡的国际形势和复杂敏感的周边环境，以习近平同志为核心的党中央从全局和战略高度对国家安全作出一系列重大决策部署，构建新安全格局，全力防范、化解影响我国国家安全的外部风险挑战。海运贸易承担着我国约 95% 的国际贸易货运量，涉及 100 多个国家，形成了复杂的、动态的贸易网络。石油作为工业生产、经济发展、人民生活与社会进步的基础性资源，占据全球海运贸易量的三分之一。在国内大循环为主体、国内国际双循环相互促进的新发展格局下，原油海运贸易网络的强韧稳固是保证新发展格局顺利运转的关键点，也是应变局、开新局的“压舱石”。有效防范和应对重大风险叠加对原油海运网络的影响，对于保障我国能源供给安全至关重要。

一、我国原油海运网络面临的主要风险挑战

我国是全球最大的原油进口国。据中国海关总署统计，2023 年我国进口原油 5.64 亿吨，其中，“一带一路”共建国家所在的中东海湾是我国进口原油最多的地区，覆盖沙特、伊拉克、阿联酋、阿曼、科威特、卡塔尔等国家。原油海运的稳定性和可靠性关乎我国能源安全。然而，近年来复杂多变的国际形势以及频繁发生的极端气候，特别是国际突发性重大风险事件层出不穷，对原油海运网络的冲击直接、迅速、强烈，深刻影响着我国原油海运网络的运输效率和可靠性。主要风险因素如下。

（一）地缘冲突叠加延宕

地缘冲突是诱发我国原油海运网络安全风险的主要因素。2022 年 2 月，俄乌冲突爆发，原油市场价格飙升并伴有大幅震荡，原油供需失衡风险加剧，全球石油供应规模收缩，俄罗斯原油贸易重心向亚太地区转移。2023 年，也门胡塞武装打击以色列、美国、英国商船，引发红海危机，大量船舶绕航，导致原本通过红海运输的原油运输被迫绕道甚至暂停，造成航程延长、

运输时间延长、运价提升，同时航道的改变使得保险公司收取的“战争险保费”大幅上升。此外，随着巴以冲突不断升级，全球经济和石油供给面临新风险，伊朗、沙特等中东产油国均有可能受到影响，进而给未来全球石油贸易格局带来更大不确定性与实质性影响。相较而言，随着几内亚湾形势的改善，当前海盗活动处于较低水平，对中国原油运输网络的冲击不大。但海盗活动与潜在的社会、政治和经济问题密切相关，海盗风险仍然存在。综合来看，当前俄乌冲突持续、红海危机、巴以冲突等地缘政治冲突的不确定性仍在飙升，中国原油运输航线被截断、原油运输网络被突破的风险加剧。

（二）极端天气事件频发

随着气候变化的演进，全球突发性、极端性天气事件频发，已成为冲击世界主要航运线路的重要风险因素。例如，2023 年，由于厄尔尼诺现象，巴拿马运河经历了 70 年一遇的严重干旱，水位大幅下降，导致百余艘船只在巴拿马滞留，巴拿马运河通航严重堵塞。许多通航商船不得不高价购买通行名额，或者选择超长绕航，大量货物运输成本骤然上升，且面临着延迟风险。此外，全球气候变暖导致海平面上升风险加剧，不仅会淹没主要石油码头，扰乱全球石油贸易，还会损坏沿海石油生产设施，严重影响全球原油运输。与此同时，极端高温、极端低温、超强台风、暴雨等现象发生频率增加，不仅造成全球能源需求进一步上升，也将造成突发性事件风险攀升，加剧对全球原油海运网络的不确定性冲击。

（三）海上事故致海运咽喉堵塞

全球海上咽喉的安全畅通是确保全球海运网络平稳运行的关键。在苏伊士运河、巴拿马运河、印度尼西亚和马来西亚之间的马六甲海峡，伊朗和阿曼之间的霍尔木兹海峡，以及吉布提和也门之间的曼德海峡等全球五大水道中，任何一条因事故或意外事件而中断，都将对全球海运网络和供应链造成严重冲击。例如，2021 年 3 月，“长赐号”集装箱重型船在苏伊士运河新航道搁浅，直接导致运河堵塞，造成 400 余艘邮轮、货轮滞留，是苏伊士运河

150 年历史上最严重的拥堵事件，历经 6 天救援工作后恢复正常航道。此前，2006、2017、2018 和 2019 年，苏伊士运河均因发生事故而短暂停止通航。苏伊士运河是中东原油、液化天然气运输要道，突发性海洋交通事故不仅直接导致货主货物无法卸船、滞留埃及、延迟交货、运输成本上升等后果，还会波及全球原油交易市场，给原油等大宗商品市场造成巨大损失。

（四）突发性公共事件冲击

突发性公共事件的爆发，往往导致船舶和港口业务受当地防疫措施约束而无法正常开展，造成生产效率降低，进而带来港口和航线拥堵、运输网络和供应链断裂等一系列不良后果。2019 年以来的新冠疫情大流行对全球海运产生了前所未有的冲击。疫情造成全球供应链和运输网络不同程度的中断，海运贸易量萎缩、运价上涨、海员健康和换班受到严重威胁，船舶和港口运营速度下降。2022 年，猴痘疫情成为又一个国际关注的突发性公共卫生事件。2022 年 5 月底，孟加拉国成为首个针对猴痘疫情采取船员上岸限制措施的国家，加剧了船员换班难度。与此同时，突发性公共卫生事件的暴发，使得保险公司不断修订航运保险保单除外条款。

此外，由于港航产业升级、部分国家和地区局势不稳定等因素，港口大罢工等突发性公共事件频发，对局部运输网络产生不良冲击。2024 年 6 月，随着港口自动化的发展，美国依靠人工的传统港口作业方式受到威胁，最大海事工人工会——国际码头工人协会在美国东海岸港口进行罢工威胁。与此同时，法国所有主要港口、德国知名港口均爆发大罢工。这些港口大规模罢工，叠加红海危机冲击导致的绕行延误以及近期港口吞吐量激增等因素影响，造成全球部分港口拥堵严重，从而推高了航运费用。

（五）国际航运保险制裁波及

随着全球范围内地缘政治事件不断增加，相关经济、金融、保险等制裁频繁发生。贸易商顾及石油贸易领域的制裁风险，石油企业为避免受到制裁风险的波及，不得已减少同相关国家的石油原油贸易往来。2012 年美国和欧洲制裁伊朗期间，限制伊朗出口原油。2022年以来，美国及欧洲等地区的国家对俄罗斯持续进行制裁，涉及原油禁运、能源出口、航运保险等多个领域。随着美国及欧洲对俄罗斯制裁的层层加码，对俄罗斯经济发展与国家安全产生严重冲击，同时也为我国航运业发展敲响警钟。我国作为全球第一大造船国，航运企业规模日益壮大，航运保险市场需求旺盛，但我国航运市场供给不足，多家国际航运公司不得不购买美国及欧洲等国家和地区的航运保险，使我国航运保险市场在服务本国航运企业方面缺乏自主可控能力。一旦有突发性事件，就难以保障我国供应链和产业链的健康发展。

总而言之，上述不同风险事件的发生往往并不是独立的，而是呈现多重风险叠加的状态。战火蔓延、极端天气、海上事故、突发性公共事件、航运保险制裁等多重风险因素交织叠加已然成为事实，极易造成原油市场价格极端波动、航线受阻、绕航延迟、港口停运、航运保费拉升、运输成本上升等问题，从而直接迅速地对原油海运网络产生冲击。在双循环新发展格局下，复杂多变的国际环境对中国原油海运网络韧性提出了更高要求。为此，本报告后续章节将利用定量分析手段对中国原油海运网络韧性表现进行量化评估，并基于此提出一系列具有针对性的对策建议，以期能有效提升该网络韧性水平，切实维护我国原油海运安全。

二、我国原油海运网络韧性评估分析

（一）我国原油海运网络概览

本报告基于2023年期间的油轮AIS（Automatic Identification System）记录以及船舶文件数据（由Hifleet“https://www.hifleet.com/”提供）构建了中国原油海运网络。首先，以我国原油海运网络中所覆盖的港口、海峡以及运河为网络节点，以不同节点之间存在油轮运输轨迹为连边；而后通过观测油轮进出港之间的吃水差异，识别船舶装货、卸货和转运等运输活动并估算出相应原油装载量；最后结合航行轨迹和贸易活动，以原油装载量作权值为各节点连边赋权，构建出我国原油海运网络模型。结果表明，我国原油海运网络所覆盖的重要通道节点（海峡和运河）共有 14 个（表 4-4-1）。由于原油海运过程中最容易受干扰（中断）的部分即海峡和运河，本报告将以这些节点为对象剖析我国原油海运网络韧性水平。

表 4-4-1　我国原油海运网络的重要通道节点

节点名称	编号	节点名称	编号
曼德海峡	1	巴拿马运河	8
巴斯海峡	2	巽他海峡	9
好望角	3	直布罗陀海峡	10
英吉利海峡	4	霍尔木兹海峡	11
朝鲜海峡	5	台湾海峡	12
马六甲海峡	6	苏伊士运河	13
大隅海峡	7	土耳其海峡	14

（二）我国原油海运网络韧性表现评估

在瞬息万变的系统环境中，不确定的风险和威胁层出不穷，韧性作为系统抵御干扰事件并从中反弹的能力，在实现系统可持续性方面发挥着至关重要的作用。就原油海运网络而言，其韧性可被看作海运系统吸收干扰事件影响、保持基本结构和功能，并在可接受的时间和成本内恢复到原有运营水平的整体能力。简言之，原油海运网络的韧性体现在遭遇干扰事件后受损阶段的抵抗能力以及恢复阶段的复原能力。为此，本报告通过模拟风险事件冲击将原油海运网络韧性评估过程划分为四个阶段（图 4-4-1）：一是初始阶段，我国原油海运网络在不受外部冲击影响下的正常运营状态。二是受损阶段，我国原油海运网络受到冲击并达到完全崩溃状态时所体现的抵抗能力。三是恢复阶段，我国原油海运网络在达到完全崩溃状态后开始逐步恢复所体现出的复原能力。四是稳定阶段，随着复原策略的实施，我国原油海运网络逐步从崩溃状态重新恢复到正常运营状态。

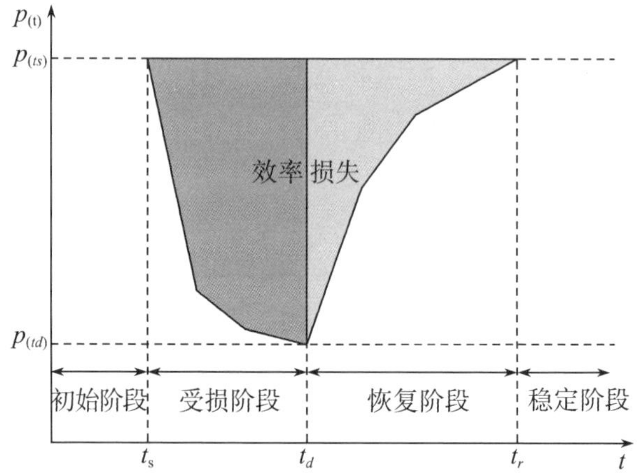

t_s—原油海运网络开始遭受外部冲击的时刻；t_d—原油海运网络达到完全崩溃的时刻；t_r—原油海运网络重新回复到正常运营状态的时刻；$p_{(t)}$—原油海运网络韧性表现值；$p_{(ts)}$—原油海运网络在不受外部冲击影响时正常运营状态下的韧性表现值；$p_{(td)}$—原油海运网络因遭受外部冲击完全崩溃时的韧性表现值。

图 4-4-1 原油海运网络韧性评估示意图

为评估海运网络韧性表现，本报告所采用的模拟的攻击策略包括节点强度（Node Strength，NS）策略、度中心性（Degree Centrality，DC）策略、中介中心性（Betweenness Centrality，BC）策略以及接近中心性（Closeness Centrality，CC）策略。为确保评估结果的可靠性，本报告基于最优渗流（Optimal Percolation）理论制定了优化（OM，Optimization）策略，旨在搜寻受干扰时能最快降低 / 提升网络运营状态的攻击 / 复原策略。与此同时，当原油海运网络出现通道节点中断情况时（即处于受损阶段时），受阻运输路径上的原油运输量将以就近原则被重新分配于备选路径集中最短运输路径上，由此新增的运输距离与原路径运输距离的比值不能超过效率阈值 η（通常情况下 η 不超过 0.5）。因此，基于不同策略，可制订相应的攻击方案与复原方案（表 4-4-2）。根据韧性三角理论，图 4-4-1 中阴影区域可直观地反映原油海运网络在受损和恢复阶段的效率损失。基于此，原油海运网络的韧性表现值 R 可通过剩余效率面积与正常运营状态面积之间的比值进行量化反映。其中，韧性表现值 R 越大，则表示原油海运网络的韧性表现越优良。

表 4-4-2 基于不同策略所制订的攻击方案与复原方案

策略名称	效率阈值	具体方案	策略介绍
NS	0.1 ~ 0.5	[6，11，2，12，3，5，13，1，10，14，4，8，9，7]	基于途径通道节点的原油运输量，确定节点受损或复原的优先级
DC	0.1 ~ 0.5	[6，11，3，2，5，12，14，10，8，13，1，4，9，7]	与港口有较多直接连接的通道节点会被优先攻击或复原
BC	0.1 ~ 0.5	[6，11，3，2，5，10，13，12，1，14，8，4，9，7]	在原油运输网络中的最短运输路径上经常充当中介节点的联通节点会被优先攻击或复原
CC	0.1 ~ 0.5	[6，3，2，12，11，1，8，5，13，9，10，7]	基于通道节点与网络中所有其他节点的距离，确定节点受损或复原的优先级
OM		优化攻击策略具体方案	优化复原策略具体方案
	0.1	[6，9，5，8，12，2]	[6，12，5，8，9，2]
	0.2	[11，6，9，8，5，7，2]	[6，11，5，8，9，7，2]
	0.3	[11，6，9，8，5，7，2]	[6，11，5，8，9，7，2]
	0.4	[11，6，9，8，5，7，2]	[6，11，5，8，9，7，2]
	0.5	[11，6，9，8，5，7，2]	[6，11，5，8，9，7，2]

注：方案中的数字表示通道节点编号，参见表 4-4-1。

根据评估结果（图 4-4-2），我国原油海运网络韧性在不同策略下显示出明显差异，并且在决策环境发生变化（对其进行调整）时，优化策略评估结果始终优于其他策略评估结果。这是由于其他策略评估结果仅是对原油海运网络韧性表现的部分描述（受限于预先设定的攻击节点和复原节点顺序）。然而，与此形成鲜明对比的是基于最优渗流理论制定的优化策略，该方法可通过自主识别和执行最有效的攻击和恢复方案（表 4-4-2），从而客观准确地反映出网络自有的韧性表现（不受任何主观预设条件的影响），摆脱了其他策略评估结果的局限性。基于该方法的评估结果是识别中国原油海运网络关键节点的主要依据。

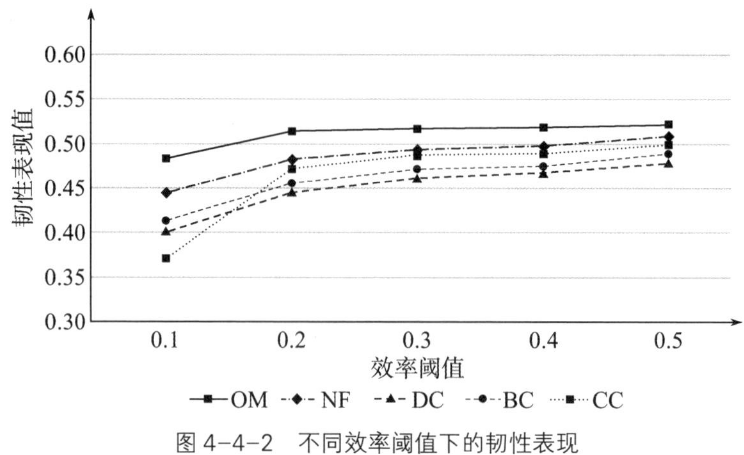

图 4-4-2　不同效率阈值下的韧性表现

（三）我国原油海运网络韧性表现分析及其关键节点识别

整体来看，在不同效率阈值的约束下，我国原油海运网络总能迅速从最极端的攻击策略情景下迅速恢复到正常运营的状态（图 4-4-3），体现出该网络具有相对良好的韧性表现。然而，整体韧性表现值（取值介于［0，1］）始终处于 0.5 附近，这表明其韧性表现仍存在较大提升空间。当效率阈值为 0.1，我国原油海运网络在遭受外部冲击时，其韧性表现迅速下滑。这是由于在严格的运输成本约束下难以搜寻到受阻运输路径的可行替代路径，一旦个别通道节点受损则立即会出现原油运输效率显著下降的情况。当效率阈值提高到 0.2 及以上时，通道节点被攻击顺序保持不变，受损阶段的损失数值从 5.54（η=0.2）逐渐下降到 5.45（η=0.5）。从韧性表现来看，原油海运运输网络的 R 数值从 0.48（η=0.1）提高到 0.52（η=0.5）。这表明随着效率阈值的提高，运输网络表现出更强的鲁棒性和稳定性，放宽效率阈值（运输成本）限制可减轻多通道节点中断带来的风险，促进可行替代路线的生成，从而确保原油供应的持续性和可靠性。

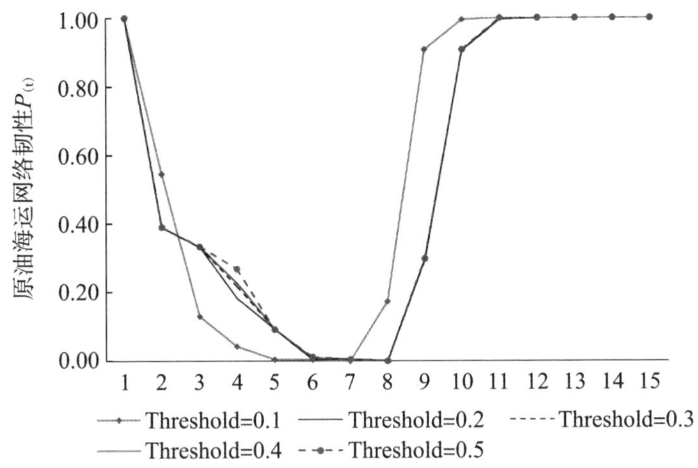

图 4-4-3 基于优化策略的中国原油海运网络韧性表现曲线

具体来看，作为“全球油库”波斯湾唯一海上出口的霍尔木兹海峡并不总是在攻击或复原方案中处于优先地位。这 发现挑战了霍尔木兹海峡处于中国原油运输网络中绝对优先地位的传统观点，并凸显了网络中节点间错综复杂的相互依存关系。任何单个通道节点的中断或恢复所产生的影响都取决于网络中其他节点的状态。值得注意的是，在效率阈值为 0.1 时，运输效率受到严格限制，可行替代路径的产生受限，马六甲海峡和巽他海峡同时发生的中断所产生的负面影响将超过霍尔木兹海峡单独中断时所产生的影响。

此外，马六甲海峡和巽他海峡在所有的攻击方案和复原方案中始终处于较优先地位，这凸显了这两个海峡对中国原油海运活动的重要性。马六甲海峡和巽他海峡若同时中断，将严重破坏海运网络，并导致改道运输成本大幅增加且运输效率显著下降，进而可能影响区域甚至全球能源市场的稳定。虽然马六甲海峡和巽他海峡在攻击方案中保持相对一致的位置，但在恢复阶段表现出不同的优先级。该现象同样可由网络中节点间的相互依存关系进行解释。由于朝鲜海峡和巴拿马运河在中国原油海运网络中同样具有相对重要的地位，它们的畅通与否与来自美洲地区的原油运输活动密切相关。一旦霍尔木兹海峡和马六甲海峡得以正常通行，那么来自中东地区的原油就可顺利运至中国，此时恢复巽他海峡的优先级就明显比不上恢复朝鲜海峡和巴拿马运河这两个通道节点了。因此，在恢复阶段马六甲海峡与巽他海峡的优先级不再同步。

三、提升我国原油海运网络韧性的路径建议

本报告基于全球油轮定位数据（AIS）构建了中国原油海运网络模型，并利用韧性三角理论针对该网络构建了韧性评估模型。为确保评估结果的可靠性，本报告采用多种策略对网络韧性进行测评，结果表明基于最优渗透理论生成的优化策略能准确反映中国原油海运网络的最大韧性潜质。随后，基于优化策略的评估结果，本报告进一步对中国原油海运网络韧性表现进行分析发现，在复杂的原油海运网络中，单个通道节点的重要性是动态变化的，不仅受其地理位置的影响，而且受整体网络结构和运输效率（成本因素）的制约。特别是在考虑多通道节点同时受到干扰甚至中断的情况下，对于原油海运网络而言无论是在受损阶段还是在恢复阶段，节点间的耦合作用都要显著超过传统评估模式下单个节点的作用。

根据本报告研究结果，为提升中国原油海运网络可靠性，确保中国能源安全，提出以下几点对策建议。

（一）加强关键通道节点的观测与监控，实时把握网络状态

原油海运过程中最容易受干扰或攻击的部分是海峡和运河这些通道节点。霍尔木兹海峡、马六甲海峡、巽他海峡、朝鲜海峡及巴拿马运河等节点在评估结果中始终处于优先地位，对维持中国原油海运活动的正常进行起着关键作用。因此，有必要开发并部署先进的监测技术，包括卫星监控、无人机巡逻和海底传感器，实时监控关键通道节点的状况。此外，还可以开发统一的信息化平台，整合原油海运网络的各类数据资源，实现数据共享和实时

监控。利用物联网技术，提升对船舶和通道节点的实时监控能力。基于上述措施，可建立智能化决策支持系统，利用人工智能和大数据技术，对中国原油海运网络进行实时分析和预测，从而提供智能化的运输路径规划和应急响应建议，提高我国原油海运网络整体运营效率。

（二）建立多节点联动机制，优化运输路径和运量分配策略

通道节点间的耦合作用通常比单个节点的作用影响范围更为深远。因此，一旦中国原油海运网络受到外部冲击，在制定应急响应策略时，应全面考虑并发节点故障的耦合风险，建立多节点联动机制，确保在任何一个通道节点受损时，其他节点能够迅速联动响应，优化原油运输路线，分担运输压力，减少外部冲击对整体网络的影响。同时，在制定原油运量分配决策时，可考虑适当放宽运输效率阈值，允许更大范围的备选路径参与调整，减少对单一路径的依赖。在一定程度上降低通道节点耦合风险所带来的潜在影响，从而在多个通道节点同时受损的情况下确保我国原油海运活动的持续性。此外，随着北极航线的开辟以及中巴经济走廊的建设，我国原油海运通道也有了更多选择。依托这些重要运输通道设定新航线，并为其分配一定的原油运量有助于增加原油海运路线的多样性，增强网络抵御外部冲击的能力，进而提升整个原油海运网络韧性。

（三）统筹强化国内国际协作，确保关键通道畅通

进口原油海运路径需途经多国领海及其所控制的关键通道节点（如马六甲海峡、苏伊士运河等海峡和运河），极易受到地缘政治及重大国际突发事件的冲突。应积极寻求与相关国家的友好合作，推动签署国际海运安全协议，明确各国在保护关键通道节点方面的责任和义务。通过国际组织和机制，协调各国的海运安全措施，确保全球原油运输网络的稳定。在此基础上，建立全球海运安全信息共享平台，及时共享各类威胁情报和风险信息。利用大数据和人工智能技术，分析全球原油运输网络的运行状况，预测潜在风险。此外，还可以与相关国家和地区建立海上安全合作联盟，定期举行联

合演习和应急演练，以有效增强对海盗、恐怖主义和其他威胁的防御能力，通过共享情报和资源，共同保护这些关键通道节点。

执笔人：薛岳梅（中国海洋大学）
张聆晔（大连海事大学）
黎基雄（香港理工大学）

5
全球碳规制下中国航运业低碳发展实践路径

摘要：航运业在全球贸易中占据举足轻重的地位，最新数据显示，航运在全球碳排放中占比 3% 左右。航运业碳排放问题越来越受到国际社会的关注。国际海事组织（IMO）以及欧盟等主要经济体相继出台了多项严苛的碳减排政策，以推动航运业的绿色转型与可持续发展。作为全球最大的航运大国之一，中国航运业在积极践行“双碳”战略目标的同时，也面临着国际碳规制带来的压力。本报告通过梳理全球航运业碳规制措施，探讨了我国航运业在应对全球碳规制中的低碳发展实践，系统分析了我国航运低碳发展的顶层设计、技术创新、政策支持、老旧船舶更新以及航运设施建设等方面取得的成效与面临的挑战。研究发现，尽管我国在航运低碳发展已经取得显著成效，但未来仍需进一步加强绿色航运技术的融合应用、推动港航产业链一体化发展、优化低碳发展的制度设计等，以确保在国际竞争中保持优势，并为全球航运业的可持续发展转型贡献中国智慧。

关键词：碳排放规制；航运业；低碳发展；路径与策略

21 世纪以来，全球经济的快速发展推动了国际贸易的繁荣，但随之而来的环境问题也日益严峻。航运业作为全球贸易的主要承担者，占据了全球90%以上的贸易运输量。然而，随着航运业的大规模发展和船舶数量的不断增加，其温室气体排放量也大幅上升，成为全球气候变暖的重要推手。尽管航运业已经是最具能效的运输方式之一，但其碳排放量仍约占全球总量的3%。近年来，国际社会在环境保护领域的呼声愈发高涨，《联合国气候变化框架公约》《巴黎协定》等一系列国际新公约和新标准相继出台，旨在遏制全球气候变化带来的威胁。在此背景下，国际海事组织（IMO）不断制定和发布强制性规定，力求到2050年实现航运业的净零排放，并推动航运业向低碳转型。这些国际规制要求我国航运业必须积极应对和调整，船舶低碳发展的理念也逐渐成为我国航运业的发展重点。

与此同时，航运业作为中国经济的重要支柱，其低碳发展不仅关乎环境保护，更直接影响我国经济的可持续性。面对国际社会对航运业的更高减排要求，我国作为全球最大的航运大国之一，在推动低碳转型中承担着重要责任。为了实现国家“双碳”目标，我国航运业需要在全球碳规制背景下，积极探索低碳发展实践路径，加强技术创新和新能源应用，确保在应对国际碳规制挑战的同时，实现航运业的高质量、可持续发展。

一、国际航运碳规制措施和成效

近年来，针对航运碳减排的法规逐渐增多，国际海事组织（IMO）的政策法规和欧盟区域性法规走在全球前列，提前开展了一系列直接关系到航运业根本利益的规制措施。这也是当前航运业面临的最紧迫、影响最直接的碳规制措施。

（一）主要国际航运碳规制措施

1. 国际海事组织的航运业碳减排规则

为推动航运业的绿色转型，国际海事组织（IMO）近年来不断出台和更新相关政策（表4-5-1）。1997年，IMO通过《国际防止船舶污染公约》

（MARPOL）的附则Ⅵ，首次明确了减少船舶空气污染物排放的要求，标志着航运业减排的开端。2011 年，IMO 进一步修订了 MARPOL 附则Ⅵ，引入技术和操作性措施，以提高新船的能效设计要求，并通过船舶能效管理计划（SEEMP）优化运营。2013 年起，船舶能效设计指数（EEDI）和船舶能效管理计划（SEEMP）先后生效，推动了全球船队的能效提升。2016 年，IMO 海上环境保护委员会（MEPC）通过的《船舶燃油消耗数据收集系统》（DCS）生效，强制要求船舶记录并报告燃油消耗数据，为未来的减排决策奠定数据基础。

表 4-5-1　国际海事组织（IMO）的航运低碳规制措施

年份	文件名称	主要内容	生效时间
1997	《国际防止船舶污染公约》（MARPOL）	新增 MARPOL 附则Ⅵ，旨在减少船舶产生的空气污染物排放，并降低全球航运的碳强度	2005 年 5 月 19 日
2011	MARPOL 附则Ⅵ修正案	修订 MARPOL 附则Ⅵ，首次引入技术和操作性措施，旨在通过提高新船能效设计要求（EEDI）和运营能效管理（SEEMP）来减少国际航运的温室气体排放	2011 年通过，2013 年 1 月 1 日全面生效
2013	船舶能效设计指数（EEDI）和船舶能效管理计划（SEEMP）	EEDI 要求新船设计满足最低能效标准，每五年逐步加严，至 2025 年达到 30% 的二氧化碳减排目标。SEEMP 作为操作性机制，优化船舶运营能效，结合数据监控	2013 年 1 月 1 日
2016	《船舶燃油消耗数据收集系统》（DCS）	通过 MEPC.278（70）决议，强制性要求船舶记录和报告燃油消耗数据，以提供决策依据并改进能效。此系统为未来措施的实施奠定基础	2016 年 10 月
2021	现有船舶能效指数（EEXI）和碳排放强度指标（CII）	EEXI 要求现有船舶达到规定能效水平，CII 评估船舶年度碳强度表现，2023—2026 年每年减少 2% 的碳强度，并在此后进一步加强。D/E 级别船舶需制订纠正计划	2021 年通过，2023 年 1 月 1 日正式生效

资料来源：根据国际海事组织IMO官网资料整理。

IMO 每五年审查一次与温室气体相关的战略，并逐步提高减排要求。2018 年，IMO 通过了《船舶温室气体减排初步战略》，提出到 2030 年将国际航运的碳强度减少至少 40% 并在 2050 年前减少 70% 的目标。2023 年，IMO 通过的《2023 年船舶温室气体减排战略》进一步提升碳减排目标，明确要求在 2050 年左右实现航运业的净零排放，到 2030 年确保零或近零温室气体排放技术的广泛应用。为此，IMO 引入了现有船舶能效指数（EEXI）和碳排放强度指标（CII）两个强制性指标（表 4-5-2），要求船舶逐年降低碳强度，进一步强化对船舶碳排放的控制。其中，EEXI 主要衡量 400 总吨及以上船舶的技术能效，侧重于通过改进现有船舶的设计参数来提升能效；CII 关注的是 5000 总吨及以上船舶的运营碳强度，旨在通过优化船舶的运营实践来降低二氧化碳排放，不仅直接与 IMO 的 2030 年和 2050 年减排目标挂钩，还为港口和利益相关者提供了激励工具，推动航运业整体向更高效、更环保的方向发展。EEXI 和 CII 互为补充，不仅为全球航运业提供了明确的合规路径，也为实现 IMO 的长期温室气体减排目标奠定了坚实基础。此外，IMO 还通过经济手段，如碳排放定价机制，推动全球航运业向低碳转型。这一系列政策展现了 IMO 在应对气候变化、减少航运业温室气体排放方面的长期承诺，并为全球航运业提供了清晰的脱碳路径。

表 4-5-2 EEXI与CII的比较分析

项目	EEXI（现有船舶能效指数）	CII（碳排放强度指标）
目的	衡量现有船舶的能效，侧重于设计改进	衡量船舶的运营碳强度，侧重于运营期间的燃油消耗和二氧化碳排放
法规依据	MARPOL 附则Ⅵ，第 23 条	MARPOL 附则Ⅵ，第 28 条
实施日期	2023 年 1 月 1 日生效	2023 年 1 月 1 日生效

（续表）

项目	EEXI（现有船舶能效指数）	CII（碳排放强度指标）
适用范围	适用于所有400总吨及以上的船舶	适用于所有5000总吨及以上的船舶
计算方法	基于船舶设计参数（如安装的发动机功率、单位燃料消耗等），反映技术效率	基于IMODCS的实际燃油消耗数据和航行距离，反映运营效率
合规要求	船舶必须计算并达到所需的EEXI值，与每种船型的参考线进行比较	船舶必须每年计算其达成的CII并与所需的CII进行比较
验证过程	通过分类社或认可组织的检查和证书进行验证	通过提交给船旗国的年度报告进行验证
评级系统	没有具体的评级系统，但船舶必须达到相当于EEDI标准的合规水平	基于船舶的碳强度表现，从A(最佳）到E（最差）进行评级
不合规处罚	不合规的船舶可能会面临运营限制或需要进行修改以达到指标	连续三年评级为D或评级为E的船舶必须制订纠正行动计划
提高评分的措施	通过实施技术，如发动机功率限制、废热回收或风能辅助推进，提高技术效率	优化运营实践，改进航行计划，采用节能技术
与长期目标的联系	通过确保现有船舶提高技术效率，支持IMO的长期温室气体减排目标	直接与IMO的2030年和2050年碳强度减排目标挂钩
合规灵活性	技术中立的方法，允许船东选择最具成本效益的解决方案以满足要求	为港口和利益相关者提供工具，以激励最节能的船舶

资料来源：根据国际海事组织（IMO）官网资料整理。

2. 欧盟的航运业碳减排规则

近年来，欧盟为实现应对气候变化的长期目标，在航运领域的低碳政策逐步完善（表 4-5-3）。2013 年通过的《MRV 法规》作为基准政策，为了解船舶整体排放情况奠定了基础，并为后续如碳税等政策的制定铺平了道路。此后，欧盟逐步为航运业制定了更加具体的碳减排措施。2021 年 7 月，欧盟推出“Fit for 55”一揽子计划，通过修订和更新欧盟立法，设立了一个连贯且平衡的航运碳减排框架，以确保到 2030 年欧盟温室气体排放量较 1990 年至少减少 55%，并在 2050 年实现气候中和。2021 年，欧盟修订能源税收指令（ETD），取消了航运业使用化石燃料的税收豁免，并逐步引入最低税率，旨在通过价格机制引导航运业向更清洁的燃料过渡。这一修订设定了十年的过渡期，以确保政策的平稳实施，并与欧盟排放交易体系等其他气候政策协调推进。2022 年，欧盟修订欧盟排放交易体系（EU ETS），明确规定从 2024 年开始，航运业将被正式纳入该体系，要求航运公司逐步增加配额交付量，到 2026 年实现全额覆盖航运排放；并同时将甲烷和一氧化二氮等非二氧化碳排放纳入体系，扩大 EU ETS 的覆盖范围。2023 年 9 月，欧盟 FuelEU Maritime 条例公布。该条例通过设定燃料温室气体强度上限，推动航运业向可再生和低碳燃料的转型；同时要求从 2030 年起，在欧盟主要港口停泊的集装箱船和客船必须使用岸电系统，以减少港口排放。条例中还包括支持高减碳潜力的非生物可再生燃料（RFNBO）的特别激励机制，以及对特定区域的豁免条款。同时，《替代燃料基础设施法规》（AFIR）同步公布，进一步补充了燃料转型的基础设施保障，要求在 2025 年前在跨欧洲运输网络（TEN-T）核心海港部署液化甲烷加注点，并在 2029 年前为远洋船舶提供岸电设施。2023 年 11 月，欧盟《可再生能源指令》（RED）生效，明确要求欧盟成员国需确保，到 2030 年航运部门的可再生非生物来源燃料至少占总能源供应的 1.2%。这一目标的设定，连同对国际海洋加油站再生燃料比例的要求，旨在为航运业提供充足的低碳燃料供应和技术支持，进一步减少航运业的碳足迹。

表 4-5-3 欧盟航运减碳政策

年份	政策名称	主要措施	生效日期	执行合规
2013	关于监控、报告和验证“（Monitoring，Reporting，Verification），简称 MRV 法规”海运运输二氧化碳排放量的提议及修订第 2013/525 号欧盟法规	1. 实施 MRV 系统：建立可靠的航运温室气体排放数据体系。 2. 设定中期减排目标：航运业到 2050 年减排 40%（或 50%）。 3. 采用市场机制：通过补偿金或排放交易系统控制排放	2015 年 7 月 1 日：法规生效。 2017 年 8 月 31 日：提交监测计划的截止日期。 2018 年 1 月 1 日：监测正式启动。 2019 年 4 月 30 日：首次提交年度排放报告的截止日期。 2019 年 6 月 30 日：船舶需持有效合规文件	1. 通过港口国控制确保合规，不合规者将面临罚款或驱逐令。 2. 该系统将作为全球 MRV 系统的示范，欧盟将与 IMO 合作推动全球减排措施
2021	“Fit for 55”一揽子计划	个提案集合，旨在修订和更新欧盟立法，并设立新的举措，提供一个连贯且平衡的框架，以实现欧盟的气候目标	逐步立法与实行	将由欧盟成员国负责执行和监管，确保航运业逐步采用低碳和可再生燃料，减少温室气体排放，符合欧盟的减排目标
2021	能源税收指令（ETD）修订	1. 取消化石燃料的税收豁免：目前，航运业使用的重油在欧盟内部航行中免征能源税。修订后的指令将逐步取消这些豁免。 2. 逐步增加税率：对航运业使用的化石燃料逐步引入最低税率，鼓励向更清洁的替代燃料过渡。可持续和替代燃料将在十年过渡期内享受零税率，以促进其采用	十年过渡期：新规则将在过渡期内逐步实施，最终达到完全税收覆盖	1. 逐步实施：成员国将逐步增加对航运燃料的最低税率，确保过渡平稳。 2. 协调实施：确保与欧盟排放交易系统（ETS）等其他气候政策协调，避免双重征税

（续表）

年份	政策名称	主要措施	生效日期	执行合规
2022	欧盟排放交易体系（EU ETS）指令修订	1. 航运排放纳入 EU ETS：从欧盟港口到非欧盟港口航行的船只的一部分排放，以及在欧盟港口内航行的所有排放。 2. 逐步增加配额要求：从2024年开始，逐步增加航运公司所需交付的配额，2026年达到全额覆盖排放量。 3. 涵盖非二氧化碳排放：除了二氧化碳排放，甲烷和一氧化二氮的排放也将在2024年纳入监测，并从2026年起纳入 EU ETS	2024年：航运排放纳入 EU ETS 系统，并开始逐步增加配额交付要求。 2026年：航运公司需为所有经验证的排放量交付配额，并开始包括甲烷和一氧化二氮排放	1. 监督和报告：航运公司需根据欧盟规定监测并报告其排放量，确保与修订后的 EU ETS 法规相一致。监管机构将负责监督并确保合规。 2. 处罚措施：如航运公司未能遵守相关要求，各成员国将采取必要的执法措施，最严重情况下可能拒绝违规船只进入港口
2023	欧盟 FuelEU Maritime 条例	1. 减少温室气体强度：逐步降低航运燃料的温室气体强度，从2025年减少2%，到2050年减少80%。 2. 支持可再生燃料：特别激励机制支持高减碳潜力的非生物可再生燃料（RFNBO）。 3. 排除化石燃料：法规认证流程中排除化石燃料。岸电系统要求：自2030年起，客船和集装箱船在欧盟主要港口停泊时必须使用岸电系统。 4. 自愿合规池机制：允许船只共享合规余额，整体达到温室气体强度限制。 5. 特定区域豁免：对外岛、小岛和高度依赖航运连接的地区提供限时豁免。 6. 收入再投资：通过法规实施产生的收入用于支持航运业脱碳项目，并增强透明度	2024年8月31日：部分条款（如第8和第9条）开始实施。 2025年1月1日：法规全面生效。 2025年12月31日：欧盟委员会将发布有关邻近集装箱中转港的实施细则。 2030年：法规设定的初步减排目标将全面实施。 2035年：所有受影响的船舶必须全面符合法规要求，包括使用岸电系统	1. 监测和报告：欧盟委员会将通过报告和审查机制监控法规的执行情况。 2. 合规与惩罚：不合规船舶将面临罚款，收入将用于航运业的脱碳项目

（续表）

年份	政策名称	主要措施	生效日期	执行合规
2023	《替代燃料基础设施法规》（AFIR）	1. 液化甲烷基础设施：在跨欧洲运输网络（TEN-T）核心海港内部署液化甲烷加注点，以支持航运燃料的脱碳，确保航运业逐步转向可再生和低碳燃料。 2. 岸电设施：在 TEN-T 核心和综合海港为远洋集装箱船和远洋客船提供岸电设施，减少停靠期间的排放	2025 年 12 月 31 日：TEN-T 核心海港需部署液化甲烷加注点。 2029 年 12 月 31 日：TEN-T 海港需为远洋集装箱船和客船提供岸电设施	1. 液化甲烷设施：加注点的部署应由市场需求驱动，并符合相关技术标准，以支持燃料脱碳。 2. 岸电设施：成员国需确保至少 90% 的符合条件的船只在停靠期间使用岸电，未能遵守的港口将面临合规检查和潜在制裁
2023	《可再生能源指令》（RED）的修订	1. 目标设定：提高运输部门中可再生燃料使用量，特别是在难以电气化的交通模式（如航运）中推动使用再生能源和非生物来源再生燃料。 2. 供应义务：欧盟成员国应确保到 2030 年，供应给航运部门的可再生非生物来源燃料至少占总能源供应的 1.2%。 3. 减排目标：鼓励提高国际海洋加油站供应的可再生燃料比例，以实现运输部门的减排目标	2023 年 11 月 20 日生效	1. 成员国责任：成员国应根据规定，确保燃料供应商达成设定的可再生能源供应目标。 2. 豁免条款：对于海运行业的一些特殊情况，例如，一些岛屿国家可以对某些能源供应设置上限，以应对目前技术和法规的限制

资料来源：根据欧盟官网资料整理。

在欧盟推动航运业脱碳的政策框架中，FuelEU Maritime 条例和 EU ETS 指令修订是两项关键举措（表 4-5-4）。FuelEU Maritime 条例通过引入温室气体强度核算基准和罚款机制，弥补 EU ETS 体系在应对航运业碳排放问题上的不足，进一步推动行业向低碳燃料转型。然而，该法规在实施力度上相对较弱，特别是在 2035 年之前，对绿色燃料的支持力度有限。这一特点使得航运业在短期内仍需要继续依赖传统化石燃料，绿色燃料如甲醇和氢能的市场需求提升尚需更为严格的政策刺激。相比之下，EU ETS 体系通过将航运业纳入碳配额交易体系，以逐步增加的配额要求和市场化机制推动行业减排。尽管这一机制在长期内可能对航运业施加更大的经济压力，但配额价格的波动和市场机制的复杂性使得其在实际操作中仍面临不确定性。此外，EU ETS 体系主要通过市场手段引导减排，但其覆盖范围和罚款机制可能不足以显著激励航运业广泛采用新型燃料，尤其是在碳排放成本上升的背景下，企业可能更倾向于通过优化现有技术，而非直接转向更昂贵的绿色燃料。同时，FuelEU Maritime 条例规定允许船东将多艘船舶绑定履约，这为船东提供了一定的缓冲期，可以逐步增加清洁能源船舶的比例，使整个船队逐步符合减排要求。然而，这也对船东的运营策略提出了更高的要求，需要在船队管理和燃料选择上作出更加精细的规划与决策。

生物柴油因其技术的成熟性和较低的转换成本，依然是航运脱碳的可行选项之一。在推动绿色燃料应用的过程中，生物燃料特别是生物柴油依然占据重要地位。相较之下，尽管绿色甲醇和氢能等非生物来源可再生燃料（RFNBO）具有较高的减排潜力，但在成本和技术成熟度方面仍面临挑战。特别是在 FuelEU Maritime 条例和 EU ETS 体系的双重罚款机制下，这些新型燃料的市场竞争力仍需更大的政策支持才能得以充分发挥。虽然 FuelEU Maritime 条例和 EU ETS 的双重罚款机制确实增加了行业合规的成本，但这些成本增加是否足以推动航运业在 2035 年前大规模采用绿色燃料仍存在不确定性。目前的政策环境对液化天然气（LNG）的发展较为有利，而生物甲醇等绿色燃料在短期内难以与之竞争。尤其是对于电子甲醇而言，受限于二氧化碳来源和绿氢成本的双重压力，其市场应用的可行性更加有限。

表 4-5-4 欧盟两个关键碳减排规则的具体实施办法

项目	FuelEU Maritime条例	EU ETS体系
实施目标	通过推动使用可再生和低碳燃料，减少航运业温室气体排放强度	通过排放配额交易减少航运业温室气体排放
覆盖范围	涵盖所有在欧盟港口停靠的船舶，无论其旗帜国如何	涵盖使用化石燃料的船舶，重点是航运排放管理
灵活性	允许船舶间合规性能的汇集，并支持使用风能、碳捕获等技术	允许通过调整配额基准和逐步减少免费配额来保持灵活性
罚款机制	若不合规，需支付基于传统燃料与低碳燃料成本差异的罚款	若超出排放配额，将面临配额削减及罚款
技术支持	鼓励使用替代能源，如风能、岸电和碳捕获技术	鼓励通过技术投资（如氢能）来减少排放
具体安排	1. 2024 年 8 月 31 日前航运检测：航运公司需为每艘船舶提交一份监测计划以供核查人员评估，说明其选择的监测方法和报告船上能源使用的数量、类型和排放因素的方法 2. 2025 年 1 月 1 日起记录信息：根据监测计划，各公司需对每年就其抵达、停泊或离开 EEA 港口每艘船舶记录相关信息 3. 2026 年 1 月 31 日前提交与核查：航运公司将上一年度数据汇总编制船 FuelEU 报告提交给验证机构。验证机构在当年 3 月 31 日前进行核查记录 4. 2026 年 4 月 30 日前结算余额：经验证机构批准，航运公司在 FuelEU 数据库中记录余额抵扣，提前透支以及合并结算的使用情况 5. 2026 年 6 月 30 日前支付罚款：航运公司为每艘超过温室气体强度限制的船舶缴纳相应罚款。缴纳后将收到主管当局签发的 FuelEUDOC	1. 2024 年：开始对 5000 总吨及以上的货船和客运船的排放进行 MRV 审查，覆盖二氧化碳排放。甲烷和一氧化二氮排放开始纳入 MRV 范围 2. 2025 年：航运公司需要首次根据 2024 年的排放量交付 40% 的 ETS 排放配额。MRV 继续覆盖 5000 总吨及以上的货船、客运船和海工船 3. 2026 年：航运公司需要根据 2025 年的排放量交付 70% 的 ETS 排放配额。开始 ETS 审查，并继续覆盖甲烷和氧化亚氮排放 4. 2027 年：航运公司需要根据 2026 年的排放量交付 100% 的 ETS 排放配额。海工船（5000 总吨及以上）纳入 ETS 范围，并需为 2027 年的排放交付配额 5. 2028 年及以后：全面实施 ETS 系统，所有相关排放都需遵循 ETS 要求。考虑将 400 ~ 5000 总吨的海工船和普通杂货船纳入 ETS 范围

资料来源：根据欧盟官网资料整理。

（二）全球航运业低碳发展现状

1. 全球航运业碳排放比重仍在 2% ~ 3% 徘徊

根据国际海事组织（IMO）发布的数据，全球航运碳排放量 2012—2018 年呈现逐年上升的趋势（图 4–5–1）。2012 年，全球航运业的二氧化碳排放量为 962 百万吨，约占全球二氧化碳排放量的 2.76%。这一比例在 2017 年达到最高点，为 2.97%，到 2018 年降至 2.89%。总体来看，全球航运业碳排放量比重相对稳定，但绝对碳排放量的增长趋势仍然值得关注。这一现象反映了全球航运业在经济增长和贸易扩张背景下，碳排放控制的难度在加大。与此同时，随着国际社会对气候变化问题的关注日益加深，航运业的碳排放压力也在不断加大。虽然航运业已经在燃料效率、技术改进等方面进行了积极探索，但现有的减排措施尚未能有效抵消排放量的增加。未来，航运业将需要进一步推进绿色技术的应用，同时加快低碳燃料的推广，以应对日益严峻的减排要求。

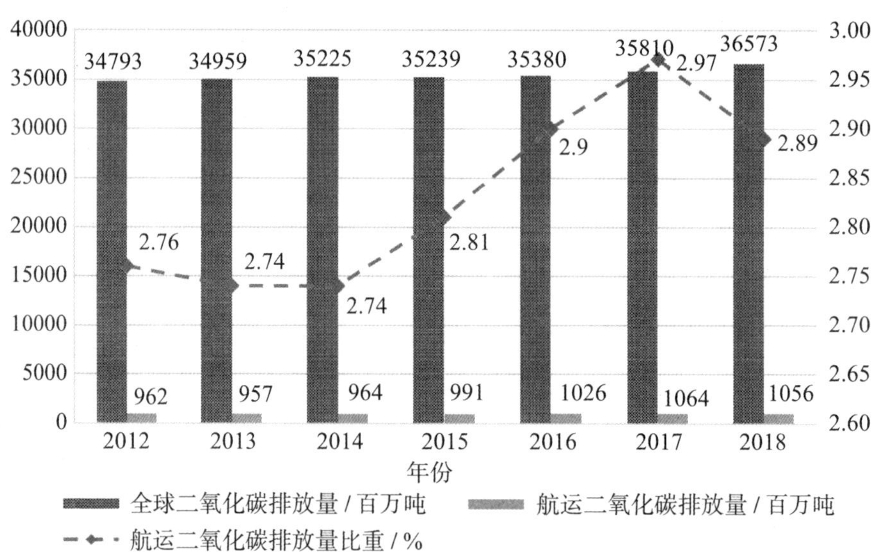

图 4–5–1　航运与全球二氧化碳排放量
（数据来源：2020 年 IMO 第四次温室气体研究报告）

2. 全球船舶船龄分布有待改善

航运业低碳发展离不开高能效船舶的升级和更新。全球主要船型的船龄分布显示了不同船型在更新换代上的差异。联合国贸易和发展会议（UNCTAD）最新数据显示，0 ～ 4 年船龄的新船在油轮和集装箱船中占比较大，分别占其总吨位的 21.2% 和 19.1%（图 4-5-2）。这表明这些船型在过去几年中进行了较为显著的更新，有助于提升船队整体的能源效率和环保性能。相对而言，杂货船的老龄化问题较为突出，20 年以上船龄的杂货船占比高达 38.6%。这不仅反映了杂货船在更新换代方面的滞后性，也意味着在未来可能面临较大的淘汰压力，尤其是在低碳转型加速的背景下。与此同时，其他类型船舶如油轮和集装箱船的老龄船舶比例相对较低，表明这些船型在应对未来的环保法规时具备更大的灵活性和适应性。总体来看，船龄分布的差异凸显了全球航运业在应对低碳挑战方面的不均衡性。油轮和集装箱船由于更新速度较快，具备较强的减排潜力，而杂货船中老龄船舶比例较高，未来可能面临更大的技术和经济压力。加快老旧船舶的更新换代，提升整个船队的低碳化水平，将是全球航运业未来亟须解决的关键问题。

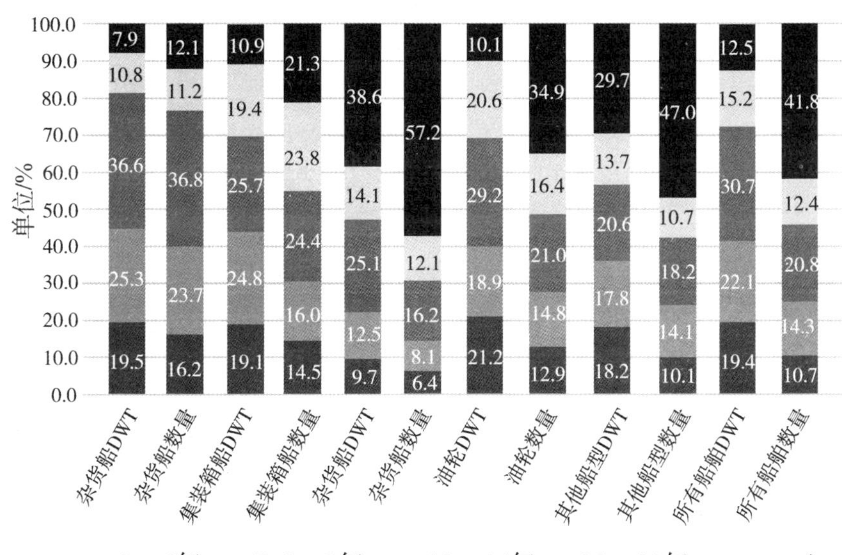

图 4-5-2　2023 年全球主要类型船舶船龄分布（分别以DWT与船舶数量为统计标准）

（数据来源：联合国贸易和发展会议和克拉克森）

3. 全球船舶碳排放强度仍有大量不达标情况

全球 5000 载重吨以上的干散货、集装箱船和液体散货船中存在相当数量的船舶需要进行整改。由于 IMO 官方 CII 数据并未出台，文中使用中远海科低碳宝所模拟的数据进行分析。数据显示，2023 年干散货船中有 58.2% 的船舶被评为 E 级（图 4-5-3），这些船舶的碳强度远超合格标准。同样，在液体散货船中，有 45.8% 的船舶被评为 E 级，这也意味着近一半的液体散货船需要采取纠正措施，以达到规定的碳排放标准。虽然集装箱船的碳排放表现相对较好，但依然有 7.3% 的船舶被评为 E 级，表明仍有部分集装箱船舶需要进行整改。

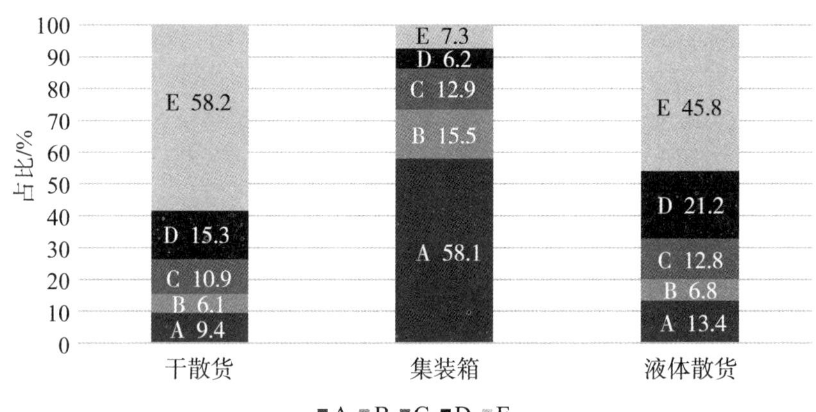

图 4-5-3　2023 年全球 5000 载重吨之上主力货船CII等级分布情况
（数据来源：中远海科低碳宝）

根据 CII 的规定，不合格船舶需要在规定时间内提交符合年度营运碳强度目标的整改计划，并在接下来的运营过程中通过实施该计划来提升船舶的碳强度表现。对于未能有效实施纠正措施的船舶，监管机构将进一步加强检查和监督，可能导致其运营受到限制或在港口滞留。这意味着全球范围内的大量船舶，特别是那些评级较差的船舶，将面临重大挑战，需要在未来几年内进行全面的技术改造和能效管理优化。

与此同时，根据2021—2023年全球5000载重吨以上主力船舶的CII评级分组统计，船龄对碳排放强度的影响十分显著（图4-5-4）。较新船舶（0～4年船龄）中，39.0%达到了A级，但仍有19.9%处于E级，显示出新船尽管整体表现较好，但部分船舶仍需进一步优化。而随着船龄的增加，船舶的碳强度问题愈发严重，10～14年船龄的船舶中，47.0%被评为E级，20年以上的老旧船舶中，E级船舶的比例高达46.0%。可见，老旧船舶在能效和碳排放方面的劣势已难以通过简单的技术改造来弥补，淘汰换新成为不可避免的趋势。为实现低碳转型，全球航运业亟须加快对老旧船舶的淘汰步伐，逐步引入更为高效和环保的新型船舶。

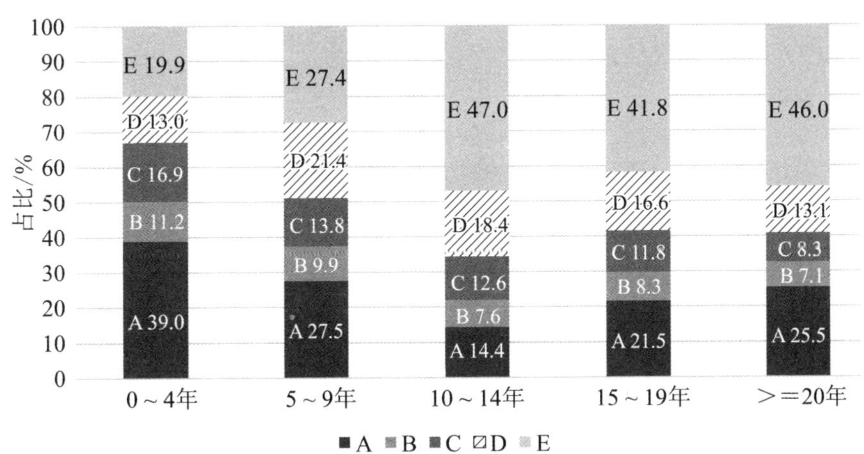

图4-5-4　2021—2023年5000载重吨以上全球主力船CII等级（按船龄分布情况）
（数据来源：中远海科低碳宝）

二、中国航运业碳减排政策和实践

（一）绿色航运顶层设计不断完善

我国高度重视航运业的绿色发展，并通过一系列顶层设计和政策措施，推动航运行业向更加环保、可持续的方向发展（表4-5-5）。2022年，

《减污降碳协同增效实施方案》（2022年）（环综合〔2022〕42号）和《"十四五"现代综合交通运输体系发展规划》（国发〔2021〕27号）先后发布，鼓励淘汰老旧船舶，促进新能源和清洁能源动力船舶的应用，并大力建设港口岸电设施，提升船舶靠港使用岸电的比例。同年9月，《关于加快内河船舶绿色智能发展的实施意见》（工信部联重装〔2022〕131号）出台，强调推动电池动力船舶的发展，特别是在中短途内河货船、游船等领域。2023年，《船舶制造业绿色发展行动纲要（2024—2030年）》（工信部联重装〔2023〕254号）发布，为加快绿色船舶技术的供给能力，推动船用配套设备的绿色升级注入强心剂，并明确提出到2030年，基本建成船舶制造业的绿色发展体系。这些政策不仅体现了国家对航运绿色发展的长期战略规划，也为行业转型提供了有力支持，推动中国航运业逐步迈向绿色化、智能化和现代化。

表4-5-5 中国绿色航运发展相关政策

年份	政策名称	发布机构	重点举措
2023	《船舶制造业绿色发展行动纲要（2024—2030年）》（工信部联重装〔2023〕254号）	工业和信息化部、发展改革委、财政部、生态环境部、交通运输部	到2025年，船舶制造业绿色发展体系初步构建，到2030年，船舶制造业绿色发展体系基本建成。加快形成绿色船舶谱系化供给能力，推动船用配套设备绿色升级，建立先进船舶总装建造体系，加快建设绿色船舶配套供应链
2022	《关于加快内河船舶绿色智能发展的实施意见》（工信部联重装〔2022〕131号）	工业和信息化部、发展改革委、财政部、生态环境部、交通运输部	加快发展电池动力船舶。加强船用动力电池、电池管理系统等技术集成和优化，推进高效节能电机、电力系统组网、船舶充换电等技术研究，提升船舶电池动力总成能力和安全性能，重点推动纯电池动力技术在中短途内河货船、滨江游船及库湖区船舶等应用。以货船为试点，开展标准化箱式电源换电技术研究与应用

（续表）

年份	政策名称	发布机构	重点举措
2022	《减污降碳协同增效实施方案》（环综合〔2022〕42号）	生态环境部、国家发展和改革委员会、工业和信息化部、住房和城乡建设部、交通运输部、农业农村部、国家能源局	加快淘汰老旧船舶，推动新能源、清洁能源动力船舶应用，加快港口供电设施建设，推动船舶靠港使用岸电
2022	《“十四五”现代综合交通运输体系发展规划》（国发〔2021〕27号）	国务院	推动内河船舶更多使用清洁能源，进一步降低交通工具能耗。持续推进港口码头岸电设施、机场飞机辅助动力装置替代设施建设，推进船舶受电设施改造，不断提高岸电使用率
2020	《中华人民共和国长江保护法》	全国人民代表大会常务委员会	国务院和长江流域县级以上地方人民政府对长江流域港口、航道和船舶升级改造，液化天然气动力船舶等清洁能源或者新能源动力船舶建造，港口绿色设计等按照规定给予资金支持或者政策扶持。国务院和长江流域县级以上地方人民政府对长江流域港口岸电设施、船舶受电设施的改造和使用按照规定给予资金补贴、电价优惠等政策扶持
2019	《交通强国建设纲要》	中共中央、国务院	优化交通能源结构，推进新能源、清洁能源应用；严格执行国家和地方污染物控制标准及船舶排放区要求，推进船舶、港口污染防治

资料来源：根据相关公开政府公文整理。

（二）船舶污染监管效能稳步提升

航运业的低碳发展是落实“双碳”战略目标的主要阵地之一，使用清洁高效的船舶是推动航运业碳减排的关键环节。近年来，我国制定实施了多项促进船舶碳减排的政策措施，涵盖能耗管理、污染物排放控制和水域环境保护等领域（表 4-5-6）。2018 年，我国海事局发布《船舶能耗数据收集管理办法》（海危防〔2018〕476 号），要求船舶提交能耗数据并实施能效管理计划，奠定了船舶能效提升的基础。同年，《船舶大气污染物排放控制区实施方案》（交海发〔2018〕168 号）开始实施，划定沿海和内河排放控制区，严格限制船舶硫氧化物和氮氧化物的排放，进一步加强了大气污染物的监管，标志着我国在推动清洁能源应用方面的重要进展。2022 年，《船舶能耗数据和碳强度管理办法》（海危防〔2022〕164 号）开始实施，要求船舶严格记录和报告能耗数据，监督管理碳强度，推动航运业碳排放的有效监控和减少。同年，交通运输部发布《中华人民共和国防治船舶污染内河水域环境管理规定》（交通运输部令 2022 年第 26 号），明确了详细的污染物排放和处理规定，强化了对内河航运绿色发展的保障。这一系列政策措施为我国船舶污染监管效能提升提供了有力支持，推动我国航运业向高质量绿色发展迈进。

表 4-5-6 中国船舶污染监管政策内容

年份	政策名称	发布机构	适用范围	主要内容	强制性措施
2018	《船舶能耗数据收集管理办法》（海危防〔2018〕476 号）	中华人民共和国海事局	适用于进出我国港口的 400 总吨及以上或主推进动力装置 750 千瓦及以上的船舶	收集和报告船舶能耗数据，适用航次报告和月度报告机制，特别要求国际航行船舶提交能效管理计划	船舶需按规定如实报告能耗数据，未按规定报告将受到处罚
2018	《船舶大气污染物排放控制区实施方案》（交海发〔2018〕168 号）	交通运输部	适用于在排放控制区内航行、停泊、作业的船舶	控制船舶硫氧化物、氮氧化物等大气污染物排放，设立排放控制区，规定燃油使用和岸电要求	船舶进入控制区需使用规定的低硫燃油，未达标船舶需加装排放控制设备或岸电系统

（续表）

年份	政策名称	发布机构	适用范围	主要内容	强制性措施
2022	《船舶能耗数据和碳强度管理办法》（海危防〔2022〕164号）	中华人民共和国海事局	适用于400总吨及以上的中国籍船舶及进出我国港口的外国籍船舶	管理船舶能耗数据和碳强度，要求船舶记录和报告能耗数据，并对碳强度进行监督管理	船舶必须如实报告能耗数据，对不符合碳强度要求的船舶进行整改
2022	《中华人民共和国防治船舶污染内河水域环境管理规定》（交通运输部令2022年第26号）	交通运输部	适用于防治船舶及其作业活动污染中华人民共和国内河水域	制定防治船舶及其作业活动污染内河水域环境的措施，包括污染物排放控制、应急处置、作业管理等内容	违反排放控制、作业管理规定的船舶和单位将受到罚款、整改等处罚措施

资料来源：根据相关公开政府公文整理。

（三）航运业低碳发展成效有待进一步提升

1. 船舶排放量占比持续攀升

近年来，我国航运业快速发展，船舶排放量占比持续上升，对环境的影响日益加剧。据统计，2019—2022年，我国船舶在非道路移动源中的碳氢化合物（HC）、氮氧化物（NOx）和颗粒物（PM）排放占比分别从19.8%、28.2%、24.2%上升至24.2%、32.5%和26.3%（图4-5-5）。这一趋势表明，尽管我国在推动航运业低碳转型方面取得了一定进展，但船舶排放量的增速仍然较快，尤其是在氮氧化物（NOx）排放，其占比在四年内增加了4.3个百分点。

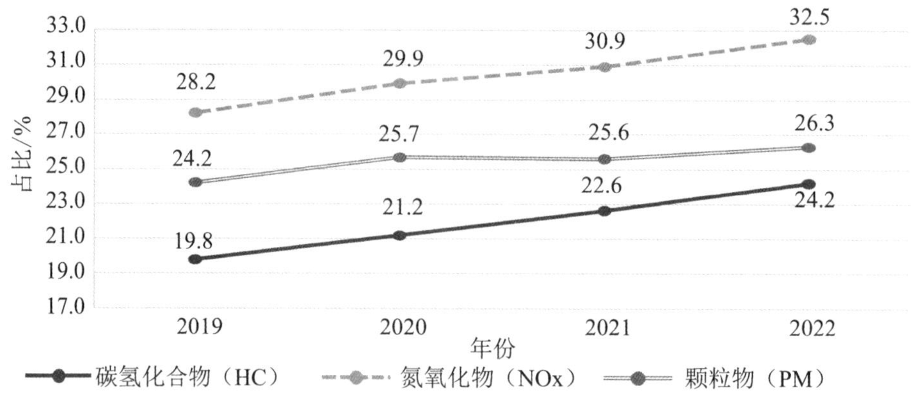

图 4-5-5　非道路移动源船舶排放量占比变化

（数据来源：生态环境部 2020—2023 年中国移动源环境管理年报）

在氮氧化物（NOx）排放方面，船舶排放更是首当其冲。2022 年，船舶已成为氮氧化物（NOx）排放的最大贡献者，占比达到 32.5%。同时，在碳氢化合物（HC）和颗粒物（PM）排放中，船舶的占比分别为 24.2% 和 26.3%，仅次于农业机械和工程机械（图 4-5-6）。这一情况不仅反映出船舶对环境的巨大压力，也凸显了当前减排措施在应对船舶排放增长方面的局限性。造成这种现象的主要原因是航运业的快速扩张。随着我国对外贸易的增长和港口物流的不断提升，船舶数量及其燃油消耗量也随之增加，从而导致大气污染物排放量的上升。尽管我国已经采取了如推广低硫燃料和优化航线等措施，但仍未能有效遏制排放的增长趋势。

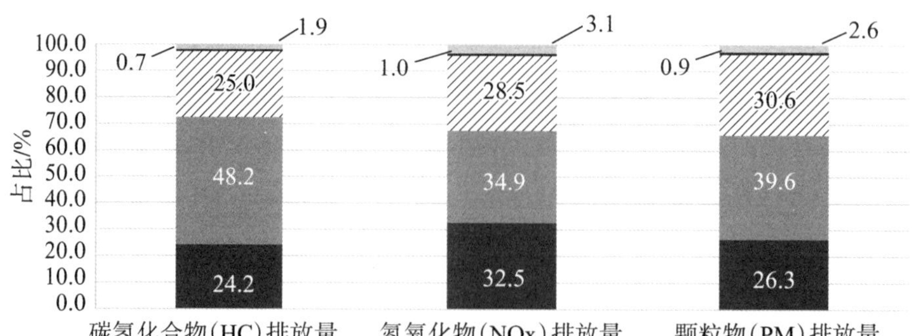

图 4-5-6　2022 年非道路移动源排放量构成

（数据来源：生态环境部 2023 年中国移动源环境管理年报）

2. 造船业在供给侧改革与低碳规制双轮驱动下迅速崛起

近年来，我国造船业在全球市场中的地位迅速提升，尤其是在低碳规制和供给侧改革的推动下，逐渐展现出强大的竞争优势。数据显示，2022 年中国的新接订单量达 2133 万修正总吨，占全球总量的 49.9%；2023 年这一数字增长至 2589 万修正总吨，占全球市场份额的 60.2%（图 4-5-7）。手持订单量也从 2022 年的 4530 万修正总吨增加到 2023 年的 5796 万修正总吨，进一步巩固了中国在全球造船业中的领先地位。2023 年，我国的造船完工量达到 1659 万修正总吨，较 2022 年增长了 28.1%。

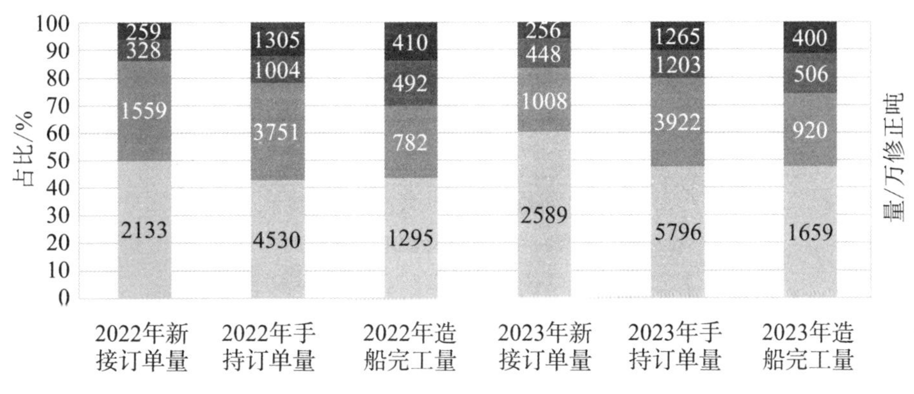

图 4-5-7　2022—2023 年世界造船三大指标市场份额

（数据来源：中国船舶工业行业协会，克拉克森）

我国造船业的崛起不仅得益于其规模优势，更是供给侧结构性改革的成果。在经历上一轮全球造船业的调整期后，我国通过大规模整合重组，实现了产能的优化和升级。通过供给侧改革，我国造船业加快了落后产能的淘汰，并将资源集中于高附加值船舶的研发和制造。这一过程中，我国企业不断提升绿色船舶制造能力，特别是在液化天然气（LNG）和甲醇等绿色动力船舶领域，逐渐确立了全球领先的地位。同时，低碳规制的推进进一步加速了中国造船业的绿色转型。《船舶制造业绿色发展行动纲要》等政策文件的出台，有力地推动了绿色技术的创新与应用。我国造船企业积极响应这一政策号召，不断优化绿色船舶产品体系，提升绿色供应链管理水平。供给侧改革和绿色发展政策的结合，使得我国在全球造船业集中化的趋势中脱颖而出，不仅扩大了市场份额，也在绿色船舶领域占据了制高点。

在全球造船业逐渐走向集中化的背景下，我国通过供给侧改革的深入推进，淘汰落后产能，集中力量发展绿色高附加值船舶，成为国际市场的重要参与者和引领者。随着全球对环保和低碳要求的不断提高，我国造船业在绿色船舶领域的领先地位将进一步巩固，并为全球航运业的低碳转型提供强大支持。

3. 内河航运治理仍需要不断加强

内河航运在我国交通运输体系中占据重要地位，其通航里程广泛分布于各大水系中，尤其是长江水系，以 64818 公里的通航里程成为最重要的内河航运干线。珠江水系、淮河水系等也承担了大量的内河运输任务（图 4-5-8）。根据《2023 年交通运输行业发展统计公报》最新数据，我国内河航道通航里程已达 12.82 万公里，内河航运在国家经济发展和物资运输中的重要作用日益显现。我国内河航运船舶数量为 10.66 万艘，占全国运输船舶总数的近 90%，而内河航运船舶的净载重量为 15433.11 万吨，占全国总运输船舶净载重量的 51.3%。这一占比显示出内河航运在国内货物运输中的核心地位，

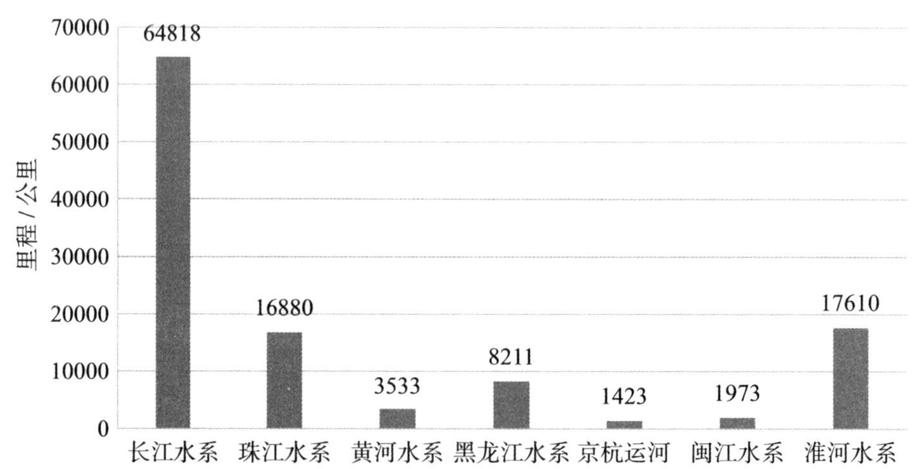

图 4-5-8 2022 年我国水系通航里程

（数据来源：交通运输部《2022 年交通运输行业发展统计公报》）

在环境保护和碳排放控制上也面临巨大压力。

近年来，我国在内河航运基础设施建设方面的投资力度不断加大，从2019年的614亿元增加到2023年的1052亿元（图4-5-9），占全国水路运输投资总额的52.2%。然而，我国现有内河航道的等级较低，三级及以上航道仅占内河航道通航里程的12.0%。这在一定程度上限制了我国内河航运的运输效率，导致较高的能源消耗和碳排放，进而加重了内河航运的环境负担。

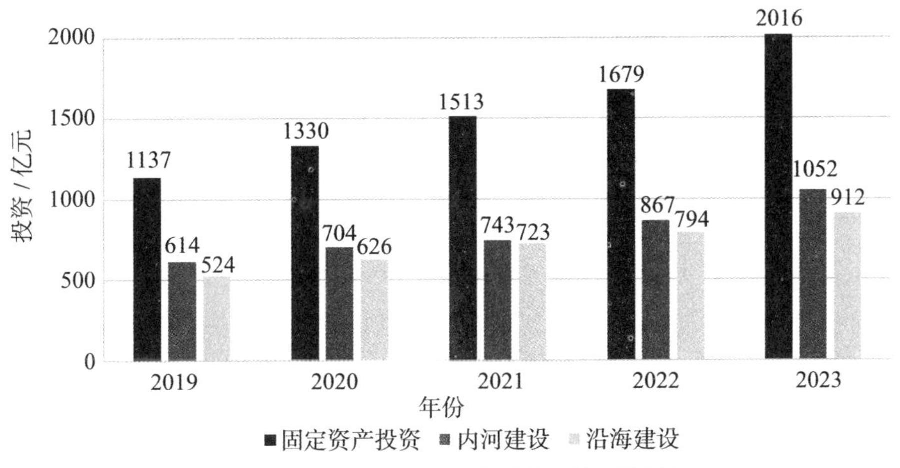

图4-5-9　2019—2023年我国水路运输投资

（数据来源：交通运输部交通运输行业发展统计公报）

三、中国航运业低碳发展路径选择

（一）制定差异化低碳发展战略

以智能化技术的广泛应用来优化航运服务链运营。利用大数据和人工智能，航运系统可以实现更为精准的航线规划与船舶调度，从而减少燃料消耗与碳排放。同时，绿色港口建设作为低碳发展的核心举措，通过港口基础设施的绿色改造，特别是岸电技术和新能源设备的推广应用，降低船舶在港停泊期间的碳排放，推动港口能源结构的绿色化转型。此外，发展多式联运系统将有效整合铁路、公路和水运资源，减少单一运输方式的碳排放，提升整个航运服务链的效率。

加快高技术设备更新，推动航运设备供应链绿色化。鼓励造船企业与高新科技企业的联合，通过跨行业合作共享资源和技术，推动航运业与新能源产业的深度融合。通过高技术设备更新，促进高效氢能、风能或电动推进系统的开发。同时，建立跨行业协同创新平台，推动新能源材料在船舶建造中的应用，提升整个行业的技术创新能力。设立专项资金和补贴，进一步激励企业间的合作与创新，并推广示范项目，推动绿色转型进程，从而加快构建更广泛的低碳生态体系，助力国家实现全面的低碳发展目标。

（二）持续优化航运低碳发展的制度设计

系统地制定航运行业低碳发展目标。通过推动新技术的研发和应用，特别是在低碳船舶与绿色港口建设方面，引导航运业低碳转型。同时，设立专门的资金支持低碳技术的创新投资，并通过精准的财政政策确保这些技术的广泛应用，确保将低碳发展目标落实到船舶和港口的运营实践中。

持续推进监管体系更新完善。建立更严格和全面的排放监控机制，覆盖航运链条中的所有关键环节。依托该机制实现对船舶和港口排放数据的实时监测，定期对各项排放标准的执行情况进行审查，以确保符合国家和国际的环保要求。推进碳排放交易机制的完善，以市场激励推进航运链条各环节低碳转型。同时，交通运输部与生态环境部等相关部门加强合作、协同发力，确保低碳政策在整个航运链条中得到有效落实。

（三）强化国际合作与技术创新

深化国际合作与技术创新，提升全球化视野和战略布局。积极参与国际海事组织等全球航运治理平台，提升中国在国际航运规则制定中的参与度和影响力，推动全球低碳航运技术标准和政策框架的制定与完善，并为国内航运业的低碳转型提供战略指导。积极参与国际碳排放标准的制定，并推动国内技术和政策与国际标准接轨，从而强化我国航运业在全球治理中发挥建设性作用。

积极参与国际绿色航运示范项目的建设和推广。积极推动国际合作项目的实施，尤其是在新能源船舶和低碳技术的研发与应用方面，引入并吸收国际前沿技术，推动这些技术在国内的落地与应用。通过与全球领先的绿色航运企业建立深度合作伙伴关系，提升技术创新能力，从而在全球低碳航运市场中占据更有利位置。

执笔人：黎基雄（香港理工大学）
刘明政（香港理工大学）
薛岳梅（中国海洋大学）
刘渊哲（中远海运科技）
黄咏恩（香港理工大学）
韩　懿（中远海运科技）

6
我国深海矿产资源开发产业培育与发展研究

摘要： 深海矿产资源开发产业作为海洋领域未来产业，对于保障国家能源安全、促进海洋经济可持续发展具有重要意义。本报告针对我国深海矿产资源开发现状，分析当前我国深海矿产资源开发产业在装备技术水平、环境保护、经济效益、法律法规和人才培养等方面面临的挑战，结合国际深海矿产资源开发领域进展较好国家的经验，提出了强化产业技术攻关、注重深海环境保护、拓宽产业融资渠道、完善产业法律体系以及立足产业人才培养等对策建议。本报告旨在为推进我国深海矿产资源开发产业的培育与发展提供理论依据与实践指导。

关键词： 深海矿产资源开发；未来产业；产业发展；对策建议

近年来，随着工业化和人口的不断增长，全球对金属矿产资源的需求急剧攀升。特别是在新能源电动汽车、可再生能源和高科技产业领域，铜、钴、镍等金属的需求量呈现出大幅度的上升态势。然而，经过长期开采，传统陆上矿产资源正面临着枯竭的威胁，且开采成本不断攀升，难以持续满足市场日益增长的需求。国际能源署在2021年的《关键矿产资源在清洁能源转型中的作用》报告中强调，关键金属的需求量在未来几十年将持续增长，供应安全问题将日益严峻。因此，寻找新的安全且稳定的矿产资源供给途径成为世界各国亟待解决的重要能源问题。①

海洋是资源的宝库，在深海区域蕴藏着大量的多金属结核及富钴结壳等矿产资源。这些结核不仅含有铜、镍、钴等传统金属，还含有稀有金属和稀土元素，具有极高的经济开发价值，被认为是未来金属资源供应的重要补充。近年来，我国在深海矿产资源②开发领域取得了显著进展，成功实施了一系列深海勘探与试验开采项目，积累了宝贵的经验和技术储备。然而，深海矿产资源开发是一项技术密集型和资本密集型产业，面临着技术难度大、投资成本高、环境风险高等诸多挑战。作为潜在产出巨大的未来产业，深海矿产资源开发产业不仅能够带动包括装备制造、技术研发、运输加工在内的相关产业链的增长，为国家经济注入新的活力，还将促进海洋经济的多元化和可持续发展，为我国海洋强国战略的实施提供有力保障。因此，积极培育和发展深海矿产资源开发产业，对于保障国家海洋战略资源安全、促进海洋产业转型升级具有重要意义。本报告旨在通过深入分析我国深海矿产资源开发产业现状，总结提出现阶段深海矿产资源开发产业面临挑战，进而结合世界深海矿产资源开发领域先进国家的发展经验，基于我国国情提出未来深海矿产资源开发产业发展的政策建议，以期为我国深海矿产资源开发产业的健康发展提供科学指导。

一、深海矿产资源开发产业内涵及构成

深海矿产资源开发产业主要涉及对深海矿产资源的开发与利用，包括勘探、开采和加工等多个方面，核心在于将海洋中的矿物性原料转化为人类所需的经济价值。这一过程以探索和利用深海中蕴藏的矿产资源为核心目标，

① International Energy Agency. The role of critical minerals in clean energy［R］.World Energy Outlook Special Report，2021.

② 本报告所提到的深海矿产资源主要是指多金属结核、富钴结壳、多金属硫化物等金属矿产资源。

涵盖从前期的资源评估和技术研发，到实际的采矿作业及其后续的资源加工。随着海洋科技的进步和矿产资源需求的增长，深海矿产资源开发产业的内涵也在不断拓展深化，不仅关注于传统石油、天然气、煤等能源矿产的开发，还包含深海多金属结核、锰结核等新型矿产资源的勘探利用，同时环境保护和可持续发展也成为重要的关注点，要求在资源开发的同时尽可能减少对海洋生态系统的负面影响。总体而言，深海矿产资源开发产业是对深海矿产资源进行勘探、开采、运输及加工的一系列综合性经济活动，包括资源勘探、科技创新、环境管理、效益评估和政策法规等多个方面，旨在实现对深海矿产资源的有效开发利用，对促进海洋经济增长、保障国家能源安全具有重要意义。

具体而言，深海矿产资源开发产业是一个跨越多个领域、涉及广泛的经济活动的综合体系。从产业链构成的角度来看，深海矿产资源开发产业主要由勘探与评估、技术研发与装备制造、环境保护与监测、资源开发与开采、矿石加工与冶炼、金融与保险服务业、科研与教育、政策与法律服务等环节构成（表 4–6–1）。不同的生产服务部分构成一个复杂而紧密相连的深海矿产资源开发产业链，共同推动深海矿产资源的有效开发与利用。

表 4–6–1　深海矿产资源开发产业主要构成

深海矿产资源开发产业链	生产服务内容	相关生产企业与机构
勘探与评估	海洋勘探服务	包括提供地质勘探、资源评估、海洋测绘、遥感技术的企业和机构
	数据分析与咨询服务	提供资源储量评估、环境影响评估、技术可行性研究的专业咨询公司和科研机构
技术研发与装备制造	海洋工程设备制造	设计和制造深海采矿设备、海底机器人、无人潜水器（AUV）等高端装备的企业
	材料供应链	为深海设备提供特殊材料的行业，如耐腐蚀合金、高强度复合材料、海洋电缆等

（续表）

深海矿产资源开发产业链	生产服务内容	相关生产企业与机构
环境保护与监测	环保技术与设备制造	开发环保技术、制造环保设备，如开发尾矿处理系统、制造污水处理设备的企业
	环境监测服务	提供实时环境监测服务的公司，包括水质监测、生态系统监测、噪声和振动监测等
资源开发与开采	采矿服务	提供深海矿物的开采服务，包括采矿操作、设备维护等
	海上运输与物流	提供深海矿物的海上运输服务，包括提供矿石装载、矿石运输等服务的公司
矿物加工与冶炼	矿物处理与冶炼	专门从事深海矿石的加工、冶炼和提纯的企业，涉及矿石化工处理与金属冶炼等
	废物处理与再利用	处理冶炼过程中的废弃物并开发再生资源的企业
金融与保险服务业	项目融资与投资	提供深海采矿项目融资、风险投资的金融机构和投资公司
	保险服务	为深海采矿项目提供专业保险服务，覆盖设备损坏、环境事故等风险
科研与教育	科研机构与大学	专注于深海矿产资源、环境保护、采矿技术的基础研究和技术创新
	人才培养与教育培训	提供相关专业教育的高校和职业培训机构，培养深海采矿相关领域的专业人才
政策与法律服务	政策制定与监管机构	制定深海采矿相关政策、法规和标准的政府部门、国际组织等
	法律与合规服务	提供深海采矿项目合规、合同法务、环境法律咨询的律师事务所等

数据来源：依据《2023—2029 年中国采矿业行业深度调查与未来发展趋势报告》以及德勤中国“能源、资源及工业行业”等相关报告内容整理。

二、我国深海矿产资源开发产业发展现状

（一）勘探开采装备技术体系取得较大进展

伴随深海科技的飞速发展，我国深海矿产资源勘探开采装备技术体系已初步形成，商业化开采布局不断推进，旨在将技术成果转化为实际生产力，促进深海矿产资源开发产业的快速发展。近年来，我国投入大量资源用于开发和应用先进的海洋勘探技术和设备。自主研发的“蛟龙”号载人深潜器以及“海龙”号和“潜龙”号系列无人潜水器，已在多次深海科考任务中成功应用，标志着我国成为少数几个能够自主研发和制造深海载人潜水器的国家之一。这些深潜器能够下潜至 7000 米的深度，进行海底地质勘探、矿物采样和海底环境监测，为我国深海资源的储量评估提供了宝贵的第一手数据。我国地质调查局及其下属的海洋地质研究所等机构现已成功开展多个深海矿产资源的勘探项目，在国际海域多金属结核矿区已经获得了较为详细的资源分布图，并进行了矿产储量的初步估算。在多金属结核、多金属硫化物、富钴结壳等深海矿产资源勘探领域，中国五矿集团和中国大洋矿产资源研究开发协会已成功获得在国际海域勘探多金属结核和多金属硫化物的专属权利。通过国际合作与自主调查，在全球范围内锁定了部分深海矿产资源的潜在开发区块，为未来资源开发奠定了坚实基础。

目前，我国深海矿产资源开发企业和科研机构已在国内外的深海区域开展了多次开采实验，积累了宝贵的操作经验（表 4–6–2）。我国深海矿产资源开发技术人员已经掌握了从海底采集矿石到将其提升至海面的全过程操作，包括使用深海采矿机器人进行矿石的机械采集、利用泵送系统提升矿石以及在海面平台上进行初步处理，标志着我国已经具备了开展深海矿产资源商业化开采的基础。[①] 目前，我国正积极布局深海矿产资源的商业化开发，中国五矿集团等企业正全力推进其在国际海域的矿产开发项目，致力于将深海

---

① https://dialogue.earth/zh/9/60046907/.

资源优势转化为经济优势。①

表 4-6-2 我国深海矿产资源开发装备海试进展

年份	单位名称	水深/米	试验内容
2018	长沙矿冶研究院有限责任公司	514	“鲲龙 500”采矿车单体海试（采矿车额定生产能力为10吨/小时）
2018	长沙矿山研究院有限责任公司	2000	“鲲龙 2000”富钴结壳规模取样器海试
2019	长沙矿山研究院有限责任公司	2900	声学测厚、行走、截割与采集等综合海试（采集了 150 千克富钴结壳）
2019	中国科学院深海科学与工程研究所	2498	采矿车单体海试
2021	大连理工大学	500	“长远号”智能混输装备海试（关键核心部件混输泵稳定运行流量大于240立方米/小时，最大流量达356立方米/小时）
2021	上海交通大学	1300	“开拓一号”深海重载作业采矿车海试（验证了海上布放回收姿态控制、海底自主行进控制等技术）
2021	中国大洋矿产资源研究开发协会	1306	深海采矿全系列联动试验（测试期间共收集 1166 kg 多金属结核）
2024	上海交通大学	4102.8	“开拓二号”完成 5 次下潜，6 项纪录打破国际垄断，国内深海重载作业采矿车海试水深首次突破 4000 米

数据来源：根据王国荣等（2023）发表文章和上海交通大学最新发布数据整理②。

① 中国五矿集团有限公司. 中国五矿成立海底矿产资源开发国际联合研究中心［EB/OL］.（2018-04-09）. 国务院国有资产监督管理委员会官网，http://www.sasac.gov.cn/n2588025/n2588124/c8836208/content.html.

② 五次探采取“宝”，上海交大“开拓二号”创我国深海采矿多项纪录［EB/OL］.（2024-07-09）. 上海交通大学新闻学术网，https://news.sjtu.edu.cn/jdyw/20240709/199981.html.

（二）资源加工技术进展良好

深海矿产资源蕴含着丰富的矿物及其他宝贵资源，开发潜力巨大，其开发利用的关键就是对深海采集的矿石进行加工精炼。高效的矿石精加工技术能够最大限度地释放矿石中的有用元素，减少资源浪费，同时显著提升产品的附加值与市场竞争力。近年来，我国在矿产资源加工技术方面不断取得突破，实现了矿石加工效率和产品质量的显著提升。我国科研人员通过不懈努力，成功攻克了矿石破碎、高效矿物分离及提纯等一系列技术难题，实现了矿石加工效率与产品质量的双重飞跃。① 这些技术突破不仅显著提高了矿产资源的回收率，还赋予了其更高的经济价值与市场竞争力。在勘测到的众多深海矿产资源中，多金属结核因其富含锰、铜、镍、钴等多种金属元素而具有重要的战略意义和应用价值。一方面，这些金属元素在新能源汽车电池、高性能合金以及生物医学材料等多个高新技术领域中有着广泛的应用前景；另一方面，通过深加工和精细利用，多金属结核还可以为环保、节能等绿色产业的发展提供有力支持。同时，针对深海矿产资源加工过程中潜在的环境污染问题，我国深海矿产资源科研机构还积极探索深海矿产资源加工利用技术，坚持资源开发与环境保护并重原则，力求在提高资源利用率的同时，降低深海矿产加工过程对环境的负面影响。通过无废冶金技术的研发与应用，努力实现矿产资源的全面利用与清洁生产。

（三）政策法规不断完善

我国高度重视深海矿产资源开发的战略重要性，出台了一系列政策和法规，旨在鼓励企业积极参与深海矿产资源的勘探与开发活动。自《国民经济和社会发展第十三个五年规划纲要》起，我国便明确将深海矿产资源开发列为国家战略重点，为深海矿产资源开发产业发展提供宏观层面的政策指导。随后，《国民经济和社会发展第十四个五年规划和 2035 年远景目标纲要》进

① 我国矿业集中攻克关键性技术破解资源难题［EB/OL］.（2019-08-14）. 环球网，https://baijiahao.baidu.com/s?id=1641799709291086079&wfr=spider&for=pc.

一步细化了这一战略部署，强调了技术创新、国际合作与环境保护的重要性，为深海矿产资源开发产业的持续健康发展奠定了坚实基础。在国家战略规划的引领下，以《中华人民共和国深海海底区域资源勘探开发法》[①]为核心，我国深海矿产资源开发领域一系列法律法规相继出台，为深海矿产资源勘探与开发活动提供了坚实的法律基础。《矿产资源法》及其配套规章的修订，进一步明确了深海矿产资源的法律地位与管理制度。这些政策的出台，不仅为深海矿产资源开发产业提供了基础政策支持，也极大地激发了市场活力与企业创新动力。

我国还制订了详细的深海矿产资源开发战略规划，明确了资源勘探、技术研发、环境保护等方面的目标和任务，为深海矿产资源开发提供了明确的方向和保障。同时，我国积极参与国际海洋法框架下的规则制定，通过双边和多边合作机制，与各国共同推进深海资源开发的国际合作。自 2001 年起，中国大洋协会先后与国际海底管理局（ISA）签署了多份勘探合同，获得了西南印度洋面积 1 万平方千米的多金属硫化物勘探合同区、西南印度洋面积 1 万平方千米的多金属硫化物勘探合同区等重要海域的勘探权和开采权。这些合同不仅巩固了中国在全球深海资源开发中的地位，还为中国大洋协会在深海采矿领域发挥了引领作用，并促进了深海采矿相关科学研究和国际合作的开展。此外，随着深海矿产资源开发产业的不断发展，相关法律服务的需求也随之增长。我国多家律师事务所已开始涉足这一领域，提供包括合同起草、合规审查及国际仲裁在内的专业法律服务，为深海采矿项目的顺利实施提供了坚实的法律保障。

（四）科教融合助力产业发展

科教融合为我国深海矿产资源开发产业注入了强劲动力。近年来，我国高度重视在深海矿产资源开发领域的科研教育投入，在国家层面设立专项

① 中华人民共和国深海海底区域资源勘探开发法（主席令第四十二号）[EB/OL].（2016-02-27）. 中国政府网，https://www.gov.cn/zhengce/2016-02/27/content_5046853.htm.

科研计划支持深海技术的基础与应用研究，为科研人员提供了广阔探索空间与坚实资源保障。国内高校与科研机构积极响应，围绕深海矿产资源、海洋环境保护、深海采矿装备等关键领域，开展了大量前沿性、创新性的科研工作，积累了丰富的理论和实践经验，并在高端人才培养方面取得显著成果。多所高校开设了与深海矿产资源开发领域相关的专业和课程，涉及本科到博士阶段的教育，涵盖海洋工程、海洋地质、海洋资源管理等基础学科知识，培养了一批批具备专业知识和技能的科研人才，成为推动我国深海矿产资源开发领域技术创新与产业发展的中坚力量。

三、我国深海矿产资源开发产业发展面临的挑战

（一）深海矿产资源开发装备技术水平仍需提升

深海环境的复杂性及其极端条件对深海矿产资源的勘探和开采设备提出了更高要求，尽管我国在深海采矿装备技术研发方面取得了显著进步，但相较于国际先进水平仍有差距。在深海矿产资源勘探领域，高分辨率声呐、摄像头及多种传感器作为获取深海地质信息的核心工具，其性能优劣直接关乎勘探数据的精度与可靠性。尽管我国在深海矿产资源开发设备的研发上取得了重要进展，但在声呐的成像精度、探测范围、耐用性及极端环境下的稳定性等方面仍有待提升。此外，深海潜水器和无人潜航器（AUV）在深度下潜能力、续航时间和数据采集精度等方面的性能也需进一步增强。“蛟龙”号载人深潜器与“海马”号无人潜航器虽然显著提升了我国深海矿产资源勘探能力，但在实际操作效果与数据精度方面仍需要向国际顶尖水平看齐。在深海矿产资源开采领域，我国深海采矿机、钻探平台及矿石提升系统等核心设备的自主研发也遇到了诸多技术障碍，在设备的作业深度、效率、稳定性和耐久性等方面仍需改进。因此，加强产业技术创新，提升开发装备水平成为提高我国深海矿产资源开发效率的关键所在。

（二）深海环境保护存在风险

深海矿产资源开发在带来经济利益的同时，也对海洋生态环境构成了潜在威胁。深海极端的环境条件、缓慢的演化速率以及生物复杂的依存关系决定了其对外界活动干扰极为敏感，一旦生态平衡遭到破坏，恢复过程可能极为漫长。鉴于深海环境的脆弱性与特殊性，深海矿产资源开发活动可能会对海洋生态环境造成不可预测的影响，其所引发的环境风险更加值得关注。目前，我国深海矿产资源开发产业在环境影响评估方面尚不完善，特别是深海基础数据和环境基础研究的缺乏，限制了产业环境外部性评估的准确性和全面性。同时，深海环境监测技术及手段同样需要进一步发展，低噪音采矿设备、高效废水处理系统以及生态恢复技术等也需要进一步完善。为实现可持续发展的目标，未来我国需要在深海矿产资源开发环保技术的研发与应用上付出更多努力，以降低深海矿产开采活动对深海生态环境的潜在影响。

（三）产业开发经济性面临挑战

深海矿产资源开发产业的高风险、高投入特性，直接导致了产业初期高昂的投资成本，加之深海矿产资源开发项目回报周期漫长且充满不确定性，使得深海矿产资源开发企业在商业化开发过程中存在诸多困难。一方面，从深海矿产资源的最初勘探到最终开采，每个环节都需要巨额的资金支持和技术保障，同时深海环境的极端条件要求使用专门研发的设备和技术，多种困难会导致深海矿产资源项目进展缓慢。同时，由于深海作业环境复杂，设备的维护和更换也需要大量时间和资金，这些因素共同延长了深海矿产资源开发项目投资回报周期，使得深海矿产资源开发企业和投资者的资金流动性受到限制，增加了投资风险。尽管深海多金属矿产资源开发具有巨大潜力，但其市场前景存在较大的不确定性，全球镍、钴、铜等金属的价格波动较大，开采成本较高，如果矿产市场价格无法持续稳定在较高水平，深海矿产资源开发企业将面临严重的经济损失。新能源和可再生能源技术的发展也进一步增加了市场前景的不确定性，市场需求和价格的变化导致投资回报的不确定性，增加了深海矿产资源开发项目的风险。另一方面，当前深海矿产资源开发领域缺乏多元化的融资机制与完善的金融服务体系。面对深海矿产资源开发项目的高风险性与长周期性，商业银行和投资机构普遍持谨慎态度，对深海开发项目的风险评估与技术前景存在认知不足，使得开发项目在资金筹措方面面临较大困难。这一融资渠道的困境，进一步加剧了资金短缺问题，限制了企业在技术研发、设备购置及市场开拓等方面的投入，影响了深海矿产资源开发产业的可持续发展。目前，由于全球范围内深海矿产资源的商业化开发尚无成熟的先例，我国在深海矿产资源开发领域的探索也处在起步阶段。如何衡量产业发展的经济风险，使其既能实现深海矿产资源的经济利用和市场推广，又能满足各个利益相关者的利益诉求，这是我国深海矿产资源开发产业实现商业化开发需要解决的关键问题。

（四）产业法规体系还需进一步完善

虽然我国在深海矿产资源开发方面取得了一定的进展，并逐步完善了相关的法律法规体系，但在法律法规体系的完整度、执行监管力度以及法律体系的综合性和协调性等方面仍面临问题。目前，我国在深海矿产资源开发方面的法律法规体系尚不完善，现行的《海洋法》和《矿产资源法》等法律法规主要针对陆地矿产资源和近海资源，对深海矿产资源的开发管理规定相对较少。特别是在环境保护、资源使用权、开发许可等方面的具体规定不够详细，无法全面覆盖深海矿产资源开发的各个环节。随着深海矿产资源开发技术的发展和国际形势的变化，我国需要不断更新和完善相关法律法规，并加强法律法规的宣传和教育，提高相关从业人员的法律意识和合规意识，确保各项法律法规得到有效落实，以更好地应对深海采矿活动中可能出现的复杂法律问题和国际争端。

（五）人才培养保障有待进一步提升

在深海矿产资源开发这一前沿领域，技术密集与知识密集的特性凸显了对高水平专业人才的迫切需求。具体而言，深海矿产资源开发涉及复杂的海洋环境、高压高温条件下的采矿技术、资源勘探与开发、环保技术等多个技术领域，这些技术的开发不仅需要深厚的理论知识，更需要丰富的实践经验。与其他传统产业不同，深海矿产资源开发对人才的要求更为综合和高端，需要具备跨学科的知识背景和卓越的创新能力。然而，目前我国在这一领域的人才供给难以匹配产业的高速发展，特别是在深海关键技术研发与创新领域，人才短缺问题尤为突出。一方面，深海矿产资源开发需要大量具备前沿科技知识的专业人才；另一方面，这类人才的培养周期较长，难以在短时间内实现规模化的人才供给。鉴于深海矿产资源开发产业对人才需求的特殊性与紧迫性，我国亟须完善现有的人才培养机制，以加速高水平专业人才的供给。尽管近年来我国在高等教育和科技创新方面的投入不断增加，但在深海矿产资源开发这一新兴领域，相关人才的培养规模和速度仍然无法满足产业发展的需求。在全球科技竞争加剧的背景下，我国面临的挑战更加严峻。因此，如何通过加强高校与科研院所的合作、完善人才培养机制、引进国际高端人才等方式，逐步缩小人才缺口，成为我国推进深海矿产资源开发的重要挑战。

四、典型国家深海矿产资源开发产业的发展

深海矿产资源开发产业正逐步成为世界各国海洋竞争的战略高地。这一领域不仅蕴含着丰富的多金属结核、富钴结壳、多金属硫化物等宝贵资源，还直接关系到国家资源安全、海洋经济可持续发展乃至全球科技竞争的新格局。美国、加拿大、日本等国家凭借深厚的科研实力和技术积累，在深海矿产资源开发产业中取得了显著进展。下面将具体分析这些国家在深海矿产资源开发领域的进展现状及其各自特点。

（一）美国

1. 先进技术引领装备创新

美国深海矿产资源开发产业以技术引领和装备创新为产业发展的核心驱

动力。依托高精度声呐、无人潜水器及地质分析工具，美国在深海矿产资源勘探领域实现了对多金属结核、富钴结壳及海底硫化物等矿产资源的精确定位与评估。同时，美国深海矿产资源开发企业在无人潜水器、海底机器人及深海采矿设备方面取得了显著进展，如 Subsea 7、Lockheed Martin 及 Ocean Infinity 等企业的技术突破，推动了深海采矿技术的商业化应用。此外，美国海洋科研机构如伍兹霍尔海洋研究所的基础研究，为深海矿产资源开发技术的持续创新提供了坚实支撑。

2. 重视产业可持续发展

美国高度重视深海矿产资源开发产业对海洋生态系统的影响，实施了严格的环境监管措施。美国环保署（EPA）与美国国家海洋大气管理局（NOAA）共同负责深海矿产资源开发活动的环境评估与监管工作，要求所有深海采矿活动必须提前进行全面的环境影响评估，并制订详尽的环境保护计划。同时，美国致力于环保技术的研发与应用，如低扰动采矿设备和实时环境监测系统，以减少深海矿产资源开发活动对海洋环境的负面影响。这种环保与可持续发展并重的理念，确保了深海矿产资源开发产业的长期可持续性。

3. 完善政策法律框架

美国构建了较为完善的深海矿产资源开发产业政策与法律体系。以《深海海底硬矿物资源法》为核心，美国政府不断规范国内深海矿产资源开发企业在国际海底区域的采矿活动。尽管未批准《联合国海洋法公约》，但美国本土海洋法与国际海洋法在基本原则方面保持一致，强调环境保护与资源管理的并重。在此基础上，美国政府通过制定国家海洋政策框架，明确深海矿产资源开发产业的未来发展方向，提供大量资金支持深海采矿技术研发，并依托《深海海底硬矿物资源法》及国际海底管理局的法规对深海采矿活动实施有效监管。此外，美国法律服务机构还为深海矿产资源企业提供专业咨询和法律支持，帮助企业应对国际法规和环境保护要求。

（二）加拿大

1. 技术研发与装备制造的领先地位

加拿大在深海矿产资源开发领域展现出先进的技术创新与装备制造能力。依托其在陆地矿产资源开采方面的深厚基础，加拿大迅速将先进技术延伸至深海领域，特别是在海底矿产资源的探测与开采设备的制造方面取得了突破性进展。通过与国际技术公司和本国顶尖大学的紧密合作，加拿大成功研发了高压水喷射器、海底矿车等一系列适应极端深海环境的先进采矿设备，这些设备不仅提升了开采效率，还确保了作业的安全性和可持续性。同时，由国家地质调查局（GSC）和国家研究委员会（NRC）主导，加拿大在深海矿产资源的环境监测技术上也取得了重要成果，为环保型采矿技术的研发奠定了坚实基础。此外，加拿大还通过开展广泛国际合作，加强本国深海矿产资源开发企业在国际水域内的资源开发，进一步提升了其在全球深海资源开发市场中的竞争力。

2. 产业政策与法律框架的高效保障

加拿大政府构建了较为完善的深海矿产资源开发产业政策与法律框架，为深海矿产资源开发提供了坚实的制度保障。通过以《加拿大海洋法》和《矿产资源开发法》为核心的法律体系，加拿大明确了深海采矿活动的法律依据，并严格规定了环境保护要求。通过税收减免、科研补助等激励措施，鼓励深海矿产资源开发企业加大深海采矿技术的研发投入。同时，加拿大积极参与国际海底管理局（ISA）的工作，确保本国深海采矿活动符合国际法律法规，维护其在全球深海矿产资源开发中的有利地位。此外，加拿大还建立了高效的环境影响评估机制，确保所有深海采矿项目在启动前经过严格的环境审查，以最大限度地减少对海洋生态的负面影响。

3. 资源开发与商业开采的稳步推进

加拿大在深海矿产资源开发方面取得了显著进展，集中体现在多金属硫化物和多金属结核的开采上。通过高效的深海采矿技术和设备，加拿大企业能够在恶劣的深海环境中进行资源开发，并实现了从勘探到开采的完整产业链布局。以加拿大金属公司（TMC）为例，公司不仅在多金属结核收集、运输和水面系统试验上取得了重要突破，还计划在未来几年内提交商业采矿许可证申请，并正式启动深海矿产商业开发活动。

4. 金融服务与科研教育的强大支撑

加拿大的金融服务和科研教育分别为深海矿产资源开发提供了强有力的资金支持和人才保障。一方面，加拿大银行和投资公司积极参与深海采矿项目的融资，为项目提供了稳定的资金来源。同时，保险公司也针对深海采矿的特殊性，提供了定制化的保险方案，以应对极端海洋环境下的运营风险。另一方面，加拿大研究机构不仅进行前沿的海洋科学研究，还培养了大量深海矿产资源开发领域的专业人才，为深海矿产资源开发产业提供了源源不断的人才支持。政府资助的深海科研项目持续推动技术创新和产业转型升级，为加拿大在全球深海矿产资源开发领域保持领先地位提供了坚实保障。

（三）日本

1. 科技创新引领资源勘探

日本在深海矿产资源勘探与技术研发领域呈现高度的科技创新与国际合作能力。依托本国海洋科技集团（JAMSTEC）等顶尖机构，日本利用先进的深海无人潜水器、多波束声呐等尖端技术，对本国海洋经济区内的富钴结壳和稀土元素矿床进行了详尽的勘探与评估，取得了显著成果。这些技术的运用不仅提升了深海矿产资源勘探的精度与效率，还确保了深海矿产资源分布与潜在开采价值的准确评估。同时，日本深海矿产资源开发企业在深海采矿技术方面处于世界领先地位，开发了包括深海无人潜水器“海沟”号在内的多种设备（表4-6-3）。此外，日本深海矿产资源开发企业还致力于开发适用于深海环境的自动化采矿系统，在材料技术方面也不断投入资源，旨在研发更耐腐蚀、耐高压的深海矿产资源开采设备材料，以应对深海环境的极端挑战。

表 4-6-3　日本深海矿产资源开发装备发展现状

年份	单位名称	水深/米	试验内容
1997	多金属结核采矿系统研发项目	2200	钢丝绳和采矿联合拖航试验
2002	石油天然气金属矿物资源机构（JOGMEC）	1600	采矿车行走试验
2012	石油天然气金属矿物资源机构（JOGMEC）	1600	采矿车采样试验
2017	石油天然气金属矿物资源机构（JOGMEC）	1600	采矿车采集和水力提升试验
2020	石油天然气金属矿物资源机构（JOGMEC）	1600	富钴结壳试采（收集了 649 千克富含钴镍的海底地壳）

数据来源：根据王国荣等（2023）发表文章整理。

2. 重视环境保护法律框架建设

日本高度重视深海矿产资源开发产业的政策与法律框架建设。通过《深海底矿业暂定措施法》《矿业法》等一系列法律法规的制定与实施，日本政府为深海矿产资源开发活动提供了坚实的法律保障。[①] 这些法律不仅明确了日本在开发专属经济区（EEZ）内深海资源的权利，还强调了资源开发与环境保护的平衡。同时，日本政府制定了一系列激励措施，鼓励深海矿产资源开发企业和研究机构在深海采矿技术和环境保护方面进行创新。这些政策的实施不仅促进了深海采矿技术的快速发展，同时确保了矿产资源开发活动的合规性和可持续性。此外，日本还通过严格的海洋环保法规制定与实施、低影响采矿技术的研发与应用以及高精度环境监测设备的部署，力求在未来深海矿产资源开发过程中，最大限度地减少对海底生态系统的破坏。

3. 加速商业化开采进程

日本的深海资源开发重点聚焦于富钴结壳和稀土元素矿床的开采。通过自主研发的自动化采矿设备和低影响技术，日本确保了深海环境中的高效安全开采。2022 年 8 月，日本海洋地球科学技术机构（JAMSTEC）在日本茨

① 张春雨. 日本矿产资源立法理念及启示［N］.（2023-12-04）. 中国矿业报.

城县沿海成功进行了海底开采技术测试，其深海钻井船“Chikyu”能够将管道延伸至2470米深的海底，展示了其在深海矿产资源开发技术上的先进水平。[①] 在矿物加工与冶炼方面，日本同样展现出强大的技术实力和市场竞争力，特别是在稀土元素的精炼方面开发了多种创新技术，计划于2030年前在本国小笠原群岛和南鸟岛附近的6000米深海床中开采稀土泥浆。[②] 此外，日本政府还积极寻求与世界其他海洋国家的合作，共同扩展国际水域内的深海矿产资源勘探活动，不断增强本国在全球深海矿产资源开发领域的影响力。

4. 政府主导海洋矿产资源开发

在深海矿产资源开发方面，日本政府发挥主导作用，形成了政府引导、科研支持、企业参与的综合体系。一方面，日本政府管理部门在深海采矿产业中起核心作用，内阁府与经济产业省等合作，制定并实施相关政策与战略规划，为深海矿产资源开发提供法律框架与政策支持。另一方面，日本政府鼓励本土海洋科研机构如日本海洋科学技术中心（JAMSTEC）等开展深入研究，通过设立产业创新项目等方式，实现产学研深度融合，为深海矿产资源开发提供技术支撑。

五、推进我国矿产资源开发产业发展的对策建议

（一）强化产业技术攻关，加快推进深海采矿设备研发

鉴于深海环境的复杂性，我国在深化深海矿产资源勘探技术的基础上，需进一步强化产业技术攻关，研发深海矿产资源加工开采的先进设备。目前我国虽然在深海矿产资源勘探技术方面已经具备了一定的基础，但深海环境的极端条件仍对技术提出了更高要求。为了解决当前技术面临的挑战，我国

① 李维科. 简析全球深海采矿发展现状及挑战［EB/OL］.（2023-12-20）. 网易网，https://www.163.com/dy/article/IMDTJMGG0514R8DE.html.

② 日本在海底6000米寻找稀土以减少对中国稀土的依赖［EB/OL］.（2022-11-02）.最前沿网，https://byteclicks.com/42841.html.

需要进一步强化深海勘探和开采技术的研发与应用。基于现有的技术优势，我国深海矿产资源开发产业应继续加大对深海采矿机等深海矿产资源开采设备的研发投入，强化产业技术攻关。具体来说，应通过提升现有设备的性能，如增加潜水器的深度和稳定性、优化无人潜航器的续航能力和数据采集精度，来全面提升勘探技术的整体水平。高效的数据处理和分析技术的研发也至关重要，可以通过利用大数据和人工智能技术来提高数据分析的准确性和效率。同时，技术集成和系统优化也不可忽视。必须加强不同开采设备和系统之间的协同工作，确保开采过程中的各个环节能够高效、安全地进行。环保技术的研发也需同步推进，例如，开发低噪音采矿设备和沉积物羽流处理技术，以减少对环境的影响。[①] 多措并举，进一步加快我国深海矿产资源开发产业领域的技术研发，提升深海矿产资源开发设备水平，推动深海矿产资源开发的可持续发展。

（二）注重深海环境保护，防范深海开发活动中的负外部性风险

与其他海洋产业不同，深海矿产资源开发产业实际上是在国际公共海域进行的经济活动，要受到《联合国海洋法公约》的监督，任何可能对海洋环境带来负外部性风险的经济行为都会受到世界其他国家的抵制，面临巨额资金赔偿。鉴于深海矿产资源开发活动对深海环境影响的不确定性，因此，在推进我国深海矿产资源开发产业培育与发展的同时，必须将深海环境保护置于重要位置，重点采取以下措施。首先，鼓励和支持深海矿产资源开发科研机构进行深海矿产资源开采的绿色技术攻关，确保深海矿产资源开发过程中的环境友好性。其次，鉴于深海矿产资源开发活动对深海环境影响的不确定性，还需要加强对深海生态系统的科学研究，建立深海环境监测网络，重点发展先进的海洋环境监测技术，实现深海矿产资源开采活动对海洋生态环境影响的实时、精准监测。环境影响评价（EIA）是确保深海采矿活动在环境上可持续进行的重要

---

① 自然资源部. 深海采矿的机遇和挑战［EB/OL］.（2024-01-15）. 中华人民共和国自然资源部官网，https://geoglobal.mnr.gov.cn/zx/kydt/zhyw/202401/t20240115_8718934.htm.

手段，被广泛应用于重大项目决定前预测、评估和降低项目的环境和社会风险，在项目规划和执行方面起着重要作用。最后，通过政策优惠、财政补贴等形式鼓励深海矿产资源开发企业在经营过程中应用现代环保技术，最大程度降低深海矿产开采活动对海洋生态环境的潜在影响。通过以上措施，可以在保障深海矿产资源有效开发利用的同时，最大限度减少对深海环境的不利影响，实现深海矿产资源开发产业发展的可持续性。

（三）拓宽产业融资渠道，推进深海矿产资源的商业开发进程

鉴于深海矿产资源开发产业的高风险、高成本及长周期特性，传统融资模式难以有效支撑其资金需求，拓宽融资渠道成为推动产业发展的迫切需求。第一，构建适用于深海矿产资源开发产业特性的效益评价体系，涵盖从勘探至加工乃至环境管理等各个阶段的成本考量，对深海矿产资源开发产业进行全方位、动态化的经济效益评估。该体系不仅要能够准确预测开发项目的盈利能力与风险水平，还要能够结合未来矿产品市场需求和价格波动，并考虑政策变化和技术进步的影响。在此基础上，政府通过经济效益评估，构建多方联合投资机制，共同承担风险并分享收益。第二，政府应发挥引导作用，通过设立专项基金、提供税收优惠、加大科研投入等方式，为深海矿产资源开发领域相关企业提供政策与资金支持，同时鼓励金融机构针对深海矿产资源开发项目提供长期贷款和专项信贷支持，减轻深海矿产资源开发企业的资金压力。第三，积极利用资本市场，鼓励深海矿产资源开发企业通过股权融资等方式筹集资金，加强与国际金融机构、跨国公司以及国际组织合作，利用国际融资平台吸引外资参与，探索深海矿产资源开发的国际合作模式与融资机制。通过拓宽融资渠道筹集充足资金，可以为深海矿产资源开发产业提供坚实的资金保障，推进深海矿产资源的商业开发进程。

（四）完善产业法律体系，参与深海矿产资源开发的国际立法进程

针对我国深海矿产资源开发领域法律法规体系尚不完善的现状，亟须采取一系列措施以构建健全的法律框架，为产业的可持续发展奠定坚实基础。

第一，制定专门针对深海矿产资源开发的法律法规，明确资源勘探、开采、环境保护和开发许可等方面的具体规定。此类法律法规应当建立健全的实施机制，确保其在实际操作中的有效性。第二，强化深海矿产资源开发领域法律法规的执行力与约束力，通过广泛宣传与专业培训提升从业人员的法律素养与合规意识，确保深海矿产资源开发活动的规范化运作。第三，将涉及深海矿产资源开发的环境保护、科技创新、国际合作等方面的法律法规进行整合，形成完善的法律体系。建立法律法规之间的协调机制，以确保不同法律法规之间的衔接和协调，提升法律体系的整体效能。

同时，我国还应积极参与国际海底管理局（ISA）的立法工作，这是推动我国深海采矿可持续发展的重要策略。[①]通过深度参与国际海底管理局的立法进程，我国可以在制定全球深海采矿规则和标准中发挥更大的影响力，为维护国家利益和确保资源开发的公平性提供保障。积极参与立法工作还可以更好地掌握国际动态，及时调整国内政策，促进深海采矿产业合法合规发展。同时，这也有助于推动国际社会在环境保护、资源利用等方面达成共识，确保全球深海矿产资源的可持续开发和管理。

（五）立足产业人才培养，健全深海矿产开发领域的人才发展机制

为有效推进我国深海矿产资源开发产业发展，亟须从多个维度强化专业人才的培养与队伍建设。首先，考虑到深海矿产资源开发产业涉及海洋地质学、深海工程、环境科学、材料科学等多个学科的交叉融合，因此有必要在高等教育机构和研究单位中设立深海矿产资源开发相关学科及研究方向，促进学科建设和专业教育的深化。其次，构建深海矿产资源开发技术创新联盟，强化企业、科研机构与高校间的协作关系，采用产学研相结合的模式，旨在培养一批具备深海采矿技术、环境保护与资源管理能力的复合型高层次人才。最后，鼓励深海矿产资源开发科研工作者积极参与国际交流项目和申

① 周江，张济坤. 国际海底治理的国际法意义与中国作为［EB/OL］.（2019-12-31）. 中国共产党新闻网，http://theory.people.com.cn/n1/2019/1231/c40531-31529492.html.

请海外实习机会，开阔全球视野，提升技术人员的专业素质与技术水平，结合国外深海矿产资源开发领域先进经验，不断增强深海采矿从业人员的实务操作能力，为深海矿产资源开发提供坚实的人才支撑。

同时，为进一步激发深海矿产资源开发领域人才的创新创造潜能，必须建立健全一套科学、高效的人才发展机制。优化人才选拔流程，确保公平公正，吸引并遴选出有发展潜力的深海矿产资源开发领域优秀人才；完善深海矿产资源开发产业人才培养体系，促进人才持续成长；实施多元化的激励机制，激发人才的积极性与创造力。推动深海矿产资源开发领域人才在不同企业、科研机构与政府部门间的自由流动，打破从业壁垒，促进知识、技术与经验的广泛交流与深度融合。深化深海矿产资源开发领域国际合作与交流，积极引进国际高端人才与智库资源，推动我国深海矿产资源开发产业高质量发展。

执笔人：纪建悦（中国海洋大学）
曹绍朋（中国海洋大学）
迟宇航（中国海洋大学）
魏齐家（中国海洋大学）

7
国内外海洋产业关联研究综述与展望

摘要：近年来，世界各国对海洋经济发展的关注热度持续提高，海洋产业关联成为海洋经济研究的重要理论问题之一。在当前全球经济低迷、资源环境约束的严峻形势下，系统评估海洋产业之间及海洋产业与陆域产业之间的关联度，对于促进一国海洋经济可持续增长，实现联合国可持续发展目标至关重要。本报告以 1960—2021 年 Web of Science 与 CNKI 数据库中的国内外学术文献为基础，从理论研究、实证研究和管理机制研究三大方面对国内外海洋产业关联的研究进展进行了梳理总结与评述，最后探讨了未来的研究方向，以期为各国海洋经济高质量发展和陆海社会经济统筹建设提供相关借鉴和启示。

关键词：海洋产业关联；海陆关联；综述；展望

海洋是人类生存与发展的重要资源。随着陆地上资源能源的逐步枯竭，海洋已逐渐成为世界上主要沿海国家破解资源与环境瓶颈、拓展发展新空间的重要载体。近十年来，许多沿海国家如英国、日本、美国等相继出台了《英联邦海洋经济计划》《海洋基本计划》《蓝色经济战略规划（2021—2025年）》等一系列海洋相关战略或规划，将发展海洋经济作为国家社会经济转型和国际竞争力提升的重要战略。中国政府高度重视发展海洋经济，陆续发布了《全国海洋经济发展“十二五”规划》《全国海洋经济发展“十三五”规划》《“十四五”海洋经济发展规划》等专题规划。得益于各类规划政策的支持，近年来我国海洋经济呈现出良好的发展势头，海洋产业结构得以持续优化。根据自然资源部《2021 年中国海洋经济统计公报》数据显示，2021 年我国海洋生产总值突破 9 万亿元，规模比 2010 年翻一倍以上。海洋三次产业结构连续 10 年保持“三、二、一”的发展态势。随着海洋经济壮大与深入发展，海洋与陆域产业关联日益密切，陆海统筹理念逐步得到强化并已上升为国家重大战略。

尽管在坚持陆海统筹的原则下，沿海各地区调整海洋经济结构取得一定成效，但存在海洋产业内外融通不足、与陆域产业协同力度不够、产业发展不平衡不充分等问题，海洋产业结构调整仍然存在着较大提升优化空间。在当前全球经济低迷、资源环境约束严峻形势下，深入、系统地研究海洋产业与陆域产业及海洋产业之间的关联显得更为必要与紧迫。准确把握我国海洋经济产业结构关联特征及演变趋势，研究如何引导海洋产业结构快速实现转型与优化升级，对于推动海洋经济高质量增长，建设现代化海洋强国具有重要现实意义。

随着政府与学术界对海洋经济或蓝色经济的关注度日益提高，与海洋经济相关的理论与实证研究成果日益丰富与成熟，海洋经济研究已逐步由以专家和学术团体为主的自发研究向以政府为主导、以指导各国海洋政策为目的的综合性学术行为转变。海洋产业关联是海洋经济与海洋产业研究的重要内容，其理论实践价值逐渐受到各经济管理决策部门的认可，在海洋产业发展、海洋资源利用、海洋环境保护等研究领域得到推广应用。目前，国内外对于海洋产业关联研究多从国家宏观视角出发，研究内容涉及海洋产业关联度分析模型构建、量化评估、驱动机制与管理政策研究等。虽然我国学者取得了一些研究进展，但与发达国家相比，起步较晚，现有研究存在理论体系不完善、理论实证不紧密等问题。本报告基于 1960—2021 年 Web of Science 与 CNKI 数据库中的国内外学术文献，从理论研究、实证研究和管理机制研究三大方面对国内外海洋产业关联的研究进展进行梳理总结，并对未来发展的研究方向进行探讨，以期丰富研究成果，为海洋经济高质量发展和陆海社会经济系统统筹建设提供借鉴和启示。

一、理论研究

近年来，国内外学术界关于海洋产业研究成果不断涌现，对于海洋产业关联关系的研究也逐渐成为学术界关注的热点。产业关联指上下游产业之间存在的技术经济联系。从已有学术研究成果看，国内外学者对于海洋产业关联的研究理论主要包括投入产出关联理论、灰色关联分析理论、产业网格关联理论（表 4-7-1）。

表 4-7-1　主要研究理论

理论名称	主要学者	优势	劣势
投入产出理论	Rorholm（1967）；Pontecorvo et al.（1980）；许长新等（2002）；狄乾斌等（2007）	运用投入产出表，从数量上分析产业之间的相互依存关系上全面反映海洋产业的波及效应	国民经济投入产出表的部门分类中没有单独列出海洋产业，需要编制海洋经济投入产出表
灰色关联理论	叶持跃（1999）；白福臣（2009）；朱念（2016）	样本量较少、信息不全面的情况下研究海洋产业关联主流方法	难以有效测算海洋产业的波及效应
产业网格关联理论	赵炳新等（2015）	可提取新型数据研究产业关联特征，很好地解释当前一些热点问题	应用尚不成熟，仍处于萌芽阶段

（一）投入产出关联理论

投入产出关联理论基于投入产出技术对产业间的关联效应及特征进行分析。美国经济学家列昂惕夫（Wassily Leontief）在 20 世纪 30 年代提出的投入产出法，奠定了产业关联分析的基础。产业关联研究的主要测度指标主要从投入产出模型中提取。基于列昂惕夫创建的投入产出经济模型，学术界围绕赫希曼提出的产业前向和后向关联开展了相关研究，研究主要集中于产业关联理论的动态化、最优化和应用多元化等方面。国外学者对海洋产业关联理论研究较早，较多运用投入产出分析法研究海洋产业关联。如美国学者 Rorholm（1967）首次运用投入产出法分析了海洋产业的经济地位；Pontecorvo et al.（1980）首次将国民账户法引入海洋经济价值评估与海洋产业关联研究；Jin et al.（2003）构建了海岸带经济的投入产出模型。当前，我国国民经济投入产出表的产业部门分类中没有单独列出海洋产业，国家尚未发布权威的海洋经济投入产出表，使得国内运用投入产出法研究海洋产业关联成果较少，已有相关研究多为模型研究。许长新等（2002）利用国民经济投入产出表探索了海洋产业关联，但未编制海洋经济投入产出表；狄乾斌等（2007）构造了辽宁省海洋经济投入产出表并进行产业关联分析；赵锐等（2007）、于谨凯等（2007）和殷克东等（2008）选择了与海洋产业关系密切的相关产业进入海洋投入产出表并构建模型，他们认为这样能更全面地考察海洋产业的关联关系。

（二）灰色关联理论

灰色关联理论成为在样本量较少、信息不全面的情况下研究海洋产业关联的主流方法，我国学者较多应用灰色关联分析理论研究海洋产业关联，灰色关联分析理论成为我国海洋产业关联定量分析的重要基础。如叶持跃（1999）建立了灰色关联度动态分析模型；白福臣（2009）通过灰色关联法测算分析了中国海洋产业的关联度；朱念（2016）建立了广西海洋经济增加值的灰色模型并验证了模型的可用性。灰色关联分析理论也有一定的局限性，即无法探究和测算某个海洋产业对海洋经济及国民经济的波及影响，而投入产出分析法运用投入产出表从数量上分析产业之间的相互依存关系，能全面反映海洋产业的波及效应。

（三）产业网格关联理论

产业网格关联理论基于图与网络采集有用数据信息来研究产业关联的特征。相较于投入产出关联理论和灰色关联理论的二元关系分析，它能很好地诠释产业升级、产业集聚和供应链管理等一些热点经济管理问题。常见的经典模型有 Campbell-模型、MFA-模型、Morillas-模型、Zhao-模型等。目前，学术界关于海洋产业的网格关联分析仍处于初步萌芽阶段，知网检索仅 1 篇文献基于产业网格理论研究海洋产业关联，即赵炳新等（2015）在产业网络基础上从“基础关联结构效应”“循环关联结构效应”“核关联结构效应”和“产业网络波及效应”四个维度构建了山东省蓝色产业关联的测度指标体系，实证分析了海洋产业的关联效应特征。

二、实证研究

（一）海洋产业间关联评估

近年来，世界各国开始重视海洋产业的定量评估，方法日益多样化，海洋产业间的关联度测度成为重要的研究内容。国外学者侧重研究具体某个海洋产业的前后向经济关联度。总体来看，关于海洋产业间关联的定量研究并不多见。Kwaka（2005）借助投入产出模型测算了韩国海洋产业，发现其海洋产业的前向和后向关联性十分明显；Morrissey et al.（2013）运用投入产出法测算了爱尔兰海洋产业间的关联效应，指出海上运输部门在国民经济中的重要作用；Carvalho et al.（2021）通过投入-产出矩阵分析量化巴西海洋产业的前向和后向关联，指出海洋装备制造业后向关联最大，而海洋能源业前向关联最大；Wang et al.（2019）通过部门拆分构建了 54 部门的海洋产业投入产出表，测算了 2002 年、2007 年和 2012 年中国 12 个主要海洋产业的前向和后向关联，结果显示海洋产业整体具有强后向关联和弱前向关联。

国内学者多从国家或区域尺度量化探究海洋产业之间的关联度大小及

变化趋势，并以此作为确定主导海洋产业的依据，对于海洋产业间关联度的测度主要采用灰色关联分析、投入产出分析、相关分析等量化方法。灰色关联分析主要是以国家层面的产业分析为主，如采用灰色关联分析法分析海洋三次产业、海洋各产业与海洋产业总产值之间的关联度，为科学选择海洋战略性新兴产业提供对策建议（宁凌等，2014）；探讨中国海洋产业结构演进（白福臣，2009），或以海洋产业增加值为参考，采用灰色系统理论进行关联分析，研究各海洋产业在海洋经济发展过程中的地位和作用（刘文龙等，2017）。也有以具体的海洋产业为分析对象，如韩立民等（2010）采用灰色关联模型测算了我国海洋服务业内部间的相关度系数，分析了海洋服务业发展态势并提出了相关建议。少数研究从省域层面对海洋产业进行评价，如对江苏、福建、辽宁海洋产业结构的关联度分析（黄萍等，2010；宫美荣等，2011；陈婉婷等，2014）。目前国内学者运用投入产出法测算海洋产业关联主要是通过编制海洋经济投入产出表研究，或通过部门拆解法编制海洋产业投入产出表研究。部分学者从地区层面直接编制了海洋经济投入产出表，并测算了海洋产业关联。如赵锐等（2008）、康秋燕（2010）、陈国庆（2014）等分别构建了天津、福建、山东等地海洋经济投入产出表，通过测算海洋产业感应度系数和影响力系数反映海洋产业关联效应大小。也有学者借助中国部门投入产出表拆分出主要海洋产业，形成海洋产业投入产出表，从而测度海洋产业关联。郑珍远（2019）根据现有东海区投入产出表剥离出海洋产业投入产出表，揭示东海区海洋产业各部门中的技术经济关联，以发现各地区海洋产业存在的问题。需要指出的是，由于国家至今尚未编制海洋经济投入产出表，现有实证研究中存在海洋产业涵盖范围不全、海洋产业扩展剥离系数估算较为粗糙等不足之处，研究结果合理性有待进一步考证。

（二）海–陆产业关联评估

国内外学者对海洋经济的认识与研究普遍晚于陆域经济研究，但是随着海洋经济的发展，较多学者开始关注陆域经济系统与海洋经济系统之间的关联关系。相较于海洋产业间关联研究，学术界关于海洋产业与陆域产业关联的研究成果更为丰富与深入，研究内容主要集中在海陆产业关联度测算、海陆统筹管理等方面，且多偏宏观层面，对于城市级、地区级海陆产业关联测算研究较为匮乏。

海洋产业与陆域产业关联的定量评估方法主要有灰色关联分析、投入产出分析、相关系数分析、贡献度系数分析等方法。国外对于海陆产业关联度测算研究不多，已有研究主要测算某一具体海洋产业对国民经济的贡献度。如 Colgan 和 Plunstead（1993）等从区域层面对某些特定的海洋产业对区域经济的贡献度与影响力进行了量化评估；Henriela 和 Hoagland（2006）探究了商业捕鲸与海洋贸易、海洋生态旅游等产业之间的关系，并提出了解决关联产业间存在矛盾的对策建议；Colgan（2013）测算了美国海洋经济活动的价值，发现 2007 年海洋经济生产总值占国民生产总值的 1.7%。

国内学者关于海陆产业关联测度的量化研究内容涉及海陆经济关联、海陆产业与地区经济关联、海洋经济与流域经济关联，主要采用相关分析、灰色关联分析、投入产出分析等研究方法。海陆产业经济关联测度量化研究较多，不少学者采用灰色关联法测算了陆海经济关联效应，分析了陆海经济关联度的历史变化趋势，指出陆海经济发展有着较高的关联效应（宋薇，2002；殷克东等，2009；徐胜，2009）。少数学者利用投入产出模型测算海陆产业关联。如王莉莉等（2016）通过部门拆分构建了 77 部门的海洋产业投入产出表，测算了 2000—2010 年中国 12 个主要海洋产业前向和后向关联，研究发现我国海洋产业之间及与陆域产业关联密切，海洋产业链有所延长且逐渐向陆地产业延伸。海陆产业与地区经济关联量化方面，学者通过测算指出海洋产业和陆地产业均与地区经济之间存在不同程度的关联。如常玉苗等（2012）运用灰色理论模型测算了江苏省地区经济与陆地经济、海洋经济的关联效应值，显示江苏经济与海洋产业的关联度远远低于陆地产业；吴雨霏（2012）采用灰色关联分析法量化分析了我国海陆资源开发与地区产业发展之间的关联关系。此外，极少数学者探究了海洋经济与流域经济的关联。如秦月等（2013）采用灰色关联度模型测算了海洋经济与长江经济带流域经济的关联度，发现海洋经济与流域经济的关联度非常高。

三、管理机制研究

（一）海洋产业关联交融机制

除了上述海洋产业关联的理论与定量测度研究外，少数学者探究了某些具体海洋产业关联融合机制。如丘萍等（2018）探究了海洋文化与旅游产业的融合过程，通过舟山市问卷调查提出促进产业融合发展对策建议；王宁等（2021）探讨了海洋牧场多产业融合发展模式；王举颖等（2021）通过扎根理论方法提出了“以现代化海洋牧场为载体的海洋产业筛选与融合的循环迭代模型”，考察了现代化海洋牧场企业的海洋产业筛选与融合的内在逻辑及其迭代循环的演化机制。

（二）陆海统筹管理

国外发达沿海国家对海洋经济研究得较早，与陆海统筹有关研究主要是海岸综合管理。美国于 1972 年颁布了《海岸带管理法》，率先实施海岸带统筹综合管理，取代了传统国家对海洋行业分割式管理方式。20 世纪 90 年代后，沿海国家关于海岸带和海洋综合管理进入蓬勃发展阶段。Suman（2001）深入探析了美国与欧盟海岸带管理相关情况；Davis（2004）对美国 15 个沿海地区海岸带综合管理状况进行了比较分析；Deboudt et al.（2007）全面系统探析了法国 1973—1991 年、1992—2000 年及 2001—2007 年不同阶段海岸带综合发展状况及主要影响因素；Alves et al.（2013）总结了葡萄牙海岸带综合管理实践经验，并提出了提高海洋经济管理效益的相关建议。

国内学者针对陆海统筹管理开展了不同角度的广泛研究，主要集中在陆海统筹管理的意义、实现路径和主要任务等方面。韩忠南（1995）提出了海陆一体化开发的战略设想；韩立民等（2007）研究了海陆一体化与陆海统筹的联系与区别；韩增林等（2012）探究了陆海统筹思想的内涵特征，解析了我国实施陆海统筹战略的必要性与可行性；潘新春等（2012）提出运用“六个衔接”落实陆海统筹战略的具体实现举措；杨荫凯（2013）总结了国内典型地区促进陆海统筹的经验，并提出了推进全国陆海统筹的建议；李彦平等（2021）探索了海岸带国土开发过程中陆海协调机制，进而提出了国土空间规划中深化陆海统筹的相关策略。

四、总结与展望

海洋产业关联是海洋经济产业研究的重要领域，并且随着各国发展战略对海洋经济支持力度的持续加大和海洋产业本身的壮大而发展，理论与实证研究成果不断增多。已有国内外研究成果从不同学科、不同视角对海洋产业间及海陆产业关联进行了研究并取得较大进展：理论方面，基于传统经济理论与数理模型对海洋产业关联特征、波及效应、交融驱动机制、管理政策等进行了较多探讨；实证方面，主要利用灰色关联模型和投入产出模型对海洋产业间及海陆产业关联度、动态演变趋势与规律等进行了评估分析。总体而言，与发达国家相比，我国海洋产业关联研究起步较晚，目前仍处于初级阶段，定性定量研究均不足且方法较为局限；海洋产业关联未形成一个统一认识与相对完善的理论体系，研究成果较为零散；理论与实践结合不够紧密。展望未来，建议今后的研究者进行如下思考。

（1）系统完善海洋产业关联分析理论体系。一是突破现有研究视角，加大跨学科合作力度。在关注海洋经济本身特征属性基础上，如何综合经济学、社会学、地理学、管理学、生态学、系统学、环境工程等多学科理论，从国家级、省级、城市级、地区级多元化尺度开展海洋产业关联分析预测仍值得深入研究。二是优化拓展现有理论体系，注重对比性与实践性研究。现有研究对不同区域不同国别的海洋产业关联动态及海陆统筹等方面对比研究较少，今后可加强国内其他区域或蓝色经济伙伴国的海洋产业关联研究，保证基础理论研究与实际问题紧密结合，从而提高海洋经济管理决策的科学性。

（2）优化海洋产业关联的定量测度模型和评估深度。一是探索运用大数据等新数据源创新研究方法。积极推动传统理论与信息技术充分融合，研究如何应用互联网、大数据、云计算、人工智能等新兴技术挖掘更多海洋产业关联信息，从而有效辅助决策实现海洋产业智慧化、高质量发展。二是优化已有海洋产业关联测算模型构建与实证过程。基于自然资源部最新发布的《国家海洋及相关产业分类》（GB/T 20794—2021）国家标准开展海洋产业关联重新评估分析，同时根据多种数据源不断修订校正海洋产业剥离系数，提高海洋经济投入产出关联分析的准确性与科学性。三是深化海洋产业关联评估内容。现有研究尚未探析海洋产业关联的内部影响，今后可定量分析考察海洋产业成长多大程度上是源于自身，多大程度上影响受其他产业的影响。

（3）加强海洋产业关联融合发展机制和管理政策研究。一是针对海洋产业展过程中出现的内外融通不足、海陆产业协同力度不够等实际问题，结合海洋产业关联运行规律的有效监控、管理与预测，加强对海洋产业融合发展机制和相关管理政策的提前规划和防治研究。二是建立体现不同区域海洋产业关联影响的驱动机制，实现对不同区域海洋产业关联状况的调控，引导海洋产业结构快速转型与优化升级，促进陆海社会经济发展达到最优化，最终实现陆海统筹发展。

（4）积极应对新时期海洋经济发展新格局对海洋产业关联研究的新要求。针对现实海洋经济发展过程中逐渐出现的新问题与发展新趋势，在不断完善海洋产业关联理论、实证与政策研究基础上，积极延伸拓展相关领域研究。结合陆海统筹、“双循环”发展格局及碳达峰碳中和目标等国家战略，探索研究陆海产业关联路径、海洋产业关联国际比较、海洋产业低碳化水平关联等相关问题，以应对新时期国内外海洋经济发展新形势，为海洋经济高质量发展提供有利条件。

执笔人：郑　莉（国家海洋信息中心）
胡　洁（国家海洋信息中心）

（注：本报告已在《海洋经济》2024 年第 3 期发表）

8
南极磷虾资源开发与利用情况分析

摘要：南极磷虾资源富含高蛋白、高磷脂、高营养，被称为“海上金矿”，现已成为世界各国争相开发的海上资源。本报告在理清全球南极磷虾资源状况、开发规则、捕捞现状等基本情况基础上，总结分析了我国南极磷虾资源开发与利用现状，发现我国南极磷虾资源开发受全球捕捞规则限制、国内装备技术水平不足、产业链不完善、标准制度不健全和顶层设计未展开等方面问题制约，南极磷虾资源开发与利用明显不足；继而结合南极磷虾发展机遇与未来趋势，提出了相应的发展对策与建议。

关键词：南极磷虾；资源开发；问题瓶颈；对策建议

南极磷虾是全球单一物种蕴藏量最大的生物资源，富含高蛋白、高磷脂、高营养，被称为继粮食、石油、煤炭之后的世界第四大资源，具有广阔的开发利用空间。相关研究显示，一年捕捞 7000 万吨南极磷虾，即可为世界四分之一的人口每天提供 20 克高质量蛋白。综合开发利用南极海洋生物资源对于保障我国粮食安全、拓展蓝色发展空间和争取南极海洋开发权益具有重要的战略意义。

一、南极磷虾资源基本情况

南极磷虾（也叫超级磷虾、南极大磷虾）隶属磷虾科磷虾属，是南大洋的生态基石。南极磷虾通体几乎透明，其眼柄基部、头胸部两侧和腹部长着球形发光器，能发出像萤火虫般的磷光。

（一）资源储量

全球磷虾物种数量有 80 多种，其中南极磷虾占较大比重，广泛分布于南大洋水域。渔业捕捞的磷虾为体长 40 ~ 65 毫米的较大成体，体重约 2 克。据 1977—1986 年南极研究科学委员会和海洋研究科学委员会等国际组织的联合调查，南大洋的磷虾蕴藏量为 6.5 亿 ~ 10 亿吨，年可捕量相当于目前全球海洋捕捞渔业产量。

（二）生长特征

南极磷虾的生长方式十分特殊，发育过程就是一个下沉和上浮的循环。每年 1 ~ 3 月份开始繁衍生息，一只雌性磷虾每年可产卵 3 ~ 5 次，每次产卵量 6000 ~ 10000 个。磷虾卵被产下后就会快速下沉，一边下沉，一边孵化，至水深 2000 ~ 3000 米时，孵化为幼体开始上浮，等到上浮到水面时，幼体已经长成一只只小虾。磷虾一般按照年龄段聚集，成年虾与幼虾之间泾渭分明，这种集会方式给捕捞工作带来极大的便利。它们以浮游植物为食，在较小程度上以浮游动物为食，是南极海域其他生物的主要营养来源，被认为是南大洋生态系统中的关键物种。

（三）营养特性

南极磷虾是人类已发现的蛋白质含量最高的生物，其体内蛋白质含量超过 50%，营养和研究价值极高，被誉为“海上金矿”。世界卫生组织曾对南极磷虾、对虾、牛乳、牛肉的综合营养价值进行评价，结果显示南极磷虾的蛋白质质量优于对虾、牛乳和牛肉。此外，它还含有丰富的 Omega-3（DHA、

EPA）、磷脂衍生脂肪酸（PLFA）、胆碱、天然抗氧化剂虾青素以及矿物质等成分，在预防心血管疾病、促进大脑发育、延缓衰老等方面具有独特的功效。南极磷虾的蛋白水解产物中还含有 18 种氨基酸和多种维生素，其中 8 种为人体所必需氨基酸，其总和占蛋白质含量的 41.04%。以南极磷虾为原料生产的南极磷虾油等产品在扩充食物来源、改善人类健康等方面发展潜力巨大。

（四）资源分布

根据联合国粮食及农业组织（Food and Agriculture Organization of the United Nations，简称 FAO）对渔区的划分，南极渔区包括大西洋—南极海区（48 渔区）、印度洋—南极海区（58 渔区）和太平洋—南极海区（88 渔区），这三个渔区海域面积约占全球海域总面积的 9.5%。南极渔区捕捞物种主要为南极磷虾，目前主要集中在 48 渔区。

（五）开发规则

1991 年，南极海洋生物资源养护委员会（CCAMLR）首次针对南极磷虾引入捕捞限额管理机制，实行限额竞争性捕捞制度，即通过磷虾资源动态评估、种群动态预测、生态风险评价等来确定南极磷虾捕捞限额时空分布，在生态系统水平上实施预防性捕捞限额和触发性捕捞限额管理，各渔业国以触发性限额作为年度捕捞上限，“先捞先得、快捞快得”。2019 年，挪威科学家、CCAMLR 科学工作组等对 48 渔区南极磷虾资源进行调查，探测评估显示南极磷虾储量为 6260 万吨，按照资源量推算设定年度预防性捕捞限额为 561 万吨，为避免渔业活动对磷虾捕食者种群产生不均衡影响，CCAMLR 把捕捞限额触发水平维持在 62 万吨，即各渔业国年度捕捞量总和不能超过 62 万吨，达到上限必须终止。“限额竞争”制度不同于传统远洋渔业的“配额”捕捞制度，对各国渔业装备和技术水平的要求较高。

二、全球南极磷虾资源开发情况

南极磷虾捕捞始于20世纪60年代，当时苏联有两艘科学研究船，共捕捞了约47吨，之后十年有少量磷虾捕获，也仅作为渔业调查研究的一部分。直至20世纪70年代初，南极磷虾才逐渐开启商业化捕捞，先后从事南极磷虾渔业的国家有近20个，如苏联、波兰、日本、韩国、乌克兰、智利、挪威和中国，但部分国家仅在少数年份开展了捕捞活动，如美国、阿根廷、法国、南非、西班牙及英国。根据CCAMLR报告的历史磷虾捕获统计数据，1982年的磷虾捕捞量达到历史最高峰值，苏联、日本是此时开发南极渔业资源的主要国家。20世纪80年代，智利、韩国等国加入南极磷虾开发行列。受捕捞技术装备限制以及苏联解体的影响，20世纪90年代磷虾捕捞量开始大幅回落，1994年磷虾捕捞量不足10万吨，这一时期的主要捕捞国为日本、波兰和乌克兰。CCAMLR成员国中具有20年或以上捕捞年份的，除苏联外，只有日本、韩国、波兰、智利和乌克兰五个国家。2013—2022年，全球仅有挪威、中国、韩国、乌克兰、智利五个CCAMLR成员国开展南极磷虾捕捞活动。2022年，南极磷虾全球产量约为41.5万吨，挪威占71.6%，中国占14.2%，韩国占7.4%，中国捕捞量约为挪威的1/5（图4-8-1）。

南极磷虾产业属于典型的“资源在外型”产业，仅依靠单纯的捕捞生产难以实现经济效益最大化，精深加工的下游高价值产品成为拉动产业发展的重要动力。据贝哲斯咨询发布的磷虾油市场调研报告，2022年全球磷虾油市场规模达26亿元，其中中国磷虾油市场规模不到5亿元；预测到2028年，全球磷虾油市场规模预计达46亿元。国际上大型南极磷虾企业有挪威Aker Biomarine公司（简称“阿克公司”）、挪威Rimfrost公司、加拿大Neptune Technology & Bioresource公司（简称“海王星公司”）、智利Tharos公司等，营业范围包括捕捞与加工、技术服务及日常食品、饲料、保健品、磷虾油等产品的研发生产和销售，其中挪威、加拿大两家公司均已在中国市场布局。阿克公司在美国休斯敦工厂磷虾油年产能为1000吨，产品销售网络遍布

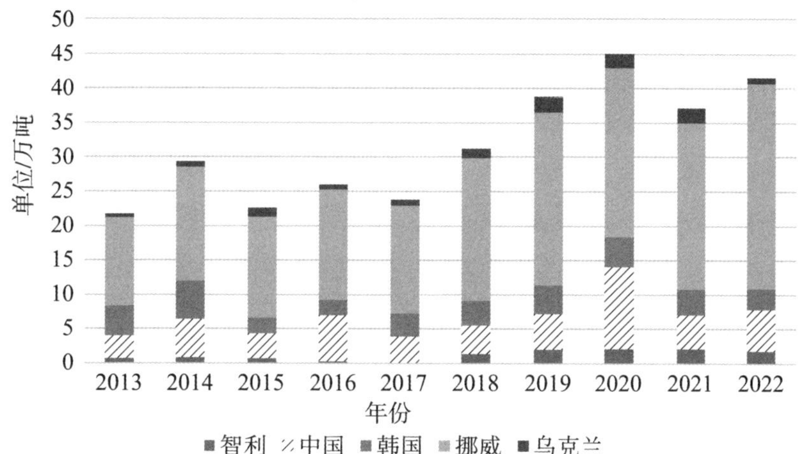

图 4-8-1 2013—2022 年各捕捞国南极磷虾产量

（数据来源：CCAMLR，2023，Statistical bulletin，vol，35.www.ccamlr.org.）

全球，其中美国是目前世界上最大的磷虾产品市场。阿克公司年销售磷虾油 600 ~ 800 吨，美国市场销量占其总销量的 60% 以上，还销往澳大利亚、新西兰、韩国、日本、俄罗斯、印度等国；其磷虾粉产品主要销往欧洲市场，用于水产养殖和宠物饲料。

三、我国南极磷虾资源开发情况

发展南极磷虾产业是优化我国渔业资源开发格局的重大举措，实现了从近岸到远海极地的拓展，扩大了我国生存发展及安全的空间。积极参与南极磷虾的捕捞、资源调查和养护，对进一步增强我国国际渔业话语权、巩固和扩大国际合作关系具有重大意义。

（一）总体情况

捕捞规模逐步扩大。我国于 2007 年正式成为南极海洋生物资源养护委员会成员国，2009 年开始探捕南极磷虾，首次捕捞量为 1956 吨。随着装备技术水平的不断提升，我国已在渔业捕捞、加工、运输及国际贸易等领域实现了飞速发展，2022 年捕捞量近 6 万吨，2009—2022 年的年均增速约 30%（图 4-8-2）。截至 2023 年底，我国南极磷虾捕捞总量为 60 多万吨，占全球总量的 15%，仅次于挪威，居全球第二。近五年，我国每年连续稳定捕捞南极磷虾 5 万吨以上。

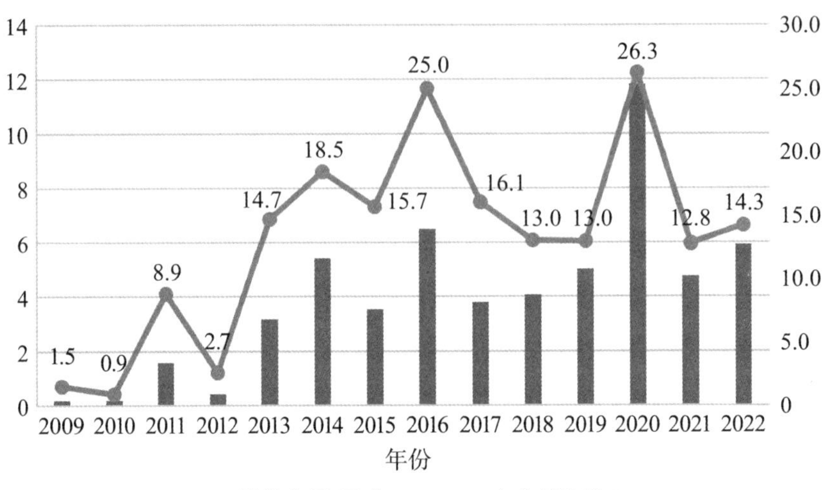

图 4-8-2 我国南极磷虾捕捞产量及占全球比重情况

船舶装备水平显著提升。近年来，我国每年会有 2 ～ 4 艘船参与南极磷虾捕捞作业，但大多是从国外购置的二手拖网渔船。2022 年，我国首艘自主研制建造的南极磷虾专业捕捞加工船“深蓝”号获批入渔，配备横杆连续泵吸技术、多种磷虾产品加工生产线，同时兼具部分科考功能，实现了从引进二手大型拖网渔船到自主研发专业捕捞装备和技术的转变，年捕捞加工能力可达 10 万吨。2023 年 12 月，我国第二艘自主研制建造的“华祥 9 号”和辽渔集团有限公司第三代专业南极磷虾捕捞加工船“福兴海”首赴南极海域开展作业，其中“福兴海”是我国迄今为止第一条自主设计、自主经营管理的南极磷虾捕捞加工船。经过 10 多年的发展，我国已从几艘船的年捕捞量不及 Aker 公司的 1 艘船，到具备与其水平相当的捕捞装备；从把改造的远洋渔船作为南极磷虾捕捞船，到拥有和建造越来越多的专业船舶；从以国企为主的局面逐渐走向国企、民企共同参与的格局；从船舶设计、关键装备的全部进口到有望逐步走向国产化，磷虾捕捞技术装备不断进步。CCAMLR 官网显示，在新一轮捕捞期（2023 年 12 月—2024 年 11 月）内，登记注册的全球南极磷虾捕捞船共 13 艘，其中，中国 4 艘（辽渔“福兴海”、中水“龙发”、“深蓝”号、石岛集团“华祥 9 号”），韩国 3 艘，挪威 3 艘，智利 1 艘，乌克兰 1 艘，俄罗斯 1 艘。

产业链条渐趋完善。我国南极磷虾产业规模逐渐提升，南极磷虾油年产量合计 600 ~ 800 吨，国内销售和出口各占 50%，已初步形成了集捕捞、加工、生产、销售于一体的南极磷虾全产业链条，构建了以辽宁、山东、江苏、上海、福建为主体的南极磷虾产业布局。目前山东省是南极磷虾产业链综合能力较强的省份，拥有相对完整的磷虾加工产业链，并形成了一定规模。连云港、威海、福州等地相继建设南极磷虾特色产业园区。国内磷虾加工产品体系包括磷虾粉、磷虾油、虾青素、磷虾酶、磷虾肽等，终端产品以饮料、糖果、口服液等为主，其中凝胶糖果剂型占比 95%。2023 年，“深蓝”号南极磷虾捕捞加工船完成首航，已加工虾粉 5465 吨。连云港南极磷虾产业园年产 600 吨南极磷虾油生产线已经投运。

科技创新不断取得新突破。近年来，国内企业在磷虾油磷脂含量和总砷控制方面取得技术突破。山东鲁华海洋生物科技有限公司实现了多规格南极磷虾油产品线，磷脂含量范围为 30% ~ 70%。青岛逢时科技生产出的 56% 海洋磷脂磷虾油，生产工艺、技术水平与挪威、美国同步。南极维康磷虾油总砷含量控制在 0.8 毫克 / 千克以下，达到保健食品级磷虾油标准。同时，我国还成功破译了南极磷虾基因组图谱，研究显示南极磷虾拥有约 48 GB 的基因组序列，是迄今为止最大的动物基因组参考序列，是人类基因组的 16 倍。

（二）存在问题

资源开发利用潜力有待挖掘。南极磷虾产业作为一种资源依赖型产业，其资源供给能力直接影响着整个产业链发展的安全性和稳定性。当前，国际极地海洋生物资源和生态保护规则不断完善，全球海洋资源开发的门槛和要求越来越高，磷虾捕捞政策严格。能否突破现有 62 万吨全球年捕捞限额成为影响产业发展的关键因素，也直接决定着源头原料的获取和全球分配。挪威、中国等国正着力推动限额扩大，但 CCMALR 尚在研究评估，还存在很大不确定性，南极磷虾产业发展潜能未能有效释放。

装备技术自主创新能力有待提升。我国虽已成功建造出“深蓝”号、“福兴海”2 艘具有连续泵吸捕捞系统的船舶，但自主研发和创新设计能力明显不足，如系统集成关键技术需引进国外技术，泵吸关键装备从挪威进口。南极磷虾酶活性强的特征要求南极磷虾捕捞船具有船载加工能力和低温品质保持能力，我国磷虾粉加工设备、磷虾脱壳技术装备等仍远低于国际先进水平，极大程度上限制了南极磷虾资源的高效利用。我国南极磷虾资源探测仪器也全部依赖国外进口。与此同时，我国南极磷虾粉生产加工技术相对落后，国产南极磷虾粉用于南极磷虾油生产时，面临出油率低、质量差、成本高、稳定性差等问题，附加值低，绝大多数用于饲料使用，价格始终难以提高。

产业链上、下游分散，国际竞争力不足。当前，我国南极磷虾捕捞量已居全球第二位，但南极磷虾产业链条尚不完善。相比挪威等先进国家，我国南极磷虾产业存在产业链延伸不够，捕捞、加工、销售等环节脱节等问题，如捕捞与加工环节衔接不畅导致资源浪费或产品质量下降，原料质量层次不齐影响产品品质及稳定性，集捕捞、深加工、技术开发、产品销售、市场开拓的一体化发展模式暂未形成。南极磷虾在食品加工、生物制品和医学药用等方面发展潜力巨大，但目前对南极磷虾油提取后蛋白的利用开发明显不足，产品结构单一，缺少系列化、多样化的南极磷虾系列组合产品，产品附加值不高，国际竞争力弱。此外，在精细化及专业化管理、品牌建设和知识产权保护等方面，我国与国外先进国家也存在较大差距，制约了产业链的整体效率和应对市场变化的能力。

标准制度不健全，监督管理体系不完善。国家现行食品和保健食品标准制度更新缓慢，未能有效满足产业发展需要。当前我国南极磷虾油终端市场主要集中在凝胶糖果剂型，占据 95% 市场份额，而国外市场更倾向于采用软胶囊剂型。欧美国家磷虾油可以软胶囊等多种剂型应用于食品、食品补充剂和特殊医疗食品，但我国软胶囊产品仅限于药品和保健食品范畴，磷虾油作为保健食品的注册又存在审批成本高、周期长、总砷指标等限制，严重影响了产品迭代升级和市场推广。虽然《食品安全国家标准 保健食品》（GB 16740—2014）于2019年形成标准修订文本，但至今尚未发布，制约了南极磷虾产品深度开发及产业链延伸，也影响了海洋生物制品研发成果产业化、市场化的转化进度。同时，我国南极磷虾活性物质检测等标准体系亦尚未建立，产品品质控制和监测难度加大。另外，由于市场监管不到位，南极磷虾油产品存在质量良莠不齐、以次充好、以假乱真等问题，导致市场进入低价无序竞争状态，继而形成“劣币驱逐良币”现象，破坏了产业生态。

顶层谋划不够，市场推广不顺畅。顶层设计上，我国虽已出台了一系列政策措施支持南极磷虾产业发展，但缺少对南极磷虾上下游产业的统筹谋划和全面布局，政策系统性、针对性、连续性仍然不够。市场应用上，尽管南极磷虾的营养价值高，但由于我国将南极磷虾油认定为新食品原料，大多是作为凝胶糖果形式的普通食品而非保健食品进行销售，不允许宣传其功效，甚至宣传营养成分也存在风险。但从国外进口南极磷虾油终端产品不受国内对食品宣传监管政策的约束，可以在国内进行功能功效的宣传，相比之下国内南极磷虾油终端产品在宣传推广上处于劣势。此外，由于国内磷虾油正处于培育阶段，关于南极磷虾的科普教育普及面较窄，消费者对它的认识和需求相对较低。

（三）发展机遇与未来趋势

国家渔业发展战略调整，大力推进深远海渔业、极地渔业发展，为产业发展提供了新契机。同时，国家层面正在推动南极磷虾捕捞额度谈判，对派遣渔船、捕捞额度等进行新的规划调整，国家的政策支持将会有利于推动南极磷虾商业化开发。国内磷虾产业正加速整合，以逢时科技为代表的产品市场端龙头企业，正在以高品质产品开发推动产业链条提升，上中下游产业链结合更加紧密。同时，近年来磷虾油部分替代传统鱼油，对人体健康的促进作用逐渐获得市场认可，国内外市场规模不断扩大。随着人们对美好健康生活的向往，以及消费方式改变，对高品质磷虾油产品需求日益提升，磷虾产业市场空间和潜力显现。

未来南极磷虾产业呈现市场需求活跃、产品种类及应用多样化的整体趋势。一是国内外市场需求量稳步增加。2014 年至今，我国已有 7 款含有磷虾油的保健食品经批准获得注册证书，均为软胶囊剂型，保健功能以增强免疫力为主。随着政府对保健品市场政策日趋规范和明朗，以及新的销售模式的出现，磷虾油国内市场已出现并将持续保持回暖趋势，销售量将会逐步增加。国外已有捕捞磷虾历史的国家和经济发达国家磷虾油市场产品热度提高，市场容量不断增加。二是随着市场对南极磷虾产品认可度的提升，南极磷虾研究开发深度和广度也会越来越高，南极磷虾系列产品越来越多，如南极磷虾蛋白肽、甲壳素、虾青素等。三是随着研究深入，磷虾油应用范围将由食品扩大到保健食品、功能食品、特殊医用食品、宠物食品、药品（磷虾溶血磷脂酰胆碱 LPC-EPA/DHA，干眼症及黄斑变形引起的视力模糊及视力下降，与载脂蛋白 E4 有关的阿尔茨海默病以及妊娠糖尿病引起的胎儿 DHA 吸收降低导致的大脑发育异常）等领域，南极磷虾开发利用将不断向高附加值方向发展。

（四）对策建议

一是积极参与制定合理的南极磷虾资源发展战略。在当前“存在就是权益”的公共资源开发背景下，科学合理开发南极磷虾及极地资源符合我国海洋强国战略和极地战略，我国应积极开展南极磷虾资源调查及其资源变动规律等相关研究，深度参与南极磷虾捕捞额度磋商谈判，规划调整派遣渔船、捕捞额度等管理政策，推动构建南极磷虾渔业新管理新机制，有效维护和提升我国在南极渔业国际管理中的话语权和负责任渔业大国良好形象。

二是强化顶层设计，推进南极磷虾全产业链发展。系统谋划南极磷虾全产业链发展路径和方向，加快推进南极磷虾产业强链延链进程，强化产业链上下游协同发展，整合原材料供应、加工制造、产品设计、市场营销等资源，通过资源共享、优势互补与业务创新，优化产业布局，提高资源利用效率，降低生产成本。不断完善和提升南极磷虾相关原料、产品质量标准体系，提高产品技术含量及附加值，打造南极磷虾资源综合利用和以高技术为支撑的新发展模式。开发南极磷虾食品、保健品、化妆品和药物等产品，推动南极磷虾在食物、大健康和海洋生物医药领域的高值高质化利用，助推我国南极磷虾产业链向高端价值链延伸和可持续发展。依托国家海洋药物和生物制品产业联盟，推动建立南极磷虾相关产业联盟，促进南极磷虾上下游产业组合成拳、集聚发展。

三是加强科技创新，着力提升装备自主可控能力。加强南极磷虾资源动态监测与渔场预测、绿色生态高效捕捞、船载高质量初级加工、陆基多元化精深加工等全产业链条关键环节的创新研究，加快推进船舶设计及装备制造、加工设备、连续泵吸系统、产品开发技术等方面的国产化研发进程，在南极捕捞技术装备现代化、功能保健食品与医药生物制品精准开发、蛋白功能食品与养殖饲料等规模化应用、产品质量安全控制技术体系等方面持续发力，着力开发南极磷虾加工新模式。加强产业链各环节的协同创新，鼓励企业、高校和研究机构建立紧密的合作关系，促进形成产学研一体化的创新机制，加大工艺技术开发，提高高价值物质提取和多元化产品开发能力。加大对南极磷虾捕捞和加工装备技术的研发投入，鼓励企业、风险投资、科研机构等多方参与研发投入，形成多元化的研发投入体系。

四是完善标准制度和监管体系，引导产业有序发展。加快南极磷虾油等功能性食品审批效率，并紧跟产业创新发展进度，及时更新调整或放宽相关行业标准，打通研发成果从实验室走入市场的标准制度障碍，为产业培育壮大预留发展空间。推动建立南极磷虾油纯品认证方法及相应标准。推动行业监管的规范统一，减少市场准入监管差异化所带来的市场竞争不利影响。推动加大市场监管力度，严厉打击南极磷虾行业假冒伪劣、虚假宣传等不正当现象，为南极磷虾产业健康发展营造良好的市场竞争环境。

五是加大政策支持力度，优化产业发展软环境。针对南极磷虾捕捞、加工、研发、销售等各个环节产业发展需要，进一步完善产业政策体系。用好财政补贴、税收优惠、贷款贴息等政策工具，推动南极磷虾技术创新和产业升级。依托海洋中小企业投融资平台，着力解决南极磷虾企业融资难、融资贵等资金问题。加强品牌建设，通过打造知名品牌提升产品的市场认知度和消费者的信任度。加快培育和引进南极磷虾产业人才，壮大南极磷虾与极地渔业资源开发与利用人才队伍。

执笔人：胡　洁（国家海洋信息中心）

9
海洋经济赋能“一带一路”绿色化数字化发展研究

摘要：海洋是高质量发展战略要地，在构建新发展格局和扩大对外开放中具有重要作用。全球海洋产业正在加速向绿色化、高端化和智能化转型，海洋经济绿色化数字化合作已成为中国和共建“一带一路”国家合作的方向之一。本报告总结了中国海洋经济绿色化和数字化的主要进展，系统梳理了中国与共建“一带一路”国家在绿色港口、绿色船舶、绿色海工、海洋能源、海洋规划、公共服务等领域的合作成效，最后就海洋经济赋能“一带一路”绿色化数字化发展问题，提出了五点建议。

关键词：海洋经济；“一带一路”；绿色化；数字化；合作建议

海洋是人类赖以生存和发展的共同家园，是实现可持续发展的宝贵资源和空间。习近平总书记指出，海洋是高质量发展战略要地。党的二十大报告强调，发展海洋经济，保护海洋生态环境，加快建设海洋强国。2024 年政府工作报告提出，大力发展海洋经济，建设海洋强国。发达的海洋经济是建设海洋强国的重要支撑，发展可持续海洋经济已经成为世界共识，向海图强激活蓝色引擎将为“一带一路”绿色化数字化发展带来新动力。

一、国际趋势

2012 年联合国可持续发展大会（Rio+20 峰会）从可持续海洋经济的角度提出“蓝色经济”一词。经过十多年的发展和演变，蓝色经济从理念探讨走向实践应用，其价值和战略意义逐渐引起各国的高度关注，并被提上国际政策议程。美国、德国、越南等发布了蓝色经济相关政策，联合国、欧盟、世界银行等国际组织也发布了不少关于蓝色经济的报告。推动蓝色经济发展与合作已经成为全球重要的战略议题。

国际组织、沿海国家、海岸带地区政府对海洋经济发展日益重视，将海洋资源保护、海洋生态修复和海洋产业发展投资等作为规划重点，将金融支持海洋经济可持续发展作为努力方向之一，也把海洋产业绿色化和数字化发展视为未来趋势。因此，许多国家积极开发利用海上清洁能源以形成绿电，推进绿色船舶技术应用以减少海洋污染，修复典型海洋生态系统以提高潜在价值等。如 2022 年欧盟发布《欧盟蓝色经济报告：海洋经济推动欧洲绿色转型》，提出欧盟正在孕育蓝色经济创新型解决方案和技术，将绿色转型推向新阶段。与此同时，海洋油气开发需要数字化勘探设备、智能化生产平台和运输工具的生产，沿海港口效率提升需要智慧化码头的建设，海洋信息的获取加工也能创造新的价值等。如 2020 年欧盟启动了海洋数字孪生项目，2023 年日本最新一期《海洋基本计划》草案重申建立海域态势感知体系，提出大力发展水下无人装备等新举措，实现海洋数字化转型。

二、国内基础

海洋经济是开发、利用和保护海洋的各类产业活动以及与之相关联活动的总和。据自然资源部初步核算，2023 年全国海洋生产总值达到 9.9 万亿元，较 2022 年增长 6%，海洋经济强劲复苏，量质齐升，绿色化数字化转型进程持续加快。

（一）中国海洋经济绿色化发展情况

港口和船舶向智能化绿色化转型。沿海地区通过港口岸电建设、集疏运清洁化、与可再生能源融合等多种方式加速推进港口航运向绿色低碳方向迈进。绿色船舶占比稳步提升，截至2023年6月底，中国船舶集团有限公司旗下江南造船、沪东中华等船厂的绿色船舶订单占比均超过了90%。LNG动力船舶应用已较为广泛，甲醇动力船舶已进入实船应用阶段，锂电池动力船舶正处于发展起步期。近三年交付船舶中，水动力节能装置使用比例达到68.8%，并实现关键技术装备自主可控。

海洋清洁能源发展迅速。海上风电、海洋能等清洁能源开发利用能力加快提升。2023年，我国海上风电建设稳步推进，发电量同比增长超17%。截至2023年底，我国海洋可再生能源累计装机12.1兆瓦。其中，潮流能示范工程在运行装机量达2.9兆瓦，波浪能示范工程在运行装机量达2.1兆瓦，潮汐能电站在运行装机量为4100千瓦。“鹰式”波浪能平台、“澎湖号”半潜式波浪能养殖网箱为海岛能源保障、深水养殖提供了绿色能源供应。

海洋渔业向生态绿色转型。现代化海洋牧场加快建设，截至2023年底，我国累计创建国家级海洋牧场示范区169个，年产生直接经济效益940亿元，生态效益近1781亿元。“深蓝1号”实现三文鱼规模化养殖，开创了我国独特的深远海全潜式黄海冷水团鲑鳟鱼类绿色养殖模式。

（二）中国海洋经济数字化发展情况

海洋经济数字化转型进程加速。业务化观测网、海缆信息系统、国家海洋大数据共享服务平台等新型基础设施建设取得积极进展，全球海洋立体观测网站点实现较快增长。水下、水面、空中污染航行器、波浪能滑翔器、载人水下机器人等海洋信息装备研发创新成果丰硕。国家海洋仪器装备国际联合研究中心、自然资源部海洋信息技术创新中心、海洋环境探测技术与应用重点实验室等重大科技创新平台相继建成。海洋数字服务能力不断提升，海洋信息产业链条不断延伸，数据搜集、处理存储、加工、开发集成服务日渐成熟。

海洋经济数字化转型效益显现。海洋产业加快自动化、智能化转型升级，智慧渔业、装备智造、智能航行、智慧港口、智慧旅游、智慧海上风电场、智慧油气田等新业态大量涌现，数字经济与海洋一二三产业已呈现全面融合发展态势。人工智能、物联网、大数据等信息技术以及电商交易平台、区块链平台等新模式在企业生产管理销售全流程应用在加速实现，海洋产业生产效率明显提升。

三、合作情况

（一）绿色港口合作成效显著

共建国家绿色港口合作不断深化，希腊比雷埃夫斯港、斯里兰卡科伦坡港口城等项目示范效益突出。比雷埃夫斯港是通往欧洲的南大门，也是共建“一带一路”的重要节点，中资企业推进比雷埃夫斯港绿色港口和智慧港口建设，持续提升港口绿色创新能级，使其成为畅通中欧陆海快线的“绿色枢纽”。当前，比雷埃夫斯港正在建设融合新能源、绿色低碳技术的智慧港口项目，包含绿色通信基站、分布式光伏供电单元、集约化数字平台，将进一步提升智能化、低碳化水平。该智慧港口项目投产后，每年可节约用电约 1.1 万千瓦时，减少二氧化碳排放约 92 吨。斯里兰卡科伦坡港口城是共建“一带一路”倡议与斯里兰卡国家发展规划深度对接的关键成果，绿色可持续是港口城市的发展核心，一期项目通过创新运用一系列绿色技术，减少二氧化碳排放近 1000 吨，切实保护了当地海洋生态环境。

（二）海洋能源走出去步伐加快

近年来，中国加强与共建“一带一路”国家的发展战略对接，发挥互补优势，加快推进在海上可再生能源领域的务实合作。越南成为中国海上能源国际合作紧密的国家。2021 年，中国企业承建了首个境外海上风电总承包项目——越南薄寮三期、朔庄一期海上风电项目，总装机容量 171 兆瓦，由 57 台国产“大风车”组成，分布在 92 平方千米的海域内，项目预计年上网电量约 4.9 亿千瓦时，可满足当地 25 万居民的平均年用电需求。2021 年以来，中企持续推进与越南等国家在海洋能源领域的合作。据不完全统计，截至 2024 年 3 月，中企海外投资或承建了越南平大 310 兆瓦、越南金瓯 1 号 350 兆瓦、越南河静 400 兆瓦等海上风电项目超 10 个。

（三）绿色船舶和海工装备出口优势凸显

随着国际船舶温室气体减排战略的实施和国内“双碳”战略目标的提出，燃料清洁化开启了船舶行业绿色化发展的新周期，液化天然气（LNG）、绿色甲醇等清洁燃料动力船舶建造成为当前新趋势。海关总署数据显示，2023 年我国累计船舶出口 4940 艘，同比增长 23.2%；出口金额达 1944.458 亿元，同比增长 35.4 %。LNG、甲醇动力等绿色船舶订单快速增长，氨燃料预留、氢燃料电池等零碳船舶订单取得突破，新接绿色船舶订单国际市场份额达到 57%。根据多家船舶公司披露的公告，绿色船舶占其订单的比例偏高。以中国船舶集团旗下广船国际为例，截至 2023 年 11 月底，该公司在手订单 80 艘，价值 500 亿元，其中有近 60% 的订单为高技术、高附加值的甲醇双燃料或 LNG 双燃料新型绿色船型。

（四）海洋渔业绿色合作持续走深走实

中国渔业始终坚持创新、协调、绿色、开放、共享的发展理念，以提质增收、减量增效、绿色发展、富裕渔民为目标，坚持服务渔业转型升级、服务“走出去”战略，积极推进渔业对外合作，服务国家外交大局。例如，广东恒兴承接埃及国家渔业产业园建设项目，项目以“技术 + 标准 + 工程承建 + 管理咨询 + 设备”的模式整体输出，为埃及建立了一整套水产产业技术标准，实现了水产产业的中国技术和中国标准走向国际。2024 年 3 月，中国与东盟国家 100 多家产学研机构，签署海水养殖国际科技合作项目 21 个，涵盖虾类、鱼类、藻类、海水设施等领域，与马来西亚等国家签署的“中国–东盟基于病害控制的绿色高效养殖模式国际合作项目”，目标是实现海水养殖技术的共享和产业和谐发展。

（五）海洋经济规划助力绿色发展

2018年，中国为佛得角编制了《佛得角圣文森特岛海洋经济特区规划》。该规划明确提出，特区建设应坚持生态优先和绿色发展，要统筹考虑资源环境承载力，优先强化生态环境保护与污染防治，推进产业节能减排与清洁生产，推广使用可再生能源，不断提升本岛和周边岛屿的可持续发展能力。该规划在佛得角政府制定国家海洋经济发展战略和圣文森特岛经济特区建设工作中得到广泛的应用。

（六）海洋公共服务向数字化迈进

经联合国教科文组织政府间海洋学委员会批准，中国承建的南中国海区域海啸预警中心于2019年正式运行，为文莱、柬埔寨、印度尼西亚、马来西亚、菲律宾、新加坡、泰国、越南等国提供全天候地震海啸监测预警服务。中国与欧盟的海洋数据合作日益密切，双方联合建立了双方互认的海洋数据共享、海洋再分析、海洋生态保护重要性评价等技术标准，联合上线运行中欧海洋数据共享门户，编制发布了《海平面上升与海岸带风险评估报告》等信息产品。此外，中国宝武钢铁集团、中国远洋海运集团等一批中资企业，与航运贸易龙头企业、国家区块链技术创新中心一起，联手启动打造“一带一路”航运贸易数字化可信开放协作体系。

四、政策建议

促进绿色化数字化发展已成为高质量共建“一带一路”的鲜明底色，也是实现海洋经济高质量发展的重要保障。当前，我国海洋产业正在加速向绿色化、高端化和智能化转型。国际合作是海洋经济驶向未来的必由之路，在发展海洋经济的国际舞台上，中国是参与者，也是重要的推动者。针对海洋经济赋能“一带一路”绿色化数字化发展问题，本报告提出以下几点建议。

（一）加强绿色化数字化海洋产业合作

绿色革命和数字转型是未来全球可持续发展的必然选择，开展务实合作是高质量共建“一带一路”的实践路径。一是要强化海洋产业绿色化和数字化技术装备自立自强，加强海洋领域绿色和数字技术科技攻关和推广应用，强化基础研究和前沿技术布局，鼓励地方依托区位优势和资源禀赋，提升自身海洋经济绿色化和数字化水平，提高国际市场竞争力，为拓展对外合作提供更扎实的经济和技术基础。二是要在《关于推进绿色“一带一路”建设的指导意见》《关于推进共建“一带一路”绿色发展的意见》等政策性指导文件指导下，鼓励船舶与海工装备制造、港口航运、海洋渔业与水产品加工、海上风电、海水淡化与综合利用、海洋药物和生物制品等行业企业“走出去”，推动建成一批具有影响力的标志性项目和惠民生的“小而美”项目。同时，通过项目建设，积极探索推动中国海洋领域相关标准和技术国际化的模式和路径，为参与国际绿色化和数字化标准制定提供实践案例参考。

（二）共同提升海洋生态保护修复与海洋空间治理能力

海洋生态保护修复和海洋空间合理利用是推动海洋经济可持续发展的重要手段。一是基于《联合国海洋法公约》《生物多样性公约》《2030年可持续发展议程》等，加强海洋生态保护修复政策和解决方案研究，大力推动《全国重要生态系统保护和修复重大工程总体规划》实施。二是加强海洋生态保护修复方面先进适用技术的转移和应用转化，完善相关标准体系，提升科学化和规范化水平。三是聚焦海洋资源节约集约利用，加强海洋空间规划合作，分享海洋空间治理方案，为解决渔业养殖、港口航运、旅游开发等方面用海矛盾提供参考。

（三）为“一带一路”蓝色经济合作提供资金支持

可持续的资金支持是建设绿色“一带一路”和数字“一带一路”的重

要支撑。一是继续通过现有国际多双边合作机构和基金，如丝路基金、南南合作援助基金、中国-东盟合作基金、中国-中东欧投资合作基金、中国-东盟海上合作基金、亚洲区域合作专项资金、澜沧江-湄公河合作专项基金等对“一带一路”绿色化数字化涉海项目给予积极支持。二是发挥国家开发银行、进出口银行等现有金融机构的独特优势，引导、带动各方资金，形成中央投入、地方配套和社会资金集成使用的多渠道投入体系和长效机制，共同为海洋经济赋能“一带一路”绿色化数字化建设输血造血。三是通过设立蓝色经济国际合作专项研究，持续资助与共建国家在蓝色经济发展和海洋经济数字化转型等领域的科技合作。

（四）完善海洋经济合作平台和网络建设

国际合作平台和网络是建设绿色“一带一路”和数字“一带一路”的重要载体。一是依托联合国“海洋十年”实施伙伴、全球滨海论坛、中非海洋科学与蓝色经济合作中心及中非海洋科技论坛、中国-欧盟“蓝色伙伴关系”论坛、中国—东盟国家蓝色经济论坛、中国—岛屿国家海洋合作高级别论坛、具有较好国际影响力的涉海企业机构等，搭建海洋领域绿色化数字化对外合作平台和网络，与共建“一带一路”国家加强政策对接，开展多层次、多领域的对话交流，增进互信和了解。二是充分发挥我国在海洋可再生能源、健康养殖、绿色船舶、智慧化港口建设等领域的实践经验，与共建国家、国际组织积极建立绿色化数字化发展合作机制，积极探索和创新海洋经济合作模式，帮助发展中国家提升海洋经济发展的内生动力，推动形成海洋经济赋能“一带一路”绿色化数字化发展的良好局面。

（五）增进海洋科技与人才交流合作

海洋经济的绿色化和数字化离不开科技创新，科技人才是科技创新的关键要素。一是构建海洋经济赋能“一带一路”绿色化数字化发展的智力支撑体系，探索建设适合海洋经济可持续发展的新型国际合作智库。二是创新和完善海洋科技人才培养机制，重点培养具有国际视野、掌握国际规则、熟悉环保和数字业务的复合型人才，提高海洋经济赋能“一带一路”绿色化数字化发展的人才支持力度。三是进一步丰富海洋领域国际公共服务产品，借助人工智能技术优化海洋环境数值预报模式和海平面变化分析预测方法，合作推进海洋经济行业分类和卫星账户研究，提供更优质解决方案和咨询服务。四是加强海洋大数据应用服务国际合作，依托中国-欧盟海洋数据网络伙伴关系合作项目等，深化国内外数据合作机制，拓展形成更多标准化数据产品。

执笔人：林香红（国家海洋信息中心）
张麒麒（国家海洋信息中心）
梁　晨（国家海洋信息中心）
郑　莉（国家海洋信息中心）

参考文献

[1] Alves F L, Sousa L P, Almodovar M, et al. Integrated Coastal Zone Management (ICZM): a review of progress in Portuguese implementation [J]. Regional Enviromental Change, 2013, 13 (1): 1031-1042.

[2] Carvalho A B, De Moraes G I. The Brazilian coastal and marine economies: quantifying and measuring marine economic flow by input-output matrix analysis [J]. Ocean and Coastal Management, 2021, 213: 105885.

[3] Colgan C S. The ocean economy of the United States: measurement, distribution, & trends [J]. Ocean and Coastal Management, 2013, 71: 334-343.

[4] Colgan Charles S, Plumstead J. Economic prospects for the Gulf of Maine [J]. Augusta, ME, Gulf of Maine Council on the Marine Environment, 1993.

[5] Davis B C. Regional planning in the US coastal zone: a comparative analysis of 15 special area plans [J]. Ocean and Coastal Management, 2004, 47: 79-84.

[6] Deboudt P, Dauvin J C, Lozachmeur O. Recent development in coastal zone management in France: The transition towards integrated coastal zone

management [J]. Ocean and Coastal Management, 2008, 51 (3): 212-228.

[7] Fang C, Chu Y, Fu H, et al. On the resilience assessment of complementary transportation networks under natural hazards [J]. Transportation Research Part D : Transport and Environment, 2022, 109 : 103331.

[8] FAO. Fishing Areas list [EB/OL]. (2022-03-10) . http://www.fao.org/fishery/docs/STAT/by_FishArea/Fishing_Areas_list.pdf.

[9] Herrera G E, Hoagland P. Commercial whaling, tourism, and boycotts : an economic perspective [J]. Marine Policy, 2006, 30 (3): 261-269.

[10] Jin D, Hoagland P, Dalton T M. Linking economic and ecological models for a marine ecosystem [J]. Ecological Economics, 2003, 46 (3): 367-385.

[11] Kwak S J, Yoo S H, Chang J I. The role of the maritime industry in the Korean national economy : an input–output analysis [J]. Marine Policy, 2005, 29 (4): 371-383.

[12] Mattsson L G, Jenelius E. Vulnerability and resilience of transport systems–a discussion of recent research [J]. Transportation Research Part A : Policy and Practice, 2015, 81 : 16-34.

[13] Morrissey K, O’Donoghue C. The role of the marine sector in the Irish national economy : an input– output analysis [J]. Marine Policy, 2013, 37 : 230-238.

[14] Suman D. Case of coastal conflicts: comparative US/European experiences [J]. Ocean and Coastal Management, 2001, 44 : 1-9.

[15] Xue, Y M, Lai K H, Wang C Y. How to invest decarbonization technology in shipping operations? Evidence from a game-theoretic investigation [J]. Ocean and Coastal Management, 2024, 251 : 107076.

[16] Xue Y M, Lai K H. Responsible shipping for sustainable development : adoption and performance value [J]. Transport Policy, 2023, 130 : 89-

99.

［17］Yan Z，Xiao Y，Cheng L，et al. Analysis of global marine oil trade based on automatic identification system（AIS）data［J］. Journal of Transport Geography，2020，83：102637.

［18］Wang Y X，Nuo W. The role of the marine industry in China's national economy：an input–output analysis［J］. Marine Policy，2019，99：42–49.

［19］交通运输部水运局 . 2023 年沿海省际货运船舶运力分析报告［J］. 中国水运，2024（4）：30.

［20］白福臣 . 中国海洋产业灰色关联及发展前景分析［J］. 技术经济与管理研究，2009（1）：110–112.

［21］鲍旭腾，黄一心 . 中国南极磷虾与极地渔业发展与展望［J］. 海洋科学前沿，2022，9（3）：151–161.

［22］滨海新区海洋局 . 区海洋局以用海要素保障助力滨海新区发展新质生产力［EB/OL］.（2024–05–07）. 天津市滨海新区海洋局官网，https://hyj.tjbh.gov.cn/contents/13934/576145.html.

［23］蔡东海 ."蓝色药库共同梦想" 主题活动在青岛举行［N］. 中国日报网，2023–06–13.

［24］蔡万焕，张晓芬 . 新质生产力与中国式现代化——基于产业革命视角的分析［J］. 浙江工商大学学报，2024（2）：29–38.

［25］曹博 . 2024，船舶工业巩固优势？再铸辉煌的关键年——世界新造船市场的评述与展望［EB/OL］.（2024–02–18）. 中国船舶工业行业协会公众号，https://mp.weixin.qq.com/s/Ej1ip4hAnjk1vmnjCXwQzA.

［26］曹立 . 海洋经济高质量发展的浙江探索［N］. 浙江日报，2023–09–18.

［27］常玉苗，成长春 . 江苏海陆产业关联效应及联动发展对策［J］. 地域研究与开发，2012（4）：34–36，46.

［28］陈俊杰，洪宇翔 . 宁波舟山港创新赋能质效同升［N］. 中国水运报，2024–04–03.

[29] 陈婉婷，廖福霖，罗栋燊 . 基于灰色理论的福建海洋产业结构研究［J］. 福建师范大学学报（哲学社会科学版），2014（1）：33-38.

[30] 谌志新，王志勇，欧阳杰 . 我国南极磷虾捕捞与加工装备科技发展研究［J］. 中国工程科学，2019，21（6）：48-52.

[31] 程娜 . 中外海洋经济研究比较及展望［J］. 当代经济研究，2015（1）：49-54.

[32] 程勇 . 红海危机对中国进口原油运输影响分析［J］. 能源化工财经与管理，2024，3（2）：26-31.

[33] 从春龙，姜乾，朱先俊 . 我国首艘活鱼养殖运输船“经海 1 号”正式交付！填补国内深远海养殖生态活鱼船空白［N］. 大众日报，2023-05-26.

[34] 崔翀，古海波，宋聚生，等 .“全球海洋中心城市”的内涵？目标和发展策略研究——以深圳为例［J］. 城市发展研究，2022，29（1）：66-73.

[35] 崔晓健 . 2023 年海洋经济复苏强劲，量质齐升——解读 2023 年海洋经济情况［EB/OL］.（2024-03-21）. 自然资源部官网，https://www.mnr.gov.cn/dt/ywbb/202403/t20240320_2840073.html.

[36] 单玉紫枫 . 陆海协同，再上新台阶［N］. 宁波日报，2023-10-30.

[37] 狄乾斌，周杰 . 全球海洋中心城市建设评价指标体系优化及其比较分析——以大连、青岛、上海、宁波、厦门、深圳为例［J］. 中国海洋大学学报（社会科学版），2022（3）：9-19.

[38] 丁黎黎，张恒瑶 . 我国现代海洋产业体系的内涵及重点发展领域研究［J］. 中国海洋大学学报（社会科学版），2022（4）：14-22.

[39] 丁黎黎 . 海洋经济高质量发展的内涵与评判体系研究［J］. 中国海洋大学学报（社会科学版），2020（3）：12-20.

[40] 丁蔚文，余勤雍 . 中国 - 太平洋岛国农渔业部长会议 发布《南京共识》！［N］. 交汇点客户端，2023-05-09.

[41] 董利华，牟乃夏，刘文宝，等 .“海丝之路”沿线中国原油进口海运

网络货流分布格局脆弱性分析［J］. 地域研究与开发，2021，40（1）：7-11+17，

［42］范爱龙，严新平，李忠奎，等 . 我国航运业绿色低碳发展的需求？路径与展望［J］. 船海工程，2024，53（4）：1-5，12.

［43］范振林，马正己 . 中国矿业高质量发展问题探讨［J］. 中国国土资源经济，2022，35（8）：17-26.

［44］福建省人民政府 . 2024 年数字福建工作要点［EB/OL］.（2024-05-17）. 福建省人民政府门户网站，https://www.fuzhou.gov.cn/zfxxgkzl/szfbmjxsqxxgk/szfbmxxgk/fzsrmzfbgt/zfxxgkml/ywgz_2587/xxhjsgz/202406/t20240606_4837316.htm.

［45］福建省人民政府 . 福建省海洋经济促进条例［EB/OL］.（2023-11-23）. 福建省人民政府门户网站，https://www.fujian.gov.cn/zwgk/flfg/dfxfg/202312/t20231203_6321215.htm.

［46］福建省人民政府 . 福建省新型基础设施建设三年行动计划（2023-2025 年）［EB/OL］.（2023-07-04）. 福建省人民政府门户网站，https://www.fujian.gov.cn/zwgk/zxwj/szfbgtwj/202307/t20230707_6201736.htm.

［47］高天航，徐杏，徐力，等 . 2023 年我国沿海港口集装箱运输回顾及 2024 年展望［J］. 中国港口，2024（2）：16-17.

［48］宫美荣，韩增林 . 辽宁省海洋产业集群与产业关联分析［J］. 资源开发与市场，2011，27（3）：202-204，262.

［49］管智超，付敏杰，杨巨声 . 新质生产力研究进展与进路展望［J］. 北京工业大学学报（社会科学版），2024，24（3）：125-138.

［50］广东省能源局 . 广东省推进能源高质量发展实施方案（2023—2025 年）［EB/OL］.（2023-05-22）. 广东省能源局官网，https://drc.gd.gov.cn/snyj/tzgg/content/post_4186275.html.

［51］广东省农业农村厅 . 关于加快海洋渔业转型升级 促进现代化海洋牧场高质量发展的若干措施［EB/OL］.（2023-09-22）. 广东省农业农村厅网站，https://dara.gd.gov.cn/gkmlpt/content/4/4259/post_4259741.

html.#1604.

[52] 广东省自然资源厅 . 广东海洋经济发展报告（2024）[EB/OL].（2024-08-16）. 广东省自然资源厅网站，https://nr.gd.gov.cn/zwgknew/tzgg/tz/content/post_4479269.html.

[53] 广西壮族自治海洋局 . 广西海洋经济发展“十四五”规划（2021-2025）[EB/OL].（2021-09-09）. 广西壮族自治区海洋局官网，http://hyj.gxzf.gov.cn/zwgk_66846/xxgk/fdzdgknr/zcfg_66852/zxfggz/t17331726.shtml.

[54] 广西壮族自治区发展和改革委员会 . 广西可再生能源发展“十四五”规划（2021-2025 年）[EB/OL].（2022-06-06）. 广西壮族自治区发展和改革委员会官网，http://fgw.gxzf.gov.cn/zfxxgkzl/wjzx/tzgg/t11995952.shtml.

[55] 广西壮族自治区人民政府 . 广西大力发展向海经济建设海洋强区三年行动计划（2023-2025 年）[EB/OL].（2023-04-19）. 广西壮族自治区人民政府门户网站，http://www.gxzf.gov.cn/zfwj/zxwj/t16345746.shtml.

[56] 广西壮族自治区人民政府 . 广西壮族自治区人民政府办公厅关于加快文化旅游业全面恢复振兴的若干政策措施 [EB/OL].（2023-01-18）. 广西壮族自治区人民政府门户网站，http://www.gxzf.gov.cn/zfwj/zzqrmzfbgtwj_34828/2022ngzbwj_170614/t15670302.shtml.

[57] 广西壮族自治区人民政府 . 广西壮族自治区人民政府办公厅关于推进文化旅游业高质量发展的若干措施的通知 [EB/OL].（2023-11-18）. 广西壮族自治区人民政府门户网站，http://www.gxzf.gov.cn/html/zfwj/zxwj/t17498668.shtml.

[58] 郭朝先，陈小艳，彭莉 . 新质生产力助推现代化产业体系建设研究 [J]. 西安交通大学学报（社会科学版），2024，44（4）：1-11.

[59] 郭媛媛 .“涌”立潮头看浙江“蓝色经济”如何发力 [J]. 浙江国土资源，2024（3）：23-24.

[60] 郭媛媛 .“浙”波涌起驰而不息——浙江 2023 年海洋工作纪实 [J]. 浙江国土资源，2024（2）：23-25.

[61] 国家发展改革委．国家能源局“十四五”现代能源体系规划［EB/OL］.（2022-01-29）. https://www.gov.cn/zhengce/zhengceku/2022-03/23/content_5680759.htm.

[62] 国家海洋信息中心．2023 年中国海洋经济统计公报［R］. 2024.

[63] 海南省农业农村厅．海南省农业农村厅关于印发海南省休闲渔业区域公用品牌管理办法（试行）的通知［EB/OL］.（2023-10-31）. 海南省农业农村厅官网，https://agri.hainan.gov.cn/hnsnyt/xxgk/gfxwj/202312/t20231208_3545138.html.

[64] 海南省人民政府．中共海南省委办公厅 海南省人民政府办公厅关于印发《高质量发展海洋经济推进建设海洋强省三年行动方案（2024-2026 年）》的通知［EB/OL］.（2024-08-12）. 海南省人民政府门户网站，https://www.hainan.gov.cn/hainan/swygwj/202408/93dd73eb89b44402b370c148389a14c8.shtml？ddtab=true.

[65] 韩立民，李厥桐，陈明宝．中国海洋服务业关联度分析及对策建议［J］. 中国海洋大学学报（社会科学版），2010（1）：28-31.

[66] 韩立民，卢宁．关于海陆一体化的理论思考［J］. 太平洋学报，2007（8）：82-87.

[67] 韩增林，狄乾斌，周乐萍．陆海统筹的内涵与目标解析［J］. 海洋经济，2012（1）：10-15.

[68] 韩增林，胡伟，李彬，等．中国海洋产业研究进展与展望［J］. 经济地理，2016，36（1）：89-96.

[69] 韩增林，周高波，李博，等．我国海洋经济高质量发展的问题及调控路径探析［J］. 海洋经济，2021，11（3）：13-19.

[70] 韩忠国．我国海洋经济展望与推进对策探讨［J］. 海洋开发与管理，1995（1）：12-15.

[71] 郝海青，朱甜．“双碳”背景下气候技术国际转让的困境及法律解决路径［J］. 中国科技论坛，2023（10）：141-149.

[72] 贺俊．发展新质生产力的产业经济学逻辑［N］. 中国社会科学报，

2024-03-21（2）.

［73］胡莹，方太坤．再论新质生产力的内涵特征与形成路径——以马克思生产力理论为视角［J］．浙江工商大学学报，2024（2）：39-51.

［74］黄博，代仁海，徐科凤，等．海洋领域科技成果转化模式研究——以山东为例［J］．科技管理研究，2019，39（15）：125-129.

［75］黄博，王健，李友训，等．深海矿产资源勘探开发产业创新发展短板与对策［J］．中国矿业，2021，30（10）：32-37.

［76］黄萍，翟仁祥，徐爱武．基于灰色关联分析的江苏海洋产业发展分析［J］．安徽农业科学，2010，38（27）：15344-15346.

［77］纪建悦，孙筱蔚．海洋产业转型升级的内涵与评价框架研究［J］．中国海洋大学学报（社会科学版），2016（6）：33-40.

［78］纪玉山，代栓平，杨秉瑜，等．发展新质生产力推动我国经济高质量发展［J］．工业技术经济，2024，43（2）：3-28.

［79］贾大山，徐迪，蔡鹏．2023 年沿海港口发展回顾与 2024 年展望［J］．中国港口，2024（1）：6-16.

［80］江苏省船舶工业行业协会．2023 年全国船舶工业经济运行分析［EB/OL］．（2024-02-02）．http://jasi.just.edu.cn/2024/0229/c6698a339365/page.htm.

［81］江苏省人民政府．《江苏省海洋产业发展行动方案》新闻发布会［EB/OL］．（2023-09-14）．江苏省人民政府官网，https://www.jiangsu.gov.cn/art/2023/9/14/art_46548_274.html.

［82］江苏省人民政府．省政府关于印发江苏省海洋产业发展行动方案的通知［EB/OL］．（2023-08-17）．江苏省人民政府官网，https://www.jiangsu.gov.cn/art/2023/8/29/art_46143_10998228.html.

［83］姜苇航，刘卿．中国最大深远海半潜式养殖平台“宁德 1 号”拖航出海［EB/OL］．（2023-06-29）．人民网，http://fj.people.cn/n2/2023/0629/c181466-40475110.html

［84］姜旭朝，刘铁鹰．海洋经济系统：概念、特征与动力机制研究［J］．社

会科学辑刊，2013（4）：72-80.

［85］焦方义，杜瑄．论数字经济推动新质生产力形成的路径［J］．工业技术经济，2024，43（3）：3-13，161.

［86］金观平．推动产业链向上下游延伸［N］．经济日报，2024-08-19.

［87］金永平，董向阳，万步炎，等．深海金属采矿装备与技术发展现状及分析［J］．煤炭学报，2024，49（8）：3316-3334.

［88］锦州市人民政府．锦州市推出海参气象指数保险助力渔业养殖［EB/OL］．（2024-04-16）．锦州市人民政府官网，http://www.jz.gov.cn/info/2016/118269.htm.

［89］康娅娟，刘少军．深海采矿技术与装备研究进展及系统方案综述［J］．机械工程学报，2023，59（20）：325-337.

［90］李丹．从《关键矿产资源在清洁能源转型中的作用》看我国关键矿产资源的发展［J］．冶金经济与管理，2022（3）：7-11.

［91］李建民．俄乌冲突下西方对俄罗斯能源制裁及其应对：实施路径与阶段性效果评估［J］．俄罗斯学刊，2024，14（2）：5-26.

［92］李宁，吴玲玲，谢凡．海洋经济推动粤港澳大湾区高质量发展对策研究［J］．海洋经济，2022（2）：11-20.

［93］李杏筠，刘妙品，原峰．粤港澳大湾区城市群海洋经济发展现状、问题和建议［J］．海洋经济，2021（6）：32-39.

［94］李彦平，刘大海，罗添．国土空间规划中陆海统筹的内在逻辑和深化方向——基于复合系统论视角［J］．地理研究，2021，40（7）：1902-1916.

［95］李宜军，沈益华，于汎然，等．2023年我国沿海港口铁矿石运输回顾及2024年展望［J］．中国港口，2024（2）：11-13.

［96］李政，崔慧永．基于历史唯物主义视域的新质生产力：内涵？形成条件与有效路径［J］．重庆大学学报（社会科学版），2024，30（1）：129-144.

［97］辽宁省农业农村厅．关于规范和调整我省渔业资源增殖保护费征收有

关事项的通知［EB/OL］.（2023-12-13）. 辽宁省农业农村厅官网，https://nync.ln.gov.cn/nync/index/zwgk/zszdgkwj/2023121315275194591/index.shtml.

［98］辽宁省人民政府 .《辽宁省国土空间规划（2021-2035 年）》有关情况新闻发布会［EB/OL］.（2024-07-10）. 辽宁省人民政府官网，https://www.ln.gov.cn/web/spzb/2024nxwfbh/2024071014464678663/index.shtml.

［99］林先扬 . 以高水平对外开放形成更强大新质生产力［EB/OL］.（2023-12-19）. 中工网，https://www.workercn.cn/c/2023-12-19/8084045.shtml.

［100］刘峰 . 继往开来跨越发展续写大洋新华章［J］. 海洋开发与管理，2016，33（S1）：33-35.

［101］刘洁泓 . 城市化内涵综述［J］. 西北农林科技大学学报（社会科学版），2009，9（4）：58-62.

［102］刘文龙，于燕方，张秋丰，等 . 灰色系统理论下的我国主要海洋产业增加值关联度分析［J］. 经济论坛，2017（3）：104-107.

［103］陆杰华，曾筱萱，陈瑞晴 .“一带一路”背景下中国海洋城市的内涵?类别及发展前景［J］. 城市观察，2020（3）：126-133.

［104］栾维新，杜利楠 . 我国海洋产业结构的现状及演变趋势［J］. 太平洋学报，2015，23（8）：80-89.

［105］马蜂窝 .《重返世界：2023 年旅游大数据系列报告》［EB/OL］.（2023-12-22）. 马蜂窝官网 . https://file.digitaling.com/eImg/uimages/20231218/1702891483748327.pdf.

［106］马金星 . 全球海洋治理视域下构建“海洋命运共同体”的意涵及路径［J］. 太平洋学报，2020，28（9）：1-15.

［107］马跃明，岑文华，沈佳薇 . 向海图强 向海而兴——浙江深入推进海洋强省建设综述［N］. 今日浙江，2024-03-31.

［108］南通市人民政府 . 南通市人民政府印发关于推动海洋产业高质量发展加快建设海洋强市的行动方案的通知［J］. 南通市人民政府公报，2023（7）：9-20.

［109］宁凌，杜军，胡彩霞．基于灰色关联分析法的我国海洋战略性新兴产业选择研究［J］. 生态经济，2014，30（8）：31-36.

［110］钮钦．全球海洋中心城市：内涵特征？中国实践及建设方略［J］. 太平洋学报，2021，29（8）：85-96.

［111］潘洁，潘晟．2023 年产业增加值破 6800 亿元！江苏发力海洋产业［N］. 长三角日报，2023-08-30.

［112］潘新春，张继承，薛迎春．六个衔接：全面落实陆海统筹的创新思维和重要举措［J］. 太平洋学报，2012（1）：1-9.

［113］钱林峰，丁蔚文．主要指标恢复向好 发展韧性持续彰显［N］. 新华日报，2024-04-29.

［114］秦月，秦可德，徐长乐．流域经济与海洋经济联动发展研究［J］. 长江流域资源与环境，2013（11）：1405-1411.

［115］丘萍，张鹏，雅茹塔娜，等．海洋文化产业与旅游产业融合探析［J］. 海洋开发与管理，2018，35（4）：16-20.

［116］曲金良．海洋之美：海洋城市魅力所在［J］. 城市观察，2014（6）：13-21.

［117］全球风能理事会．《全球海上风电产业链发展报告》［R］. 中国可再生能源学会风能专业委员会，2023.

［118］任保平，豆渊博．新质生产力：文献综述与研究展望［J］. 经济与管理评论，2024，40（3）：5-16.

［119］山东省海洋局．青岛：做足“海洋文章”，提升现代海洋城市建设引领力［EB/OL］.（2024-02-18）. 山东省海洋局官网，http://hyj.shandong.gov.cn/xwzx/xtdt/202402/t20240218_4706602.html.

［120］山东省商务厅．权威发布：16 项重点工作！威海全力推动海洋经济高质量发展［EB/OL］.（2024-07-09）. 山东省商务厅官网，http://fgw.shandong.gov.cn/art/2024/3/18/art_104926_10430084.html.

［121］山东省商务厅．山东威海再添两个省级特色产业集群［EB/OL］.（2024-07-09）. 山东省商务厅官网，http://commerce.shandong.gov.cn/

art/2024/7/9/art_21706_10342325.html.

[122] 山石，安宁 . 北大医学首个异地科研机构北京大学宁波海洋药物研究院正式开园 [EB/OL].（2023-04-30）. 北京大学新闻网，https://news.pku.edu.cn/xwzh/3362d418775a4bd8929488d4eaf1e76a.htm.

[123] 上海市人民政府 . 关于印发《上海船舶与海洋工程装备产业高质量发展行动计划（2023—2025 年）》的通知 [EB/OL].（2023-11-03）. 上海市人民政府官网，https://www.shanghai.gov.cn/hqcyfz2/20231106/8628a66c733440878fe354f49e9e490f.html.

[124] 上海市人民政府 . 上海市人民政府办公厅关于印发《上海市“十四五”时期深化世界著名旅游城市建设规划》的通知 [EB/OL].（2021-06-09）. 上海市人民政府官网，https://www.shanghai.gov.cn/nw12344/20210622/aa237680c16d4433a2ce1951 a3b204de.html.

[125] 上海市人民政府 . 上海市人民政府办公厅关于印发《推进国际邮轮经济高质量发展上海行动方案（2023-2025 年）》的通知 [EB/OL].（2023-06-08）. 上海市人民政府官网，https://www.shanghai.gov.cn/nw12344/20230712/913fd1bd8d4049 c1bffb18358f53679e.html. ?siteId=1.

[126] 上海市水务局 . 2023 年上海市海洋经济统计公报 [EB/OL].（2024-06-14）. 上海市水务局官网,https://swj. sh.gov.cn/gsgg/20240614/23792b455e444c9e91167 bcf147e4ecc.html.

[127] 邵斐，张永锋，真虹 . 中国进口铁矿石海运网络抗毁性仿真 [J]. 交通运输系统工程与信息，2022，22（1）：311-321.

[128] 沈剑荣 . 加快推动海洋经济发展 [N]. 新华日报，2023-12-26.

[129] 盛朝迅 . 新时代推动海洋制造业高质量发展的思路与对策 [J]. 经济纵横，2023（5）：38-49.

[130] 盛朝迅，任继球，徐建伟 . 构建完善的现代海洋产业体系的思路和对策研究 [J]. 经济纵横 . 2021（4）：71-78.

[131] 史家明 . 上海现代海洋城市建设破题起势 [N]. 中国自然资源报，

2024-01-11.

［132］孙雪妍．国际海底矿产资源法的价值追求与制度模式［J］．中国政法大学学报，2019（3）：19-33，206.

［133］唐达生，阳宁，金星，深海粗颗粒矿石垂直管道水力提升技术［J］．矿冶工程，2013，33（5）：1-8.

［134］唐高华．现代化国际化创新型城市的内涵与建设策略［J］．特区实践与理论，2016（3）：39-42.

［135］天津市地方金融管理局．中国银行天津市分行多措并举服务港产城融合发展［EB/OL］．（2024-08-16）．天津市地方金融管理局官网，https://jrgz.tj.gov.cn/xxfb/xwdt/gzdt/202308/t20230821_6381902.html.

［136］天津市人民政府．淡化的海水 强化的产业［EB/OL］．（2024-04-14）．天津市人民政府官网，https://www.tj.gov.cn/sy/tjxw/202404/t20240414_6599422.html.

［137］天津市人民政府．港产城高质量融合发展蹄疾步稳［EB/OL］．（2024-03-25）．天津市人民政府官网，https://www.tj.gov.cn/sy/tjxw/202403/t20240325_6569072.html.

［138］天津市人民政府．重磅措施支持航运金融发展［EB/OL］．（2023-08-04）．天津市人民政府官网，https://www.tj.gov.cn/sy/tjxw/202308/t20230804_6369829.html.

［139］王爱静．浙江舟山启动金融助力海洋经济五大专项行动［N］．浙江在线，2023-07-31.

［140］王丹，李丹阳，赵利昕，等．中国原油进口海运保障能力测算及发展对策研究［J］．中国软科学，2020（6）：1-9.

［141］王东，王远卓．航运保险禁令与国家风险上升：兼论对我国航运保险发展的启示［J］．保险理论与实践，2023（11）：38-44.

［142］王国荣，黄泽奇，周守为，等．深海矿产资源开发装备现状及发展方向［J］．中国工程科学，2023，25（3）：1-12.

［143］王举颖，石潇，李志刚．现代化海洋牧场的海洋产业筛选与融合机

制——基于扎根理论的多案例研究［J］. 管理案例研究与评论，2021，14（4）：383－395.

［144］王凯 . 亿吨“海上金矿”怎么开发——我国南极磷虾产业发展观察［EB/OL］.（2024－04－02）. 经济参考报，http://www.news.cn/fortune/20240402/bf25275e11d74f5d92cd3ab3d03ab5dd/c.html.

［145］王莉莉，肖雯雯 . 基于投入产出模型的中国海洋产业关联及海陆产业联动发展分析［J］. 经济地理，2016，36（1）：113－119.

［146］王列辉，朱艳 . 基于“21 世纪海上丝绸之路”的中国国际航运网络演化［J］. 地理学报，2017，72（12）：2265－2280.

［147］王宁，田涛，尹增强，等 . 景观视角下的海洋牧场多产业融合发展模式浅析［J］. 海洋开发与管理，2021，38（12）：26－31.

［148］王蕊，田佳，沈益华，等 . 2023 年我国沿海港口原油运输回顾及 2024 年展望［J］. 中国港口，2024（2）：14－15.

［149］王涛，宋维玲，丁仕伟，等 . 粤港澳大湾区海洋经济协调发展模式研究［J］. 海洋经济，2019（1）：35－42.

［150］王振忠，鲁淼，王璐瑶，等 . 中国“深蓝渔业”科技发展对策与建议［J］. 渔业信息与战略，2022，37（4）：243－248.

［151］王震，鲍春莉 .《中国海洋能源发展报告 2023》［M］. 北京：石油工业出版社，2023.

［152］王子锋，王珂园 . 习近平在中共中央政治局第十一次集体学习时强调加快发展新质生产力 扎实推进高质量发展［N］. 人民日报，2024－02－02.

［153］卫嘉，白宇 . 绿色“一带一路”十周年创新理念与实践案例（二）［N］. 人民日报，2024－01－17.

［154］魏炜 . 海陆联动？港口提能？产业提质，浙江海洋强省建设再上台阶［N］. 浙江在线，2024－06－13.

［155］吴云志，何婵娟 . 深挖潜能塑造海洋经济新优势［N］. 经济日报，2024－01－30.

[156] 习近平经济思想研究中心．新质生产力的内涵特征和发展重点［N］．人民日报，2024-03-01.

[157] 新华社．我国正式接受世贸组织《渔业补贴协定》议定书［EB/OL］．（2023-06-27）．新华通讯社主办公司官网，2023-06-27，http://www.news.cn/2023-06/27/c_1129719790.htm.

[158] 新华社评论员．深刻把握发展新质生产力的实践要求［N］．新华每日电讯，2024-03-07.

[159] 徐胜．我国海陆经济发展关联性研究［J］．中国海洋大学学报（社会科学版），2009（6）：27-33.

[160] 徐胜，施嘉镘．海洋蓝碳与海洋经济高质量发展耦合协调研究［J］．中国海洋大学学报（社会科学版），2024（3）：1-11.

[161] 许晓芳．外贸出口有望迎“新四样”“新五样”［N］．广州日报，2024-01-15.

[162] 许长新，陈浩．海洋产业的关联性研究［J］．海洋开发与管理，2002（5）：31-34.

[163] 杨建民，刘磊，吕海宁，等．我国深海矿产资源开发装备研发现状与展望［J］．中国工程科学，2020，22（6）：1-9.

[164] 杨林，安东．推进海洋经济高质量发展［N］．光明日报，2022-09-02.

[165] 杨荫凯．陆海统筹发展的理论？实践管理局对策［J］．区域经济评论，2013（5）：31-34.

[166] 姚树洁，王洁菲．数字经济推动新质生产力发展的理论逻辑及实现路径［J］．烟台大学学报（哲学社会科学版），2024，37（2）：1-12.

[167] 姚羽霞．浙江：数智赋能全电航运 促进港口绿色低碳转型［N］．金台资讯，2023-08-11.

[168] 叶持跃．象山县域海洋经济发展研究［J］．地理学与国土研究，1999，（3）：25-9.

[169] 叶芳，曹猛，高鹏．陆海统筹：“八八战略”引领浙江海洋经济发展的历程？成就与经验［J］．浙江海洋大学学报（人文科学版），2023，

40（6）：23-30.

［170］易爱军，吴价宝，沈和易．“十四五”江苏海洋经济空间发展策略研究［J］. 江苏海洋大学学报（人文社会科学版），2020，18（6）：1-10.

［171］阴和俊．让科技创新为新质生产力发展注入强大动能［J］. 科学大观园，2024，（8）：14-19.

［172］殷克东，李杰，张斌，张燕歌．海洋经济投入产出模型研究［J］. 海洋开发与管理，2008（1）：83-87.

［173］殷克东，王自强，王法良．我国陆海经济关联效应测算研究［J］. 中国渔业经济，2009，27（6）：110-114.

［174］于凤霞．加快形成新质生产力：是什么？为什么？做什么？［EB/OL］.（2024-02-06）. 中华人民共和国国家发展和改革委员会官网，https://www.ndrc.gov.cn/wsdwhfz/202402/t20240206_1363980.html.

［175］于谨凯，曹艳乔．海洋产业影响系数及波及效果分析［J］. 中国海洋大学学报（社会科学版），2007（4）：7-12.

［176］张姣玉，徐政．中国式现代化视域下新质生产力的理论审视？逻辑透析与实践路径［J］. 新疆社会科学，2024（1）：34-45.

［177］张金珍，张敏新．海洋产业结构理论研究综述［J］. 安徽农业科学，2010，38（34）：19727-19728，19732.

［178］张林，蒲清平．新质生产力的内涵特征？理论创新与价值意蕴［J］. 重庆大学学报（社会科学版），2023，29（6）：137-148.

［179］张其仔．产业链供应链现代化新进展？新挑战？新路径［J］. 山东大学学报（哲学社会科学版），2022（1）：131-140.

［180］张卫彬，朱永倩．海洋命运共同体视域下全球海洋生态环境治理体系建构［J］. 太平洋学报，2020，28（5）：92-104.

［181］张晓静，侯元元．加快构建适应新质生产力的科技人才体系［EB/OL］.（2024-04-01）. 光明网，https://theory. gmw.cn/2024-04/01/content_37238442.html.

［182］张晓晴，葛彪，吴宏宇，等．2023 年我国沿海港口煤炭运输回顾及

2024 年展望［J］. 中国港口，2024（2）：9–10.

［183］张馨月，郑汉丰，刘勤，等 . 南极磷虾捕捞加工船利用现状及趋势分析［J］. 海洋开发与管理，2022，39（9）：114–120.

［184］赵炳新，肖雯雯，佟仁城，等 . 产业网络视角的蓝色经济内涵及其关联结构效应研究——以山东省为例［J］. 中国软科学，2015（8）：135–147.

［185］赵鹏军，赵桐，张梦竹，等 . 俄乌冲突背景下"一带一路"沿线原油海运网络结构特征及变化分析［J］. 热带地理，2024，44（5）：820–837.

［186］赵锐，何广顺，赵昕，等 . 海洋经济投入产出模型研究［J］. 海洋开发与管理，2007（6）：132–136.

［187］赵锐，王倩 . 海洋经济投入产出分析实证研究——以天津市为例［J］. 技术经济与管理研究，2008（5）：79–82.

［188］赵阳 . 千帆竞发再远航 天津加快建设北方国际航运核心区［EB/OL］.（2024–07–10）. 新华网官网，http://www.news.cn/local/20240710/1cec91188d5d40a1b5728b78d850a00a/c.html.

［189］浙江省自然资源厅 . 浙江省自然资源厅关于印发加强自然资源要素保障促进海洋经济高质量发展若干政策措施的通知［EB/OL］.（2024–07–15）. 浙江省自然资源厅官网，https://zrzyt.zj.gov.cn/art/2024/5/16/art_1229098242_2519924.html.

［190］郑洁，柳存根，林忠钦 . 绿色船舶低碳发展趋势与应对策略［J］. 中国工程科学，2020，22（6）：94–102.

［191］郑珍远，刘婧，李悦 . 基于熵值法的东海区海洋产业综合评价研究［J］. 华东经济管理，2019，33（9）：97–102.

［192］中国船舶工业行业协会 . 2023 年船舶工业经济运行分析［EB/OL］.（2024–02–02）. 中国船舶工业行业协会网站，https://www.cansi.org.cn/cms/document/19204.html.

［193］中国可再生能源学会风能专业委员会 .《2023 年中国风电吊装容量统

计简报》[EB/OL].(2023-04-24). 龙船风电网，https://wind.imarine.cn/news/90081.html.

[194] 中国旅游研究院 . 中国出境旅游发展年度报告（2023）[M]. 北京：旅游教育出版社，2023.

[195] 中国旅游研究院 . 中国旅游景区度假区发展报告（2023—2024）[M]. 北京：旅游教育出版社，2023.

[196] 中华人民共和国辽宁海事局 . 辽宁海事局关于发布《辽宁海事局防治船舶供受油作业污染水域环境 管理办法》的通告 [EB/OL].(2023-12-26). 辽宁海事局官网，https://www.ln.msa.gov.cn/lnmsa-site/content/show？ContentType=Article&ID=635347.

[197] 中华人民共和国自然资源部 . 2023 年海洋生态保护修复典型案例 [EB/OL].(2023-05-12). 中华人民共和国自然资源部官网，https://gi.mnr.gov.cn/202305/t20230512_2786194.html.

[198] 钟鸣 . 新时代中国海洋经济高质量发展问题 [J]. 山西财经大学学报，2021，43（S2）：1-5，13.

[199] 周宏春，戴铁军 . 人与自然和谐共生：中国式现代化的内涵特征与时代意义 [J]. 生态经济，2023，39（1）：13-24.

[200] 周守为，李清平 . 构建自立自强的海洋能源资源绿色开发技术体系 [J]. 人民论坛・学术前沿，2022（17）：12-28.

[201] 周晓，冷瑜 . 航运业碳减排和零碳发展面临的挑战与应对建议 [J]. 上海船舶运输科学研究所学报，2021，44（4）：63-68，83.

[202] 周莹，朱迅，连发 . 我市排出海洋产业发展“任务清单”[N]. 连云港日报，2023-11-26.

[203] 朱凤娟 . 经略海洋 . 向海图强—浙江省海洋强省建设二十年 [N]. 浪潮新闻，2023-12-18.

[204] 朱念 . 基于灰色模型的广西海洋经济增加值预测研究 [J]. 数学的实践与认识，2016，46（1）：102-109.

[205] 自然资源部 . 2023 自然资源工作答卷之六：锚定海洋强国，打造蓝

色发展新动能［EB/OL］.（2024-01-10）. 自然资源部微信公众号 . https://mp.weixin.qq.com/s/udzZQY4PZnSWz0nQdMUuCA.

［206］自然资源部 . 2023 年全国海水利用报告［EB/OL］.（2024-06-07）. 自然资源部官网，https://www.mnr.gov.cn/dt/ywbb/202406/t20240607_2847576.html.

［207］邹丽，孙佳昭，孙哲，等 . 我国深海矿产资源开发核心技术研究现状与展望［J］. 哈尔滨工程大学学报，2023，44（5）：708-716.